FUNDAMENTALS OF
ENVIRONMENTAL ELECTROCHEMISTRY

环境电化学基础

童少平　谢德明　刘 勇　编著

化学工业出版社

·北京·

内容简介

《环境电化学基础》较全面系统地介绍了污染消除与环境修复的电化学理论与技术。本书包括 3 部分，首先较系统地阐述了环境电化学及电化学技术的基础知识，接着深入探讨了污染物处理的电化学与电化学耦合技术，最后详细介绍了电化学水处理技术的应用。本书理论联系实际，有助于读者将已掌握知识灵活应用于实际问题中。

本书可作为高等院校化学工程、应用化学、环境科学与工程、市政工程等相关专业的本科生和研究生教材，也可供环境科学与工程、化学工程与技术、材料科学与工程、市政工程等领域的管理人员和技术人员参考。

图书在版编目（CIP）数据

环境电化学基础 / 童少平，谢德明，刘勇编著.
北京：化学工业出版社，2025.9. -- ISBN 978-7-122
-48617-2

Ⅰ. X13

中国国家版本馆 CIP 数据核字第 20259FH184 号

责任编辑：成荣霞　　　　　　　　文字编辑：毕梅芳　师明远
责任校对：宋　玮　　　　　　　　装帧设计：王晓宇

出版发行：化学工业出版社
　　　　　（北京市东城区青年湖南街 13 号　邮政编码 100011）
印　　装：北京捷迅佳彩印刷有限公司
710mm×1000mm　1/16　印张 17¾　字数 305 千字
2025 年 10 月北京第 1 版第 1 次印刷

购书咨询：010-64518888　　　　　售后服务：010-64518899
网　　址：http://www.cip.com.cn
凡购买本书，如有缺损质量问题，本社销售中心负责调换。

定　　价：128.00 元　　　　　　　　版权所有　违者必究

序

  随着社会的快速发展，环境污染成了人们重点关注的问题。电化学方法可以通过电子的定向转移与精确调控对污染物进行降解或转化，在解决环境污染问题中发挥独特的优势，成为治理环境污染的重要技术手段之一。

  自 20 世纪 90 年代以来，我国学者不懈努力、耕耘创新，在环境电化学领域的研究和应用取得了累累硕果，达到了较高的水平。随着社会和经济的进一步发展，人们对生活环境质量的要求不断提高，环境电化学技术在可预期的将来会有更重要的发展。然而，由于环境电化学是一个较新的技术领域，而且还处在快速发展过程中，因此环境电化学类教材滞后于该领域技术的发展。

  浙江工业大学童少平教授课题组一直从事有机电化学和环境电化学等方面的研究，其编写的《环境电化学基础》系统地介绍了环境电化学领域的基础知识和国内外研究和发展现状，是对当前该领域较为全面的总结。该书图文并茂，以基础为重，同时评述了环境电化学领域目前存在的问题、面临的挑战和解决策略，有助于环境电化学领域的科技工作者能更快速、更直接地了解该领域的技术现状和前沿动态。该书的出版将推动我国环境电化学研究的进一步发展，为建设美丽中国和地球家园贡献一份力量。

孙世刚 中国科学院院士

2025 年 1 月于厦门大学

前言

环境对人类健康和生存的影响极大，环境决定着人类的前途和命运。党的十九大报告提出，建设生态文明是中华民族永续发展的千年大计。而环境治理技术则是生态文明建设的重要环节和关键技术，因此加强环境电化学研究是建设生态文明的重要保证。

广义的环境电化学包括绿色化学工艺、清洁电化学能源、污染监测、污染消除与环境修复的电化学理论与技术。本书聚焦的是狭义的环境电化学，专指污染消除与环境修复的电化学理论与技术。目前，环境电化学类的书籍很少，而且国内尚没有系统介绍环境电化学基本概念、理论和技术的书籍。针对上述情况，童少平课题组编写了《环境电化学基础》教材。系统介绍了环境电化学领域的基础知识和国内外研究现状，同时评述了该领域所存在的问题、面临的挑战和解决策略。该书有利于环境电化学领域的广大读者更快速直接地了解该领域的学术内涵、技术成果和前沿动态。全书共 9 章。第 1~2 章概述了环境电化学及电化学技术的基础知识。第 3~8 章探讨了污染物处理的电化学与电化学耦合技术，包括电化学氧化与还原、电絮凝和电气浮、内电解、微生物电化学、电化学膜分离（电渗析、电吸附、电化学耦合膜生物反应器和微生物电化学脱盐）以及光、超声、臭氧与电化学的耦合技术等。第 9 章介绍了电化学水处理技术的实际应用，详细介绍了电化学水处理技术在消毒、除垢、土壤修复和污泥脱水中的应用。本书的特点是图文并茂，注重概念、原理、进展与应用，内容同时涵盖了电极材料开发、电化学反应器设计、电解反应条件优化、废水资源化与能源化等方面。

本书在编写过程中努力遵循"加强基础，趋向前沿，反映现代，注重交叉"的现代学科建设理念，力图展示环境电化学这一新兴交叉学科防治污染的理论基础、前景与魅力。本书可供环境科学与工程、化学工程与技术、材料科学与工程、市政工程等领域的管理人员和技术人员参考，也可作为高等院校相关专业的教材和教学参考书。对非电化学专业的学生或技术人员，若要进一步了解电化学基础知识，推荐学习《应用电化学基础》（谢德明、童少平、曹江林主编，化学工业出版社）。

本书的一些内容是课题组承担国家自然科学基金［电化学氧化降解有机污

染物过程中聚合物膜的形成及防止措施（20406019）、臭氧协同下的电化学双极氧化技术（20876151）]、教育部博士点基金 [新型电化学高级氧化技术的研究（SRFDP-20070337001）] 和浙江省自然科学基金 [电化学-臭氧耦合氧化体系的研究（Y5080178）] 的部分研究成果。教材中的部分研究成果荣获了 2010年度中国石化技术发明奖一等奖（电氧化技术及其在工业废水处理中的应用）。此外，编写组也向参考文献的作者表示谢意。由于水平所限，书中难免有不足之处，欢迎读者批评指正。

本书由浙江工业大学童少平博士和谢德明博士、嘉兴市海盐县固体废物污染防治中心刘勇共同编写，其中童少平编写了第 1、3、5、6、8 章，谢德明编写了第 2、4、9 章，刘勇编写了第 7 章。中国科学院院士孙世刚教授在百忙之中为本书写了序言，在此特别感谢孙世刚院士的指导和大力支持。

编者

2025 年 5 月

目录

第1章

绪论

随着国家的发展和人民生活水平的提高，污染问题逐渐成为关注的焦点；同时，高效环保的处理技术也越来越受重视。环境包括水、土壤和空气。污染物包括气态、液态和固态污染物。除了少数可自分解的污染物外，水、土壤和空气中的污染物一般都是通过不同途径归聚至水体中，因此电化学环境处理技术主要是水处理技术。

废水处理的主要工艺有生物法、物理法、化学法和电化学法。生物法的不足之处在于运行周期比较长，处理效率较低，对于一些结构稳定、具有生物毒性的污染物显得无能为力。物理法一般无法长时间运行，且具有能耗大、处理规模小、处理效率低和很难处理重金属废水等缺点。化学法因频繁且大量地使用药剂，具有较高成本的同时还存在二次污染的风险[1]。此外，废水中蕴藏着许多有价值的物质、可以利用的能量和水资源，传统的水处理技术难以满足对上述资源和能源的回收。因此，能够强化污染物去除，同时实现能量和资源回收的电化学水处理技术成为行业发展的迫切需求。但是，电化学技术也存在电极寿命短、电流效率低、处理能耗高及电极材料昂贵等问题。而且，各种电化学处理工艺发展不平衡，小部分方法已实现工业化，大部分方法仍停留在研究阶段。

电化学法处理废水应用起始于20世纪40年代，但由于投资较大、电力缺乏、成本较高、发展缓慢。直到60年代，随着电力工业的发展，电能成本降低，电化学法才被真正用于环境污染物的处理过程[2]。从20世纪90年代以来，该项技术在降解机理、电极材料、电化学反应器、操作工艺和组合技术等方面都取得了巨大成就。目前，电化学方法在饮用水净化、废水处理、土壤和污泥修复和废气处理等诸多领域得到越来越广泛的应用，特别是处理生物难降解污染物。除了污染治理外，电化学方法在净化环境方面的作用还有：a. 清洁生产（电解合成）。利用电化学反应替代有毒的反应物和苛刻的反应条件，可以减少环境污染物的产生。b. 环境监测。电化学传感器制作成本低廉、操作简便、免维护、低能耗，对低浓度物质具有很高的灵敏度和选择性，广泛应用于环境监测。广义的环境电化学包括污染监测、污染消除与环境修复的电化学理论与技术。由于电化学传感器归属于电化学分析的研究范畴，所以本书所言的环境电化学是指污染消除与环境修复的电化学理论与技术。

1.1　电化学环境处理技术定义、特点与评价指标

1.1.1　电化学环境处理技术定义

电化学环境处理技术是在特定的电化学容器内，利用自生和外加电场产生一系列的物理、化学及电化学反应，达到降解或转化环境中化学和生物污染物或回收有价值的物质等预期目的的技术。物理过程主要包括吸附、絮凝和膜分离等，化学过程可分为直接电解和间接电解。直接电解指污染物在电极上直接被氧化或还原，可分为阳极过程和阴极过程。阳极过程是指污染物在阳极表面被氧化成低毒易生物降解的物质甚至直接矿化。阴极过程是污染物在阴极表面被还原从而去除，主要用于回收重金属和卤代烃、硝酸盐的还原。间接电解则是利用电化学反应产生的强氧化或还原性中间物质实现污染物的降解或转化，可分为可逆过程与不可逆过程。可逆过程指反应产生的氧化还原物质可以通过一系列电极反应再生并循环利用。不可逆过程指利用不可逆反应产生的物质，如强氧化性的自由基、氯酸盐、臭氧等[3]。电化学净化技术分为无电能消耗（自发过程）和有电能消耗（加电）两类。无电能消耗技术主要指微电解和微生物电池技术，其他技术一般归属于有电能消耗的技术。除了污染物在电极上直接分解外，电化学方法中电极上的基本反应还包括阳极溶解（如铁电絮凝）和电解水两个过程。

电化学水处理技术主要分为电催化氧化还原、电沉积、电芬顿、磁电解、电絮凝和电浮选、微电解、电吸附、微生物电化学、电渗析（和反向电渗析）、光电化学、三维电极水处理技术及电化学联用技术等。处理方法的选择取决于污染物的性质、组成、状态以及对水质的要求。图1-1中列举了几种煤矿地下水库的出水水质特点，根据水质，可选择其中一种或几种处理模块进行组合，以满足矿区生活、锅炉、绿化或农业灌溉等用水要求。

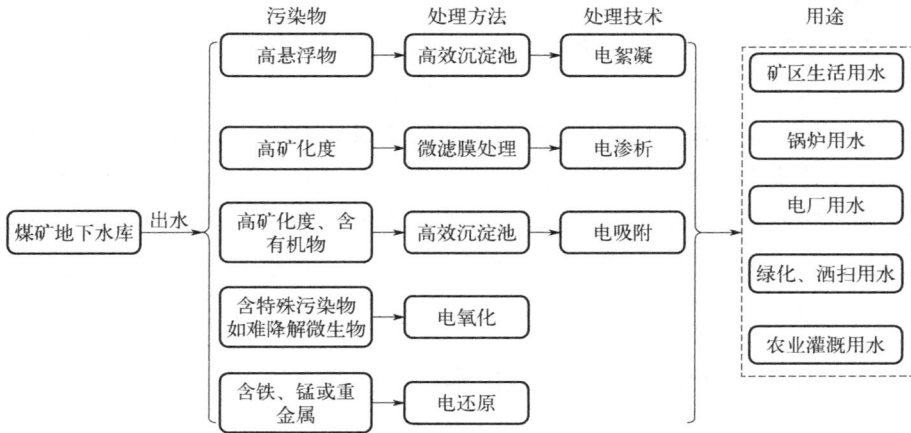

图 1-1　煤矿地下水库不同水质的水处理工艺[4]

1.1.2　电化学水处理技术的特点

电化学水处理技术相比较传统的水处理技术，主要具有以下优势[2-3,5]：①无污染或少污染。电极反应主要由电子参与，无需或者很少引入其他物质，这就在源头上减少了污染。通过控制电压和电流，使电极反应具有高度选择性，减少副反应发生，因此减少了二次污染。②能量效率高。反应条件一般为常温常压，可以同时降解多种物质，通过控制反应条件可减少副反应等引起的能量损失。③处理装置体积小而紧凑，占地面积小，易于实现自动化。电化学技术反应条件温和，通过调节电化学参数调控运行，操作简单，便于管理。④多功能性和高灵活性。电化学方法兼具气浮、絮凝、脱盐和杀菌等多种功能，同时实现水质净化和资源、能量的回收。必要时，阴极、阳极可同时发挥作用。它既可单独使用，也可以作为预处理或深度处理技术与其他处理技术相结合。如作为前处理，可将难降解的有机物或生物毒性污染物转化为可生物降解物质。

目前，电化学污染治理工程应用的关键瓶颈问题主要有 5 个方面[1-5]：①电化学处理实际污染时效果衰减。由于环境中污染物成分复杂，因此电化学技术在环境处理中大规模应用还较少，大部分处于实验室研究阶段。②电极制作成本高、稳定性不高。电极制作复杂，电极材料价格较高，电极材料消耗过多。长期运行后，因污染物及其转化物往往会吸附或沉积在电极表面，容易引起电极和填料的钝化和堵塞。此外，电极易发生腐蚀。电极的腐蚀是由电极材料的氧化反应及电极和污染物的反应而引起。③反应器的其他材料成本高、稳定性不高。例如，高电极电位下，电化学膜材料表面发生氧化反应，导致稳定性变差。电化学膜材料的制备工艺复杂，且常会用到贵金属、有机溶剂等。为了确保电化学系统在最优条件下工作，现有电化学技术大多需进行前处理。④设备投资大、处理规模较小、能耗较大。电极的极化引起能耗增加。极化主要是由于传质不良和气体在电极表面的积聚。废水中各种带电离子在电极上会发生副反应，降低了电流效率。⑤二次污染不能忽视。大多数环境电化学技术需要加入药剂，而且对污染物的处理效果不太令人满意，易造成二次污染等。此外，部分电极材料有毒，如 PbO_2 电极易产生有毒的 Pb^{2+}。

1.1.3 电化学水处理技术的评价指标

评价指标如表 1-1 所示。

表 1-1 常见的电氧化性能和污染物去除效果的评价指标[6]

评价指标	定义	公式
瞬间电流效率（ICE）	氧化有机物的电荷占电化学过程中总电荷的比例	氧气流速法：$ICE=\dfrac{v_0-(v_t)_{org}}{V_0}$ (1-1) COD 法：$ICE=\dfrac{COD_t-COD_{t+\Delta t}}{8I\Delta t}FV$ (1-2)
电化学氧化指数（EOI）	衡量有机物电化学氧化的难易程度	$EOI=\dfrac{\int_0^t ICE\,dt}{\tau}$ (1-3)
电化学需氧量（EOD）	氧化有机污染物时需要由电化学产生的氧气量(g/L)	$EOD=\dfrac{8\times EOI\times It}{F}$ (1-4)
矿化电流效率（MCE）	用总有机碳（TOC）来计算电化学反应的平均电流效率	$MCE=\dfrac{\Delta TOC_{exper}}{\Delta TOC_{theory}}$ (1-5)
污染物去除效率 η	表征单位时间内污染物的降解去除效果	$\eta=\dfrac{c_t}{c_0}\times100\%$ (1-6)
污染物矿化率 η	用 TOC 衡量单位时间内有机污染物的矿化度	$\eta=\dfrac{TOC_t}{TOC_0}\times100\%$ (1-7)

注：v_0 是在不存在有机物时电催化产生的氧气流速，mL/min；$(v_t)_{org}$ 是在有机物存在条件下电催化处理 t 时刻 O_2 的产生流速，mL/min；COD_t、$COD_{t+\Delta t}$ 分别表示降解时刻 t、$t+\Delta t$ 时的化学需氧量 COD，g/L；V 为溶液体积，L；F 为 Faraday 常数（96485C/mol）；I 为电流，A；τ 为 ICE 接近 0 所需的电解时间，min；ΔTOC_{exper} 和 ΔTOC_{theory} 分别为实验和理论上 t 时刻总有机碳（TOC）的去除量；c_t 和 c_0 分别为反应初始和 t 时刻的污染物浓度，mg/L；TOC_t 和 TOC_0 分别为反应初始和 t 时刻的水中有机物总量，mg/L。

在电解质溶液中，溶液的导电能力与电解质含量成正比。因此，可以通过比较除盐前后溶液电导率的变化评价电化学除盐的效果。除盐指的是从溶液中去除盐分的过程，这一过程在处理含盐废水或者提高水质纯度时广泛应用。

对电极反应的宏观性能可用 3 个参数来表征：

$$化学产率＝实际产量/法拉第定律计算得到的产量 \tag{1-8}$$

$$时空产率＝产量/（单位时间·单位体积） \tag{1-9}$$

$$能量效率＝产物量/单位消耗电能 \tag{1-10}$$

电化学治理污染的总运行成本（A）包括能源消耗量（x）、电极材料消耗量（y）、化学品消耗量（z），以及其他成本（w），如劳动力、维护等。以每立方米废水中每千克 COD 的去除为例：[7]

$$A=ax+by+cz+w \tag{1-11}$$

其中，A 是运行成本，元/（$m^3 \cdot kg$）；x 是电能消耗，$kWh/（m^3 \cdot kg）$；y 是电化学反应器的电极消耗，$kg/（m^3 \cdot kg）$；z 是化学品消耗，$kg/（m^3 \cdot kg）$；系数 a、b 和 c 分别为电能（元/kW·h）、电极材料（元/kg）和化学品（元/kg）的价格。能源消耗量（x）的计算公式为：

$$x=\frac{\int UI \,dt}{c_{MO}XV \times 1000} \tag{1-12}$$

其中，U 为外加电压，V；I 为电流，A；t 为反应时间，h；c_{MO} 为初始污染物浓度，kg/m^3；X 为处理时间内的去除率；V 为废水体积，m^3。此式计算电化学处理过程中所消耗的总电能，包括去除目标污染物和非目标污染物（如土壤中的常量元素钙、铁、锰等）、电解水、产生的热量等。电极材料消耗量（y）的计算公式为：

$$y=\frac{M_W It}{C_{MO}XZFV} \tag{1-13}$$

其中，M_W 是电极摩尔质量，kg/mol；Z 是电子转移数（$Z_{Fe}=3$）；F 是法拉第常数；t 是反应时间，s。

1.2　电化学反应器

1.2.1　电化学反应器的特点

电化学反应器，包括各种电解槽、电镀槽、一次电池、二次电池、燃料电池，它们的共同特征包括：①由两个电极（第一类导体）和电解质（第二类导体）构成；②可归入两个类别，即由外部输入电能，在电极/电解质界面上促成电化学反应的电解反应器，以及在电极/电解质界面上自发地发生电化学反应产生能量的化学电源反应器；③通过改变电极连接方式（串联或并联）、水流方式（串联或并联）可对其结构进行设计改造；④电化学反应器中发生的主要过程是电化学反应，包括电荷、质量、热量、动量四种的传递过程。

1.2.2　电化学反应器的分类

（1）根据反应器的结构分类[8]

①箱式电化学反应器：反应器一般为长方形，电极常为平板状，大多为垂直平行地放置其中；②板框式或压滤机式电化学反应器：这类电化学反应器由单元反应器重叠并加压密封组合，每一单元反应器均包含电极、板框和隔膜等部分；③结构特殊的电化学反应器：为增大电极比表面积、强化传质、提高反应器的时间-空间产率而研制的结构特殊的电化学反应器。

（2）根据反应器工作方式分类[8]

①间歇式电化学反应器：定时定量送入反应物（电解液）后，经过一定反应时间，放出反应产物。显然，随着电化学反应和伴随的化学反应的进行，反应物持续消耗，其浓度持续降低，而产物浓度则持续提高。②推流式电化学反应器：又可称为管式反应器，它是连续工作的。反应物持续进入反应器，产物则持续流出，达到定态。理想情况下，这种反应器中的电解液由入至出，稳定地流向前方，不发生返混。电解液的组成则随其在反应器中空间位置持续变化，对于每一反应物具有相同的停留时间。③连续搅拌箱式反应器或返混反应器：在连续加入反应物并以同一速率放出产物的同时，还在反应器中持续搅拌，因此反应器内的组成是恒定的。

推流式电化学反应器和连续搅拌箱式反应器均为连续流反应器。间歇式反应器单位槽处理量小、操作烦琐。相比间歇式反应器，连续流反应器更大的吞吐量和高稳定的出水水质使其具有大的应用前景。

（3）根据反应器内工作电极的形状分类

电极从结构上可分为二维电极和三维电极两大类。常见的电化学反应器多是二维反应器，根据工作电极和辅助电极的形式，其又可分为平板式、圆筒式和圆盘式等反应器。二维平板式反应器是最简单的电化学设备。它的结构是在一个固定体积的容器内将阳极和阴极平行放置。这类电极电化学反应发生在电极表面，电极表面积有限，但电势和电流在表面上的分布比较均匀。三维电极是在二维电极之间装填粒状或其他形状的粒子电极材料，使装填电极表面带电，在粒子电极表面发生电化学反应。由于电极面积较大，能以较低的电流密度提供较大的电流强度，且粒子间距小，传质过程得到极大改善，时空产率和电流效率大大提高，尤其对低电导率的废水，优势明显。但是，在三维电化学反应器中，电势和电流分布不均匀，许多填料还存在着溶出和分层问题，这些问题阻碍了三维电化学反应器的进一步发展。反应器中的电极可分为固定电极和移动电极。根据固定电极和移动电极的结构和形状，电化学反应器的分类如图 1-2 所示。三维电化学反应器有固定床（填充床）反应器、移动床反应器和流化床反应器，它们的突出特点是具有很高的电极比表面积。表 1-2 为各种电化学反应器的电极比表面积值[1]。

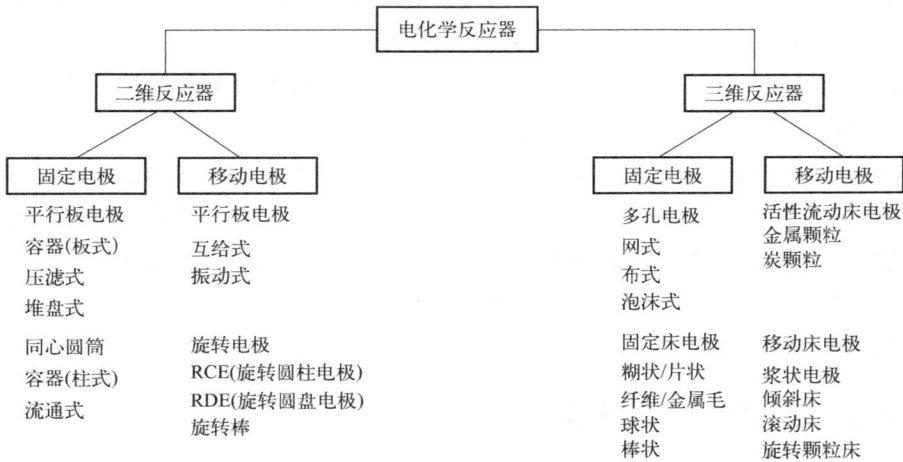

图 1-2　电化学反应器分类[9]

表 1-2　各种电化学反应器的电极比表面积值[8]

反应器类型	箱式	板框式	毛细间隙	旋转电极	固定床	流化床
电极比表面积 /(m^2/m^3)	10～15	30～70	100～500	10～20	1000～5000	2000～10000

从表 1-2 中看出，流化床电化学反应器的电极比表面积值相对较高。但是，流化床反应器的大规模应用需要解决两个问题[8]：①使反应器内的流场和电场均匀。电压及电流分布不仅与时间有关（难以建立定态），而且受反应器中流化床的形状及尺寸、辅助电极的数量、分布（位置）、床层厚度、电解液的组成、流量及流速、气体析出等因素的影响。②防止颗粒的聚团、金属在电极上的沉积、隔膜的损坏（由金属颗粒磨损或短路造成的）。

（4）根据生产规模分类

可分为小试、中试和工程规模。在多个电化学系统中均存在显著的"尺寸效应"。这是因为反应器放大后水力条件、传质作用、温度和应力、某些参数的分布发生改变，势必会对处理效率产生重要的影响。例如：①随着反应器尺寸的增加，电化学系统的性能出现衰减。a. 周洪举等[10] 利用计算流体力学模拟，分别将掺硼金刚石（BDD）阳极面积放大 100、225 和 400 倍，在 $20~mA/cm^2$ 的电流密度下持续 60 min 后，3 种 BDD 阳极中磺胺对甲氧嘧啶的氧化降解率分别为 72.7 %、68.0 % 和 40.4 %，相比尺寸为 3 cm×8 cm×1.4 cm 的实验室反应器降解能力分别下降 5.7 %、11.8 % 和 47.6 %。b. 随着反应器尺寸的增加，微生物电化学系统的性能出现衰减，主要体现为最大功率密度（W/m^3）随尺寸的增大迅速降低[11]。c. 电动修复规模越大，修复单位体积土壤/污泥的能耗越高，而污染物的电动去除率却越低[12]。②通电后的电极会散发热量。电极面积越大，温升越显著。电极表面温度上升，可降低溶液黏度，增强 ·OH 的扩散，从而提高氧化能力。但电极表面温度升高并不总是有利于反应的进行，如温度超过 50 ℃，过氧化物如过氧二磷酸会转化为氧化性较弱的 H_2O_2；又如，Cl^- 在阳极会被氧化生成 Cl_2 逸出，而不是产生强氧化性物质 HClO[13]。③电极面积难以扩大，例如硼掺杂的金刚石（BDD）电极。

设计适于电化学系统放大的构型、寻找导致"尺寸效应"的主要原因，对电化学技术的应用具有重要意义。

1.2.3 电化学反应器的设计

电化学反应器的设计需考虑以下因素：电极材料和形式、外加电压和电流密度、极间距、供电方式、电路连接和液路连接、曝气和搅拌等。根据选定的反应器型式计算完成规定的生产任务所需的反应体积并确定最佳的操作条件。在进行电化学反应器的设计时，应尽量降低欧姆压降 IR 和传质阻力、减少电极表面 H_2 和 O_2 气泡的聚集和沉积物的累积。IR 取决于溶液电导率、极间距和电极几何形状。因此应尽量提高溶液电导率，采用比较小的极间距。提高水在反应器内的流速可减少电极表面 H_2 和 O_2 气泡的聚集和降低传质阻力。

1.3 电化学处理的影响因素

在电化学过程中，污染物的降解效率与工艺方法、电极材料、反应器、污染物种类和浓度、操作条件（电压和电流密度、极板间距、pH 值、水温、支持电解质的种类和浓度、氯离子浓度、电解时间等）等诸多因素相关。不同的电化学技术的影响因素也有差异。

1.3.1　电极材料

电极是电化学反应器的核心。电极材料的催化活性直接关系到污染物降解效率的高低。电极材料良好的电催化特性是指电极对所处理的有机物表现出高的反应速率和好的选择性。电极的形状、大小、排列以及极距都会影响电场强度和分布，从而影响污染物的迁移速率和反应速率。电极性能与制备方法有关，电极的组成、结构、形状、比表面积、电极及其颗粒尺寸、结合力、安装位置和安装方式等都在一定程度上影响电极性能。选择电极材料时考虑的因素包括电催化性能和导电性好、耐腐蚀、长寿命、材料易得、容易加工、安装方便以及成本低廉等。电极材料分为阳极材料和阴极材料。阳极发生的是失电子反应，且因水解反应而经常处于酸性环境。因此阳极材料很容易被腐蚀，对阳极材料的要求一般也高于阴极材料。一般情况下，要求阳极材料不易析氧和阴极材料不易析氢。但在电气浮技术中，却要求阳极材料析氧和阴极材料析氢以获得足够数量的氢气和氧气气泡。常见的电极包括金属电极、碳素电极和金属氧化物电极。金属电极是指利用除碱金属和碱土金属之外的金属作为电极化学反应界面的裸露电极。其中贵金属 Pt 由于具有化学稳定性高、催化性强和导电性良好等特点，得到广泛关注。但是金属铂的价格昂贵，为了降低成本通常将 Pt 负载在其他廉价的基体材料上。碳素电极一般具有良好的导电性和电催化性、丰富的微孔隙、高比表面积。碳素电极良好的吸附性虽然有利于降解污染物，但也会使有机物降解后的中间产物难以扩散，而是覆盖在电极表面，使电极钝化。另外，一些碳素电极（如石墨电极）的机械强度低，作为阳极时，在酸性条件下容易损耗，而且其析氧电位较低。BDD 在电流效率、催化性能、化学稳定性和吸附惰性等方面优于传统的氧化物电极和一般的碳素电极，但其大面积制备困难且价格昂贵。金属氧化物电极是在基体上（如金属 Ti）涂覆一种或多种导电性金属氧化物的电极。应该注意到，PbO_2 电极使用过程中可能会释放出 Pb^{2+}，容易造成二次污染。为了提高电极性能，常用的改性方法包括掺杂离子或者纳米颗粒、引入中间层、调控电极材料的微观形貌等。

1.3.2　电动参数

（1）电压与电流的控制方式[14]

电压与电流的控制一般采用 2 种方式，即控制电流法和控制电压法（也称恒电流法与恒电位法）。图 1-3 给出了简易的恒电位和恒电流测量装置。恒电位法：将电极电位维持在某一数值上，然后测量对应于该电位下的电流。恒电流法：将研究电极的电流恒定在某恒定值下，测量其对应的电极电位。

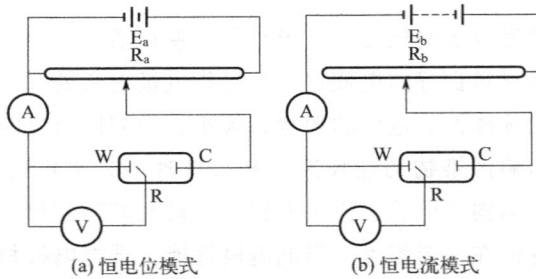

(a) 恒电位模式　　　　　　(b) 恒电流模式

控制模式	自变量	因变量
恒电流法	电流	电位
恒电位法	电位	电流

图 1-3　简易恒电位、恒电流测量原理图

E_a—低压稳压电源；E_b—高压稳压电源；R_a—低阻变阻器；

R_b—高阻变阻器；A—直流电流表；V—直流电压表

通常恒电流法和恒电位法都可用于测量单调函数的极化曲线。但某些电极过程中的电极极化达到一定程度后，电流密度达到极限值，因而不能采用恒电流法。此时，必须采用恒电位法才能测得真实的极化曲线。又如，阳极钝化曲线大都具有图 1-4 所示的形式。因为同一个电流 I 可能对应于几个不同的电极电位，因而在控制电流极化时，体系的电极电位可能发生振荡，即电极电位将处于一种不稳定状态。因此，具有这种特点的极化曲线是无法用控制电流的方法测定的。

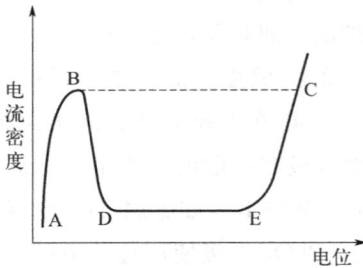

图 1-4　阳极钝化曲线

（2）电压和电流密度

多数情况下，电压高时，电流密度大，但当电流密度接近或者达到极限电流密度时，电压增加，电流密度变化很小或无变化。在电极钝化时，还会出现电压增加而电流密度减小的情况。

电压是电解反应进行的基础，也是电解槽内导电粒子复极化的动力。为使反应器内的颗粒呈现复极化，主电极间所施加的电压必须足够高，但又要尽可能低于水的分解电压，避免副反应的加剧。当主电极间所施加的电压足够高时，使导电颗粒沿电场方向两端的电位降超过阴极和阳极反应的可逆电势时，导电颗粒就在电场的作用下感应而成为复极性粒子，即每一个颗粒都相当于一个微电解池，在粒子的两端分别发生阳极反应和阴极反应。

电流密度是影响电迁移、电化学反应速率、能耗和物质传递的关键参数。当电流密度较小时，增大电流密度可以提高处理效果。电解槽的容积和电极的工作表面得到了充分的利用。但当电流密度增大到一定值时，随着电流密度的增大，处理效果没有明显增加，电极极化和钝化、副反应、极板和电能消耗却增加，电流效率和污染物去除率变低。因此电流密度的确定必须综合考虑电流效率、处理效果、能耗及电极寿命等因素。

在土壤的植物-电动修复中，过弱和过强的电场均不利于去除重金属。如果电场过弱，对植物生长起不到应有的刺激作用，而且根际区污染物耗尽过快却得不到及时补充，从而延长了修复时间。如果电场过强，根际区重金属集聚过多，可能对植物造成毒害作用。此外，根系吸收污染物速率有限，导致一部分污染物未被吸收而很快离开根部，造成电力浪费。

（3）供电方式

电源设备主要分为直流电源和脉冲电源。直流电源使用方便、操作简单、运行稳定，但直流电源易造成不必要的能耗增加和极板钝化加剧。在土壤的电动修复中，直流电场还会产生阴阳区土壤酸碱化、两极区植物生长抑制等负面效应。脉冲电源循环进行供电和断电，使反应时断时续，有利于扩散。极板换向可周期性更换极化方向，破坏固定极化区域并抑制钝化。使用脉冲电源和/或极板换向可以减缓钝化、降低浓差极化和电能消耗。

微生物电池或太阳能作为电源可降低电能消耗，但其对污染物的电化学治理效率和稳定性仍需进一步研究。

（4）电极布置方式

以土壤重金属的植物-电动联合修复为例，电极布置方式对电场分布和电场作用的有效面积有重大影响（图1-5）。常用的电场配置类型为一维的水平直流电场和垂直直流电场。水平直流电场可促进土壤重金属横向迁移，而无法促进重金属纵向迁移。垂直直流电场可促进带负电荷的重金属配合物由深层向表层迁移，提高表层土壤重金属含量，促进植物对重金属的富集与转运。

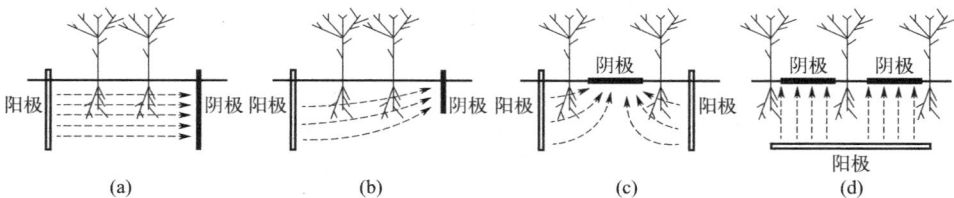

图1-5　电场作用下植物富集重金属所采用的电极布置方式[15-16]

最简单的电极布置方式是使用两块大小形状完全相同的电极板，得到均匀电场。这种电极设置方式是比较简单、成本较低的方式。但这种方式在土壤的电动修复中会在相同电极之间形成一定面积的电场无法作用的土壤。

单极式和复极式是最简单的两种组合电路连接方式（图1-6）。在单极式反应器中，每一个电极均与电源的一端连接，电极的两个表面均为同一极性，或作为阳极，或作为阴极。在复极式反应器中仅有两端的电极与电源的两端连接，每一电极的两面均具有不同的极性，即一面是阳极，另一面是阴极。单极式反应器中的电极并联，槽电压较低而总电流较大，因此电极上电流分布不均匀。对直流电源要求较高，需要提供较大的电流，费用高，占地面积较大，但设计制造比较简单。复极式反应器中的电极串联，槽电压较高而总电流较小，电极上电流分布比较均匀，所需直流电源要求电流较小，比较经济，设备紧凑、占地面积小，但其设计制造比较复杂。由于相邻两个单元反应器之间有液路连接，这时电流在相邻的两个反应器中的两个电极之间流过，不仅使电流效率降低，而且可能导致中间的电极发生腐蚀。因此，复极式电化学反应器应该防止旁路和漏电发生。和单极式相比，这种体系以高电压低电流的方式工作，特别适用于高阻抗体系，如电镀废水、漂洗液的回收处理。

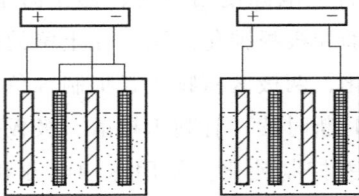

图1-6　单极式和复极式
电路连接方式[17]

在土壤的电动修复中，使用柱状电极时，常见组合形式为单向、双向、径向对和径向-双向（图1-7）。使用电极矩阵并按照一定顺序调节电极位置，改变电场分布，防止非均匀电场中污染物迁移不平衡问题并加快污染物的定向累积与分离，促进污染物的降解。电场分布的高频切换有效防止了非均匀电场中污染物迁移不平衡的问题。

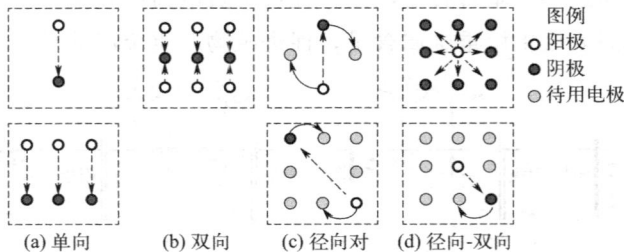

图例
○ 阳极
● 阴极
◐ 待用电极

(a) 单向　(b) 双向　(c) 径向对　(d) 径向-双向

图1-7　不同柱状电极布置方式[18]

（5）电极间距

电极间距影响电压和电场分布、反应器尺寸、能量消耗、运行稳定性。电极间距过大导致处理效率低和处理时间长，浓差极化增加；电极间距小有利于两极间的传质和减小电阻压降。但是，电极间距过小，电场分布不均匀，溶液在极板间的流通性变差，易发生短路和极板间堵塞。

（6）通电时间

通电时间的长短决定了氧化还原、电吸附等反应时间的长短。停留时间越长，氧化还原、电吸附等进行得越彻底，但停留时间过长会使极板的消耗量增加。

1.3.3　溶液因素

（1）待处理对象类型

待处理对象（饮用水、污染水、土壤和污泥、气体）的性质包括污染物类型、电解质、氧化还原电位、pH、吸附能力、离子交换能力、缓冲能力等。污染物类型通常分为有机物（溶解性有机污染物、不溶性有机污染物）、无机物、重金属和微生物等，主要分布在大气、水体、土壤、固形废弃物及生物体内。污染物来源包括天然水（饮用源水、雨水、海水、苦咸水等）、生活废水、农业废水、养殖业废水、工业废水、垃圾渗滤液等。每一大类污染物来源又可以细分为很多小类。例如，工业废水可分为造纸工业废水、电镀废水、放射性废水、制药废水、医院废水、制革废水、印染废水、焦化废水、煤化工废水、石油工业废水等。工业废水和垃圾渗滤液大多属于难降解废水。工业废水的主要特点有：①种类多，成分复杂，治理复杂。单一的处理方法无法达标，处理费用高。②污染物浓度高，色度大，COD 值偏高，BOD/COD 值低，可生化性差。直接排放会严重污染环境。排放量大，约占全国废水排放总量的 70 %，而且水质、水量变化大。垃圾渗滤液中有机物和氨氮浓度高，含盐量高，含有多种重金属离子，可生化性差。由于经济水平、居民饮食习惯、地理条件、填埋工艺等因素的影响，各地垃圾渗滤液的成分有很大差异。养殖废水具有污染物浓度较高、碳氮比较高、溶解氧浓度较高等特点，主要污染组分包括有机物、氨氮、硝酸盐氮、亚硝酸盐氮、磷酸盐、抗生素及藻类等。

化工厂、热电厂等工业排放出许多污染环境的气体，如 SO_2、NO_x、Cl_2、H_2S、CO_2 等。电化学方法处理废气时，在电化学反应发生前通常使用电解液吸附或吸收气态污染物。

在土壤和污泥治理时，含水率是一个重要参数。含水率受土壤深度、污泥脱水程度和电场源的影响，在电动-植物修复时，电流可以增加植物根系的吸水率和植物叶片的蒸腾率，从而降低了土壤的含水率。相较于水体修复，土壤修复还需特别考虑的两个影响因素是比表面积和碳酸盐含量。

（2）电解质

电化学法处理废水的先决条件是废水必须有足够的电导率，因此，对某些废水常要投加电解质。但是，投加量过多会增加费用和出水中的电解质含量。

无机盐主要有 5 种作用：①作为支持电解质增大溶液电导率。②影响电解过程中所产生氧化剂的种类和数量。例如，Cl^- 通过氧化还原反应可生成具有强氧化性和漂白性的 $HClO$ 和 Cl_2。③常见阴离子 Cl^-、NO_3^-、SO_4^{2-}、CO_3^{2-} 和 $H_2PO_2^-$ 等对电极钝化有重要影响。SO_4^{2-} 在水中容易与 Ca^{2+}、Mg^{2+} 形成难溶性钝化膜覆盖在极板表面。相反，Cl^- 半径较小，易在阳极与金属形成可溶性化合物，同时穿透性强，能够将覆盖在电极表面的钝化膜穿孔破裂，加速其溶解。④混凝作用。例如，铝盐或铁盐中的 Al^{3+} 和 Fe^{3+} 在中性或碱性条件下产生的水解化合物具有很强的混凝沉淀作用。⑤发生副反应和增加能耗。副反应可生成二次污染物。例如，Cl^- 会产生有毒性的氯代有机物。

选择恰当的电解质能够加快电子传递速率，提升反应效率。例如，陈慧等[19] 以石墨作为电极，用电解法处理邻甲苯胺模拟废水，分别选用 Na_2SO_4 和 $NaCl$ 作为电解质，结果表明 Na_2SO_4 在最佳浓度时去除率仅为 54.1 %，而以相同浓度的 $NaCl$ 为电解质时，去除率可达 99.4 %。

（3）pH[20]

由于污染物种类不同、形成条件不同，其水体 pH 也不尽相同。例如，电镀废水含有 H_2SO_4、HCl、H_3PO_4 等时显酸性，含有 $NaOH$、Na_2CO_3 时则显碱性；印染废水通常呈碱性；餐饮废水主要是由高 COD 的油、油脂等组成，其 pH 范围为 6～10；酚类污染物质如苯酚则显弱酸性。

电化学技术处理污染物往往需要加酸碱调节反应溶液 pH。例如，电絮凝技术需要调节 pH 为中性。利用电芬顿（Fenton）、光电芬顿法氧化降解污染物时需要调节 pH 为酸性，以保证 H_2O_2 的有效产生，并且 Fe^{2+} 和 Fe^{3+} 均以游离态存在；当利用载 Pd 阴极直接还原污染物时需要调节 pH 为酸性以保证足够的 H^+ 能在阴极被还原为 H_2、原子氢等还原剂。

电化学技术处理污染物时，水分子在电极上的电解反应是不可避免的。阳极电解水产生 O_2 的同时会产生 H^+，阴极电解水产生 H_2 的同时也会产生 OH^-，当产生的 H^+ 和 OH^- 能被快速中和时对反应液 pH 影响较小，例如混合电化学体系；当产生的 H^+ 和 OH^- 不能被有效中和时则会促使阳极累积 H^+ 呈酸性，阴极累积 OH^- 呈碱性，例如阴阳极分离或者阴阳极以一定距离被隔开的电化学体系。

当电化学技术应用于土壤时，土壤 pH 会影响微生物和植物的活性，从而影响微生物和植物对污染物的去除。在土壤的电动修复技术中，pH 控制是电动修复能否成功的关键。

（4）温度

一般情况下，设备都是在常温下运行。若有加温设施则会增加基建费用、运行费用、占地面积、操作管理及整个流程的复杂性等。在土壤/污泥的异位电动修复中，适当提高土壤/污泥温度可以加快污染物迁移扩散速率。但当含水率降低时，升高温度会导致土壤开裂，效率降低。

（5）氧化还原电位[20]

氧化还原电位直接影响电极反应。氧化还原电位的高低由环境中的氧化性物质和还原性物质决定，当氧化性物种占优时则体系处于氧化态，氧化还原电位较高；当还原性物种占优时则体系处于还原态，氧化还原电位较低。在以铁作为阳极的电絮凝体系中，阳极溶解析出 Fe^{2+}，Fe^{2+} 作为还原性物质，不断累积会导致氧化还原电位降低。反应体系中溶解的 O_2 作为氧化性物质，Fe^{2+} 与 O_2 反应会消耗 Fe^{2+} 从而抑制 Fe^{2+} 的累积，对应的反应体系的氧化还原电位将会升高。中性条件下，当 Fe^{2+} 氧化消耗 O_2 的速率小于 O_2 补给的速率，Fe^{2+} 被完全氧化，反应体系处于富氧状态，氧化还原电位较高；当 Fe^{2+} 氧化消耗 O_2 的速率大于 O_2 补给的速率，体系处于缺氧状态，氧化还原电位较低。

土壤氧化还原电位越低，说明土壤系统的还原能力越强，则纳米零价铁供电子能力越强。一般旱地的氧化还原电位为 $400\sim700$ mV，水田的氧化还原电位为 $-200\sim300$ mV。因此，纳米零价铁在水田中具有更强的供电子能力，更有利于对有机污染物的降解。相对于水田，纳米零价铁在旱地容易被氧化、钝化[21]。

1.3.4 产气因素

在电化学处理废水过程中会产生 H_2、O_2、CO_2、NH_3、CH_4、Cl_2 等气体，一方面，这些气体具有搅拌、气浮、氧化、有机物脱氯降解、回收废水中特定金属离子、产生清洁能源等正效应；另一方面，所产气体中部分为 O_2 和可燃气体（如 H_2、CH_4 等），有爆炸危险，部分气体（如 NH_3、Cl_2 等）对操作人员有健康危害。此外，产气还会降低废水处理效率、增加能耗。

用电化学处理废液时，由于方法的不同所产气泡的机理也不同，其中较为典型的有电解气浮法、电化学氢化法、电絮凝法、电氧化法和微生物电化学法。电极极板的气泡生成过程简要分为 6 个阶段：气泡生成、球形长大、水平扩展、相互碰撞、气泡合并、从电极表面脱离上升。具体过程见图 1-8。

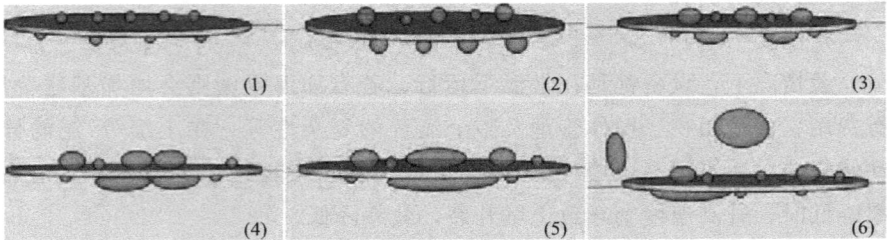

图 1-8　电化学水处理体系的气泡生长过程示意图[22]

1.4　电化学联合技术

联合处理技术一般包括 2 种或 2 种以上的单一处理技术，运行时，它们取长补短，互相促进，使得处理效果更佳。电化学法不仅可与其他电化学方法结合，还可以与物理法、生物法和化学法联合使用。芬顿氧化、光催化、膜过滤、生物处理、臭氧氧化、吸附、超声、紫外辐射、微波和热分解均是目前广泛报道的提高电催化活性的方法。例如，电催化氧化法可以很好地降解苯酚污染物，但是 1 分子苯酚完全矿化为水和 CO_2 需要 24 个电子而消耗大量电能。如果将酚部分氧化，转化为可以被生物法处理的中间产物，就可以降低能耗，如电化学-生化组合工艺：

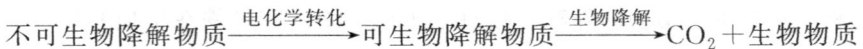

$$不可生物降解物质 \xrightarrow{电化学转化} 可生物降解物质 \xrightarrow{生物降解} CO_2 + 生物物质$$

印染废水的特点是水量大、色度深、碱度高、水质复杂多变、可生化性很差。传统的生物处理技术只能有限地去除印染废水的 COD 和色度，化学混凝法也由于较高的运行费用（混凝剂）而受到限制。考虑到印染废水污染物浓度高，仅用电化学氧化法将消耗大量电能，所以处理印染废水的合适方案是电化学联合工艺。印染废水中高浓度的悬浮物和胶质固体会阻碍电化学反应，因此这些成分必须在电化学氧化之前除去。

电化学水处理耗能巨大，可利用太阳能、风能等可再生能源为处理装置提供电能，降低能耗成本。

1.5 电化学水处理技术的发展方向

电化学水处理技术应在以下几个方向发展。

（1）电化学水处理的机理

污染物的宏观和微观降解机理；污染物降解途径，特别是反应过程中微量中间产物及活泼中间体与污染物的反应机制；三维电极法处理废水的机制；探索不同变量之间相互影响的程度，比较自变量的重要性，从而获得最佳操作参数；电化学水处理的数学模拟及其最优解；电化学及耦合系统对于污染物的协同降解机制。

（2）高性能电极材料的开发

电极材料是电化学水处理技术的核心。开发电催化性能好、处理效率高、能量消耗低、耐腐蚀、稳定性好、寿命长、价格低廉且可大规模制备的主电极材料和粒子电极材料，电化学水处理技术产业化的关键。电极材料的开发包括两方面的内容：①通过材料成分、电极尺寸、三维微结构和表面官能团的设计，提高反应面积、催化性能和稳定性，同时强化材料表面和内部微电场及微流场的控制，改善传质，强化目标污染物和电极之间的相互作用和电子传递过程，提高电极材料的电流效率并降低制备成本。②电极的再生策略、潜在的健康风险和环境毒理学效应、环境归趋和潜在的二次污染监测、防治等问题。

（3）高效节能电化学反应器

电化学反应器包括单一电化学反应器和电化学耦合其他技术的一体化反应器。通过反应器构型的改进和优化电极、电解槽、电解工艺及隔膜材料等，增大反应器中电极的比表面积、增加污染物和电极的接触面积、强化传质、提高时空产率并降低能耗。

（4）实时、快速和无损地测试工艺参数和处理效率指标

电化学水处理过程中许多工艺参数均会影响处理效果，如初始污染物浓度、pH、试剂用量、电流强度、电极间距、电极类型及电极大小等；而部分难以测量的参数，如阳极的溶解、金属离子的水解、电解时额外羟基配合物的形成、电极上污染物的吸附等，也会影响处理效果。反映电化学处理效率的指标包括色度、浊度、COD、油含量或某一具体污染物的含量变化等。对这些工艺参数和处理效率指标必须实时、快速和无损地测试。此外，还必须确定重

要工艺参数和处理效率指标。人工智能可应用于电化学水处理技术，通过人工智能优化电化学水处理系统并对水处理过程进行精确调控，提升污水处理过程的效率，降低功耗，推进技术的智慧化、远程化运行。

（5）电化学联合工艺开发

电化学水处理技术往往需要联合其他技术形成"电化学＋"联合工艺以进一步提升水质和降低成本。电化学与其他水处理技术联合后表现出良好的协同效应。

（6）资源能源的定向转移与回收

在水处理过程中，同步回收资源能源，控制电极反应、实现水处理过程中的资源能源回收正向精细化、高效化方向发展。如光阳极氧化协同阴极还原产氢技术、电还原 CO_2 资源化技术、反向电渗析盐差发电同步回收资源能源技术等。

参考文献

[1] 杨颖，周俊，李璐，周彦怡，等. 电化学法处理难降解废水的研究现状与展望 [J]. 湖南城市学院学报（自然科学版），2020，29（6）：73-78.

[2] 林海波，伍振毅，黄卫民，等. 工业废水电化学处理技术的进展及其发展方向 [J]. 化工进展，2008（02）：223-230.

[3] 张瑞，赵霞，李庆维，等. 电化学水处理技术的研究及应用进展 [J]. 水处理技术，2019，45（4）：11-16.

[4] 张海琴，李庭，李井峰. 电化学技术在矿井水处理中的应用与展望 [J]. 中国煤炭，2021，047（002）：70-75.

[5] 胡承志，刘会娟，曲久辉. 电化学水处理技术研究进展 [J]. 环境工程学报，2018，12（3）：677-696.

[6] 周雨珺，吉庆华，胡承志，等. 电化学氧化水处理技术研究进展 [J]. 土木与环境工程学报（中英文），2022，44（03）：104-118.

[7] Suhan M B K，Shuchi S B，Anis A，et al. Comparative degradation study of remazol black B dye using electro-coagulation and electro-Fenton process：kinetics and cost analysis [J]. Environmental Nanotechnology，Monitoring & Management，2020，14：100335.

[8] 张荣庆. 电化学反应器设计及用于处理含聚丙烯酰胺污水的研究 [D]. 大庆：大庆石油学院，2007.

[9] 宋卫锋，倪亚明，何德文. 电解法水处理技术的研究进展 [J]. 化工环保，2001，21（1）：11-15.

[10] 周洪举，高玮岐，任华堂，等. 电化学氧化反应器尺度效应对于抗生素模拟废水降解的影响 [J]. 环境化学，2024，43（04）：1274-1281.

[11] 何伟华，刘佳，王海曼，等. 微生物电化学污水处理技术的优势与挑战 [J]. 电化学，2017，

23 (3)：283-296.

[12] 韩丁，黎睿，汤显强，等. 污染土壤/底泥电动修复研究进展 [J]. 长江科学院院报，2021，38 (1)：41-50

[13] 肖羽堂，陈苑媚，王冠平，等. 难降解废水电催化处理研究进展 [J]. 工业水处理，2020，40 (06)：1-6.

[14] 谢德明，童少平，曹江林. 应用电化学基础 [M]. 北京：化学工业出版社，2013.

[15] Cameselle C，Chirakkara R A，Reddy K R. Electrokinetic-enhanced phytoremediation of soils： Status and opportunities. Chemosphere，2013，93 (4)：626-636.

[16] Hodko D，Hyfte J V，Denvir A，et al. Methods for enhancing phytoextraction of contaminants from porous media using electrokinetic phenomena：US 6145244 [P]. 2000-11-14.

[17] 杨冬荣，陈迁，段铭诚. 电絮凝法处理含砷污水技术研究进展 [J]. 电镀与精饰，2023，45 (1)：62-70.

[18] Gill R T，Harbottle M J，Smith J W N，et al. Electrokinetic-enhanced bioremediation of organic contaminants：A review of processes and environmental applications [J]. Chemosphere，2014，107：31-42.

[19] 陈慧，张文凯，朱兆连，等. 邻甲苯胺废水电化学处理效能的影响因素研究 [J]. 环境科学与技术，2017，40 (1)：156-160.

[20] 钱傲. 电化学水处理体系在特定条件下对污染物的转化新机理 [D]. 武汉：中国地质大学，2019.

[21] 梁超，么强，杨天宇，等. 纳米零价铁及其改性材料在土壤有机污染修复中的研究进展 [J]. 环境污染与防治，2023，45 (05)：708-715.

[22] 赵伟，李振，周安宁，等. 铝电极电浮选阴极的气泡特征及其影响因素研究 [J]. 矿产保护与利用，2018 (3)：87-92.

第 **2** 章

环境电化学基本概念和测试技术

2.1 电化学基本概念[1]

2.1.1 电化学的定义及研究内容[1]

电化学是研究电现象和化学现象之间的关系及电能和化学能之间的相互转化及转化过程中有关规律的科学。这些关系包括两个方面（图 2-1）：①当体系内自动发生一个化学变化时，体系产生电能——实现这种变化的装置称为原电池；②在外加电压作用下体系内发生化学变化——实现这种变化的装置称为电解池。在第一种变化中化学能转变为电能，在第二种变化中电能转变为化学能。

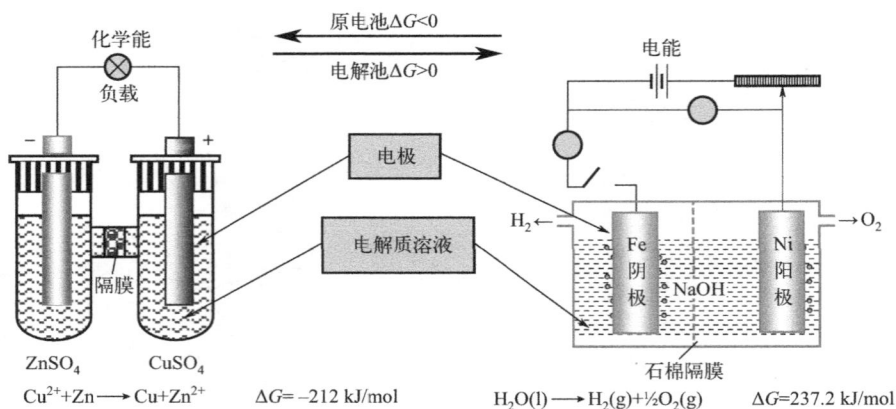

图 2-1　电化学的研究对象[1]

电化学研究的对象包括三个部分：第一类导体、第二类导体、两类导体的界面性质以及界面上所发生的一切变化。因而电化学的研究内容包括电解质和电极两方面的研究。电解质学和电极学都涉及电化学热力学和电化学动力学。电化学热力学研究电化学系统中没有电流通过时系统的性质，主要处理和解决电化学反应的方向和趋向问题，电化学动力学研究电化学系统中有电流通过时系统的性质，主要处理和解决电化学反应的速率和机理问题。能斯特（Nernst）方程处理的是平衡态电化学体系，而一切实际的电化学过程都是不可逆过程。而且，热力学研究并没有解决反应速度问题（图 2-2）。电极过程是在电极表面发生的过程，包括电极上的电化学过程、电极表面附近薄液层的传质及化学过程。电极过程也可分为阴极过程与阳极过程。

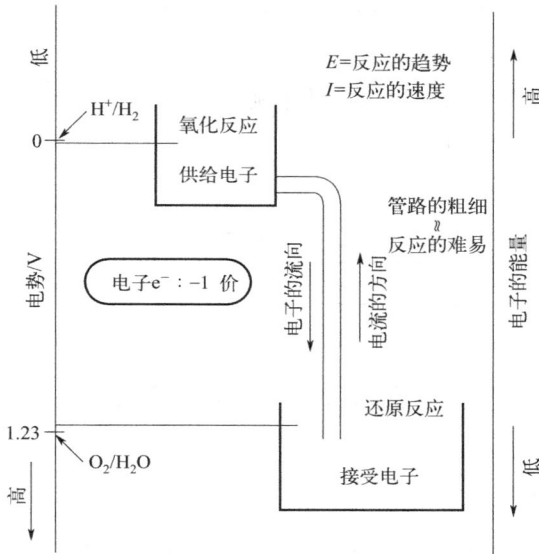

图 2-2　热力学与动力学的区别（示意图）[2]

2.1.2　化学电池的基本术语和表示方法

电极系统：电极系统由电子导体相和离子导体相组成，且在它们互相接触的界面上电荷在这两个相之间转移（图 2-3）。将一块金属（比如铜）浸在清除了氧的硫酸铜水溶液中，就构成了一个电极系统。在两相界面上就会发生下述物质变化：

$$Cu_{(M)} \longrightarrow Cu^{2+}_{(sol)} + 2e^-_{(M)}$$

半电池：电池的一半，通常一个电极系统即构成一个半电池，连接两个半电池构成电池。

电对：在每一个电极中，一定包含一个氧化态物质和一个还原态物质。这

图 2-3　电极
系统[14]

一对物质称为一个氧化还原电对，简称电对，电对符号为：氧化态/还原态（如：Zn^{2+}/Zn，Fe^{3+}/Fe^{2+}，Cu^{2+}/Cu，H^+/H_2，I_3^-/I^-，$S_2O_8^{2-}/SO_4^{2-}$ 等）。

电极：传导电子的材料，其作用为提供氧化或还原反应的位置以及传递电荷。电极符号为"电子导电材料/电解质"，如：$Zn\,|\,Zn^{2+}$；$Cu\,|\,Cu^{2+}$；$(Pt)H_2\,|\,H^+$；$(C)\,|\,Fe^{2+}$，Fe^{3+}。

在电化学中，按照发生的电极反应分类（表 2-1）：

阳极——发生氧化作用的电极

阴极——发生还原作用的电极

在物理学中，正负极由电位高低来确定：

正极——电势高的电极

负极——电势低的电极

表 2-1　阴阳极与正负极

电化学体系	阳极	阴极
原电池	－	＋
电解池	＋	－

电解池中，与直流电源的负极相连的极叫做阴极，与直流电源的正极相连的极叫做阳极。在电解池中正极为阳极，负极为阴极；在原电池中则相反。

电极反应：在电极上进行的有电子得失的化学反应。如反应 $Cu_{(M)} \longrightarrow Cu^{2+}_{(sol)} + 2e^-_{(M)}$。这时将 Cu 称为铜电极。电池反应为两个电极反应的总和。

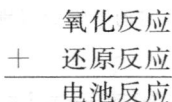

$$\begin{array}{c} 氧化反应 \\ +\quad 还原反应 \\ \hline 电池反应 \end{array}$$

电极系统和电极反应这两个术语的意义是明确的，但电极有时仅指组成电极系统的电子导体相或电子导体材料，有时指的是某一特定的电极系统或相应的电极反应。

2.1.3　电导和电导率

描述离子导体的（电解质溶液等）的导电能力时常采用电阻的倒数——电导 G 来描述，即：

$$G = \frac{1}{R} = \frac{I}{U} = \frac{1}{\rho} \times \frac{A}{l} = \kappa \frac{A}{l} \tag{2-1}$$

式中，电导的单位是 Siemens（西门子，S），$1\,S = 1\,\Omega^{-1}$；R 的单位为 Ω（欧）；A 为导体的截面积，m^2；l 为导体的长度，m；ρ 为电阻率（$\Omega \cdot m$）；κ 为电导率，$S \cdot m^{-1}$ 或 $\Omega^{-1} \cdot m^{-1}$。

$$电导率\,\kappa\,是电阻率的倒数：\kappa = \frac{1}{\rho} = G\,\frac{l}{A} \qquad (2\text{-}2)$$

2.1.4 电极电势

凡是有两相界面，均存在着电势差！即：两相界面一定有两个电荷量相等而符号相反的双电层，在它们之间存在电位差。电极电势的产生原因包括以下 5 方面。

（1）"电极/溶液"界面电势差

电极电势是表示氧化还原电对中氧化态物质或还原态物质得失电子能力相对大小的物理量。电极电势代数值越小，金属离子脱离自由电子的吸引而进入溶液的趋势越大；反之，电极电势代数值越大，金属离子越易沉积在金属表面（图 2-4）。因此，电对的电极电势数值越小，其还原态物质还原能力越强，氧化态物质氧化能力越弱；电对的电极电势代数值越大，其还原态物质还原能力越弱，氧化态物质氧化能力越强。

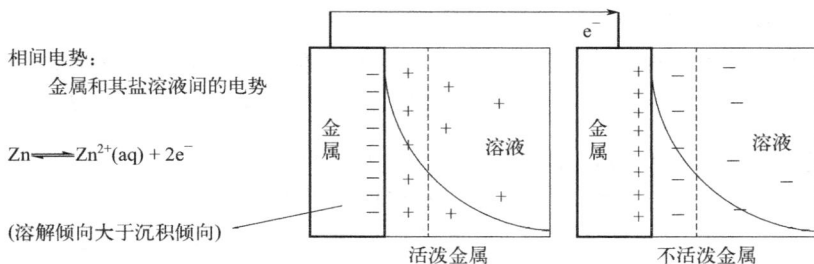

相间电势：
金属和其盐溶液间的电势

$Zn \rightleftharpoons Zn^{2+}(aq) + 2e^-$

(溶解倾向大于沉积倾向)

活泼金属　　　　不活泼金属

图 2-4　电极电势的产生（双电层模型）

（2）胶体双电层

组成胶粒核心部分的固体微粒称为胶核。当胶核表面吸附了离子而带电后，在它周围的液体中，与胶核表面电性相反的离子会扩散到胶核附近，并与胶核表面电荷形成扩散双电层（图 2-5）。胶体双电层由两部分构成：a. 吸附层。又称 Stern 层。胶核表面吸附的离子，由于静电引力，又吸引了一部分带相反电荷的离子（反离子），形成吸附层。b. 扩散层。除吸附层中的反离子外，其余的反离子扩散分布在吸附层的外围。距离吸附层的界面越远，反离子浓度越小，在胶核表面电荷影响不到之处，反离子浓度为零。从吸附层界面（图 2-6 中虚线）到反离子浓度为零的区域叫作扩散层。在电动现象中固液两相发生相对运动时的滑动面在 Stern 平面之外的溶液内某处。这是因为除了吸附的反离子之外，还有一部分溶剂（水）偶极子也与带电表面紧密结合，作为整体一起运动。胶核和吸附层构成了胶粒，胶粒和扩散层形成的整体为胶团，在胶团中吸附离子的电荷数与反离子的电荷数相等，因此胶粒是带电的，而胶团是电中性的。

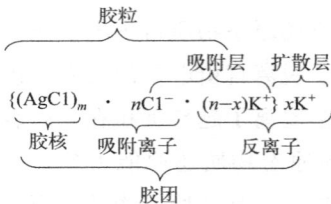

图 2-5　胶体双电层的组成与结构

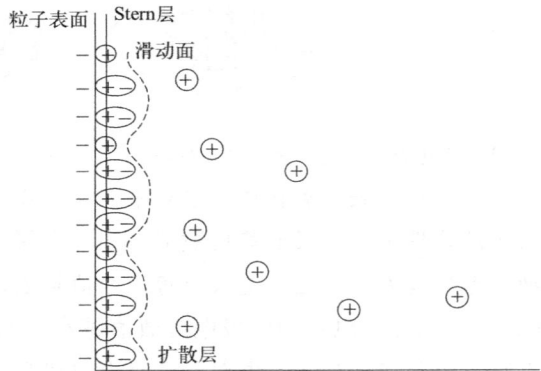

图 2-6　胶体双电层的吸附层与扩散层

（3）接触电势

当两种金属接触时，由于金属中的自由电子逸出金属相的难易程度不同，必然会出现不同金属间的接触电势。因为 $\varphi_{接触} \approx 0$，因此通常不予考虑（图 2-7）。

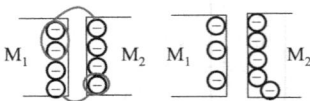

图 2-7　两种金属接触时，在界面上产生电势差

（4）液体接界电势

液体接界电势又称扩散电势，是在两种不同溶液的界面上存在的电势差。它是由溶液中离子扩散速度不同引起的，液体接界电势一般不超过 40 mV。如图 2-8 所示，在两种不同浓度的 HCl 溶液的界面上，HCl 从浓的一侧向稀的一侧扩散，由于 H^+ 运动速度比 Cl^- 快，所以在稀溶液一侧出现 H^+ 过剩而带正电，在浓溶液一侧出现 Cl^- 过剩而带负电。这样，在界面两侧就产

生了电势差。电势差一旦产生，就会对界面两边离子的扩散速度产生调节作用，使 H^+ 扩散速度变慢，Cl^- 扩散速度变快。最后达到稳态，在稳定的电势下，两种离子以相同速度通过界面。这个稳定电势即是液体接界电势。消除液体接界电势的最好方式是采用单液电池，其次是在两溶液间连接一个"盐桥"。

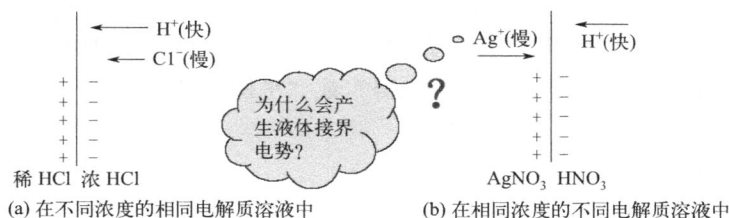

图 2-8　离子迁移速率不同引起液体接界电势产生的示意图

（5）其他因素引起的电极电势

某些阳离子或阴离子在相界面附近的某一相内选择性吸附（图 2-9）和不带电的偶极质点（如有机极性分子和小偶极子）在界面附近定向吸附（图 2-10）均可产生电极电势。

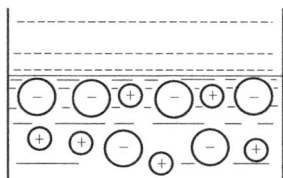

图 2-9　相间由离子吸附产生电位差　　　图 2-10　偶极分子定向吸附产生的电位差

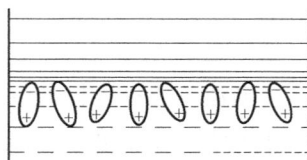

2.1.5　电池电动势与标准电极电势

（1）内电位

将电荷 ze^- 从无穷远处移入一个物体相 α 内。所做的功可分为三部分（图 2-11）：①从无穷远移到表面 10^{-4} cm（这是电荷与 α 相的化学短程力尚未发生作用的地方）。所做的功为 $W_1 = ze\psi$。②从表面移入体相内部，由于表面存在着定向的偶极层，或电荷分布的不均匀性，所以要克服表面电势 χ 而做功 $W_2 = ze\chi$。③将电荷引入物相内部时还要克服粒子之间短程作用的化学功，这个功就是化学势 μ。

内电位 ϕ 分为两部分——外电位（Ψ）和表面电势（χ），即

$$\phi = \Psi + \chi \tag{2-3}$$

电极电势（位）是电子导电相（如金属）相对于离子导电相（如电解质溶液）的内电势（位）差（图 2-12）。两个物体的界面电位可表示为：

$$\Delta\phi = \phi_1 - \phi_2 = \pm\varphi \qquad (2\text{-}4)$$

式中，φ 为金属/溶液界面电位差。$\Delta\phi_{Cu^{2+}/Cu}$ 为"金属/溶液"界面电位差，而 $\Delta\phi_{Zn^{2+}/Zn}$ 则为"金属/溶液"界面电位差的负值。在电极反应中氧化态物质与其对应的还原态物质处于可逆平衡状态，且在整个电池中无电流通过的条件下测得的电极电势称为"可逆电势"或"平衡电势"。

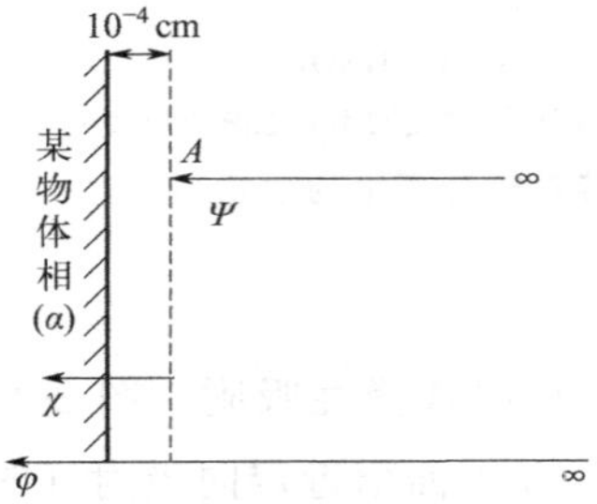

图 2-11　物质相的内电位、
外电位、表面电势

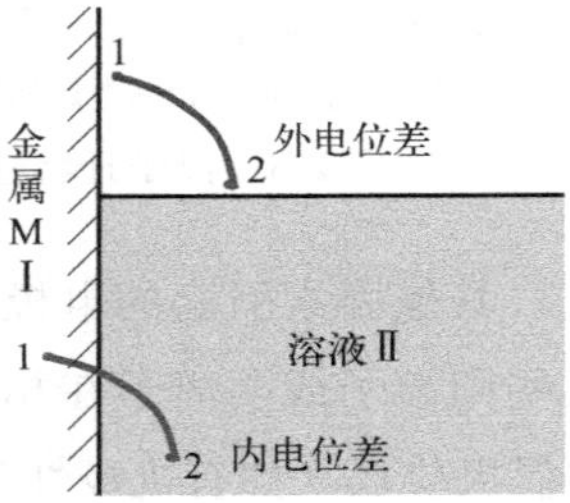

图 2-12　电极与电解质间的内
电位差与外电位差

（2）电池电动势的组成

对一个电池，连接正极的金属引线与连接负极的相同金属引线之间的电势差称为电池电势，在零电流条件下测出的电池电势称为电动势，用 E 表示。

$$E = \lim_{I\to 0}[\varphi(正极引线) - \varphi(负极引线)] \qquad (2\text{-}5)$$

电动势也可用组成电池的各界面电势差的加和表示，如丹尼尔电池（图 2-13）。

$$E = \sum_i \Delta\phi \qquad (2\text{-}6)$$

$$\underbrace{(-)\quad \overset{1}{Cu}\Big|\overset{2}{Zn}\Big|\overset{3}{ZnSO_4}(1\ mol/kg)\Big|CuSO_4(1\ mol/kg)\Big|\overset{4}{Cu}\quad (+)}_{E}$$

$$\Delta\varphi_{Zn/Cu}\quad \Delta\varphi_{Zn^{2+}/Zn}\qquad \Delta\varphi_{Cu^{2+}/Zn^{2+}}\qquad \Delta\varphi_{Cu/Cu^{2+}}$$

$$
\begin{aligned}
E &= \varphi[Cu(+)] - \varphi[Cu(-)] \\
&= \varphi[Cu(+)] - \varphi(CuSO_4) + \varphi(CuSO_4) - \varphi(ZnSO_4) + \varphi(ZnSO_4) - \varphi(Zn) + \\
&\quad \varphi(Zn) - \varphi[Cu(-)] \\
&= \Delta\varphi_4 + \Delta\varphi_3 + \Delta\varphi_2 + \Delta\varphi_1 = \sum_{i=1}^{4}\Delta\varphi_i
\end{aligned}
$$

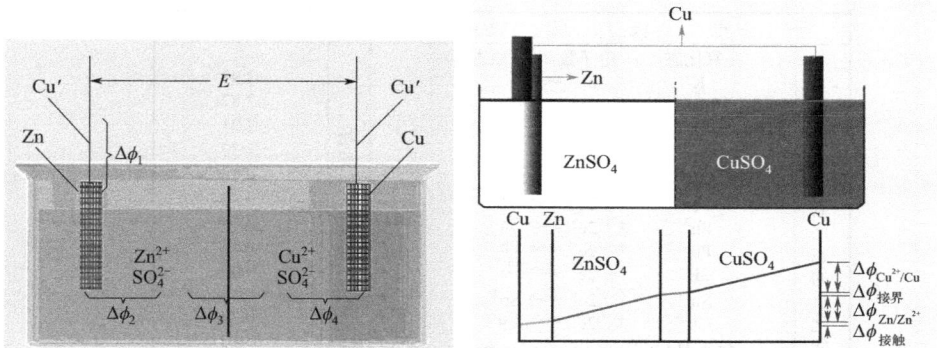

图 2-13 丹尼尔电池电动势的组成（左图中烧杯及水溶液未画出）

E 也可以记为：$E = \Delta\phi_{接触} + \Delta\phi_{液接} + \Delta\phi_{Zn^{2+}/Zn} + \Delta\phi_{Cu^{2+}/Cu}$ (2-7)

若用盐桥除去液体接界电势，且 $\Delta\phi_{接触}$ 很小，所以电池电动势仅取决于两个半电池的"电极/溶液"界面电势差，即

$$E \approx \Delta\phi_{Zn^{2+}/Zn} + \Delta\phi_{Cu^{2+}/Cu} = \varphi^+ - \varphi^-$$ (2-8)

（3）标准电极电势

因为单个电极的电势数值无法直接测量，所以选择一标准电极作为零点，并以此标准电极与待测电极组成电池，则所得电池电动势值便是待测电极的相对电极电势。国际上规定标准氢电极作为标准电极，并规定在常温 25 ℃ 条件下，标准氢电极的平衡电极电势均为零，以 $\varphi^{\ominus}$（H^+/H_2）$= 0.0000$ V 表示。电池"$(Pt)H_2(g, p^{\ominus}) | H^+(a=1) \| 待测电极$"的电动势 E 即为待测电极的电极电势 φ（包含数值和符号），即

$$E = \varphi^{\ominus}(待测) - \varphi^{\ominus}(H^+/H_2) = \varphi(待测) - 0 = \varphi(待测)$$ (2-9)

在不会引起混淆的情况下，可用 E 表示电极电势，即将电极电势理解为半电池的电动势。电极体系处于热力学标准状态下的电极电势称为标准电极电势，用 $E^{\ominus}$ 或 $\varphi^{\ominus}$ 表示。标准状态指组成电极的离子浓度为 1.0 mol/dm³（严格讲应为离子的活度 $a=1$），气体压强为 1.01325×10^5 Pa，测量温度 298.15 K，液体和固体都是纯净物质。一些常用的电极在 25 ℃（298.15 K）时，以水为溶剂的 $\varphi^{\ominus}$ 值按由小到大的顺序自上而下排列于表 2-2 中。非标准状态下（活度不是 1）电极电势与物质浓度的关系可用能斯特公式计算。与标准电极电势相对应的电极反应中，应标明反应式中各物质（包括氧化态、还原态物质及介质等）的状态（如 s、l、g、aq 等）。若不会引起混淆，一般也可将物质的状态省略。例如：$Fe^{2+}(aq) + 2e^- \Longrightarrow Fe(s)$，可简写为 $Fe^{2+} + 2e^- \Longrightarrow Fe$。

表 2-2 标准电极电势

电　极　反　应			$E^{\ominus}/V$
氧化态	电子数	还原态	
K^+	$+\quad e^-$	$\rightleftharpoons$ K	-2.93
Ca^+	$+\quad 2e^-$	$\rightleftharpoons$ Ca	-2.87
Na^+	$+\quad e^-$	$\rightleftharpoons$ Na	-2.71
Mg^{2+}	$+\quad 2e^-$	$\rightleftharpoons$ Mg	-2.37
Zn^{2+}	$+\quad 2e^-$	$\rightleftharpoons$ Zn	-0.76
Fe^{2+}	$+\quad 2e^-$	$\rightleftharpoons$ Fe	-0.44
Sn^{2+}	$+\quad 2e^-$	$\rightleftharpoons$ Sn	-0.14
Pb^{2+}	$+\quad 2e^-$	$\rightleftharpoons$ Pb	-0.13
$2H^+$	$+\quad 2e^-$	$\rightleftharpoons$ H_2	0.00
Sn^{4+}	$+\quad 2e^-$	$\rightleftharpoons$ Sn^{2+}	$+0.14$
Cu^{2+}	$+\quad 2e^-$	$\rightleftharpoons$ Cu	$+0.34$
O_2+2H_2O	$+\quad 4e^-$	$\rightleftharpoons$ $4OH^-$	$+0.401$ (在碱性溶液中)
I_2	$+\quad 2e^-$	$\rightleftharpoons$ $2I^-$	$+0.54$
Fe^{3+}	$+\quad e^-$	$\rightleftharpoons$ Fe^{2+}	$+0.77$
Br_2	$+\quad 2e^-$	$\rightleftharpoons$ $2Br^-$	$+1.08$
$Cr_2O_7^{2-}+14H^+$	$+\quad 6e^-$	$\rightleftharpoons$ $2Cr^{3+}+7H_2O$	$+1.33$
Cl_2	$+\quad 2e^-$	$\rightleftharpoons$ $2Cl^-$	$+1.36$
$MnO_4^-+8H^+$	$+\quad 5e^-$	$\rightleftharpoons$ $Mn^{2+}+4H_2O$	$+1.51$
F_2	$+\quad 2e^-$	$\rightleftharpoons$ $2F^-$	$+2.87$

（表左侧竖排：物质的氧化态的氧化能力依次增强；表中间竖排：物质的还原态的还原能力依次增强；表右侧竖排：代数值增大）

对标准电极电势表有如下几点说明：①$\varphi^{\ominus}$ 值是电极处于平衡状态时表现出的特征值，与平衡到达的快慢、反应速度的大小无关。②$\varphi^{\ominus}$ 值是标准状态下水溶液体系的标准电极电势，对于非标准状态，非水溶液体系，都不能使用 $\varphi^{\ominus}$ 值比较物质的氧化还原能力。③表中物质还原态的还原能力自下而上依次增强；物质氧化态的氧化能力自上而下依次增强。如表中左下方的氧化态物质 F_2、Cl_2、$S_2O_8^{2-}$、MnO_4^- 等都是很强的氧化剂，而右上方还原态物质如 K、Na、Zn 等都是强还原剂。④物质氧化态的氧化能力越强，其对应的还原态的还原能力就越弱；物质还原态的还原能力越强，其对应的氧化态的氧化能力就越弱。例如表 1-4 中 F_2 是最强的氧化剂，其对应的 F^- 则是最弱的还原剂，K 是最强的还原剂，其对应的 K^+ 则是最弱的氧化剂。

2.2　法拉第定律及研究"电极/溶液"界面性质的意义

2.2.1　法拉第定律

电极反应中的氧化与还原反应发生在不同地点，通过电极进行间接电子传递反应。化学能与电能的相互转换是通过电化学反应实现的。这是由于电池工作时，电流必须在电池内部和外部流过，构成回路，而电解质溶液中不存在自由电子，因此通过电流时在"电极/电解质"界面上就会发生某一或某些组分的氧化或还原，即发生了电化学反应（图2-1）。

电解池中的导电过程包括两部分——溶液中离子的定向运动和电极反应：电流通过溶液由正、负离子的定向迁移实现；电流在电极与溶液界面得以连续，是由于两电极分别发生氧化还原反应时产生了电子得失。

对于电流通过电极引发电极反应的现象，法拉第于1833年总结出了两条基本规则，称为法拉第定律：

① 在电极上发生电极反应的物质的量 n 与通过的电量 Q 成正比。即

$$n = KQ = KIt \tag{2-10}$$

式中，K 为比例系数；I 为通过电极的电流；t 为电极反应持续的时间。

② 若将几个电解池串联，通入一定的电量后，在各个电解池的电极上发生反应的物质，其物质的量相同。

若回路上串联一个阴极反应：$X^{z+} + ze^- \longrightarrow X$，当消耗 1 mol 的 X^{z+}（即生成 1 mol 的 X）时，通过的电量为

$$Q = It = zF（如电流不恒定，则：Q = \int_0^\infty I\,\mathrm{d}t） \tag{2-11}$$

式中，z 为电极反应的电子转移数；F 为法拉第常数，即 1 摩尔电子所带的电量。

$$1F = Le = 1.6021766 \times 10^{-19}\,\text{C} \times 6.022 \times 10^{23}/\text{mol} = 96485\,\text{C/mol} \approx 96500\,\text{C/mol}$$

换言之，当有电量 Q 通过时，生成 X 的物质的量 n 为：

$$n = Q/zF \tag{2-12}$$

生成 X 的质量为：

$$m = \frac{MQ}{zF} = \frac{M}{z} \times \frac{it}{96485} \tag{2-13}$$

式中，m 为析出物质的质量，g；M 为物质的摩尔质量；Q 为通过电极的电量，C；z 为电极反应的电子转移数；F 为法拉第常数；i 为通过溶液的电流，A；t 为电解时间，s。

根据电极反应过程中是否有电子参加可将电极反应分为法拉第反应和非法拉第反应。法拉第反应指反应过程中有电子得失、物质价态改变的反应。电吸附过程中典型的法拉第反应包括碳表面基团氧化还原反应、水化学反应、碳氧化反应。非法拉第反应即反应过程中无电子参加的反应，在电吸附反应器内主要有电容离子储存过程、动力学离子迁移过程及化学基团表面带电现象（图2-14）。

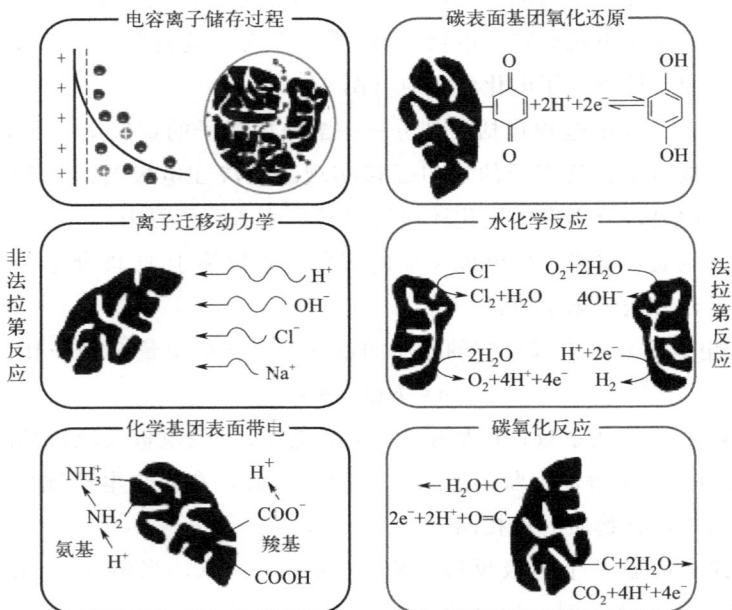

图 2-14 非法拉第反应与法拉第反应示意图[3]

2.2.2 研究"电极/溶液"界面性质的意义

电化学体系是由电荷自发分离形成超薄双电层、超强电场的多相体系。电化学界面通常涉及的电势差约为 $0.1 \sim 1$ V，双电层距离约为 $10^{-10} \sim 10^{-9}$ m，产生的电场强度达 $10^8 \sim 10^{10}$ V/m。除电化学体系外，还没有发现一个实际电场能产生如此大的电场强度。

大多数常见电化学反应的进行速度是被扩散过程所控制的。然而，许多电极反应，当电极电势偏离平衡值零点几伏，甚至超过 1 V 时，电流密度仍然小于扩散极限值，扩散速度控制的电化学反应的电流值应在距平衡电势仅几十毫伏的电势范围内迅速上升到接近极限值，这就只可能是界面反应本身缓慢所导致的。有两方面因素对电极表面反应的活化能有很大影响：① "电场因素"——"电极/溶液"界面的电极电势及界面层中的电势分布情况。通常电极电势的变化范围为 $1 \sim 2$ V，而只要电极电势改变 $100 \sim 200$ mV，就可以使反应速度改变 1 个数量级。因此，通过改变电极电势，能使电极反应速度改变约 10 倍。② "化学因素"——电极材料的化学性质和表面状况。例如，在同一电极电势下，氢在铂电极上的析出速度要比在汞电极上大 10^{10} 倍以上。又如，当电极表面出现吸附或成膜的有机化合物层或氧化物层时，许多电极反应的进行速度大大降低。

2.3 平衡态电化学

2.3.1 自发变化的自由能与电池电动势

在等温、等压的可逆过程中，若不考虑由于体积改变而产生的机械功，原电池对环境所做的最大电功等于该电池反应的自由能的减少（图 2-15），即：

$$\Delta G = -W_{电功} = -nFE \tag{2-14}$$

图 2-15　电化学与热力学的桥梁公式

如果电池反应是在标准状态下进行的，则 $\Delta G^{\ominus} = -nFE^{\ominus}$ (2-15)

当电池反应进度为 1 mol 时，有

$$\Delta_r G_m = -zFE \tag{2-16a}$$

和

$$\Delta_r G_m^{\ominus} = -zFE^{\ominus} \tag{2-16b}$$

式中　$\Delta_r G_m$——电池反应进度为 1 mol 时的吉布斯函数变，J/mol；

　　　$\Delta_r G_m^{\ominus}$——参加电池反应的各物质都处于标准态时的吉布斯函数变，称为标准吉布斯函数变；

　　　n——电池输出单元电荷的物质的量，mol；

　　　z——1 mol 电池反应中，参与电极反应的电子物质的量，mol；

　　　E——电池电动势，V；

　　　$E^{\ominus}$——参加电池反应的各物质都处于标准态时的电动势，称为标准电动势；

　　　F——法拉第常数，C/mol。

2.3.2 能斯特方程

能斯特（Nernst）方程是描述原电池电动势与反应物活度的关系式。

对于反应 $a\text{A} + d\text{D} = x\text{X} + y\text{Y}$，由化学平衡原理得：

$$\Delta_r G_m = \Delta_r G_m^\ominus + RT \ln \frac{a_X^x a_Y^y}{a_A^a a_D^d} \tag{2-17}$$

若反应通过可逆电池完成，则有：$\Delta_r G_m = -zEF$ 和 $\Delta_r G_m^\ominus = -zE^\ominus F$，代入式（4.5），可得：

$$E = E^\ominus - \frac{RT}{zF} \ln \frac{a_X^x a_Y^y}{a_A^a a_D^d} \quad \boxed{\begin{matrix}电池反应的\\能斯特公式\end{matrix}} \tag{2-18}$$

可以证明，能斯特方程式也可以应用于单个的可逆电极反应。设电极反应为：

$$a O_x + z e^- \longrightarrow d R_e \qquad （氧化型 + z e^- \longrightarrow 还原型）$$

则有电极反应的能斯特方程：

$$\varphi = \varphi^\ominus + \frac{RT}{zF} \ln \frac{a_{氧化态}^a}{a_{还原态}^d} \tag{2-19}$$

式中，φ 为平衡电位；$\varphi^\ominus$ 为标准电极电位；z 为电极反应转移的电子数；F 为法拉第常数（96485 C/mol）；$a_{氧化态}$ 为氧化态 M^{n+} 的活度；$a_{还原态}$ 为还原态 M 的活度；R 为摩尔气体常数 [8.314 J/(mol·K)]；T 为热力学温度。

2.4 电极过程动力学

2.4.1 分解电压与极化

（1）分解电压

在 H_2SO_4 溶液中插入两个铂电极，组成电解水的电解池 [图 2-16(a)]。当逐渐增大外加电压时，测得电压-电流曲线 [图 2-16(b)]。在两电极上的反应可表示如下：

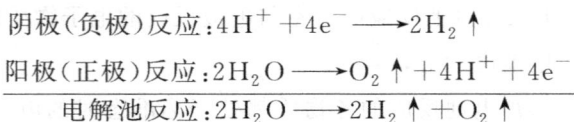

$$阴极（负极）反应：4H^+ + 4e^- \longrightarrow 2H_2 \uparrow$$

$$阳极（正极）反应：2H_2O \longrightarrow O_2 \uparrow + 4H^+ + 4e^-$$

$$\overline{电解池反应：2H_2O \longrightarrow 2H_2 \uparrow + O_2 \uparrow}$$

电解产物 H_2 和 O_2 又构成原电池：$(-) Pt | H_2(p) | H^+ (H_2O) | O_2(p) | Pt(+)$

此电池的电动势与外电源的方向相反，叫作反电动势。电解时在两电极上显著析出电解产物所需的最低外加电压称为分解电压。分解电压可用 E-I 曲线求得，如图 2-16(b) 所示，将 2—3 段直线外延至 $I = 0$ 处即得 $E_{分解}$。理论分解电压也称为可逆分解电压，等于可逆电池电动势。实际分解电压高于理论

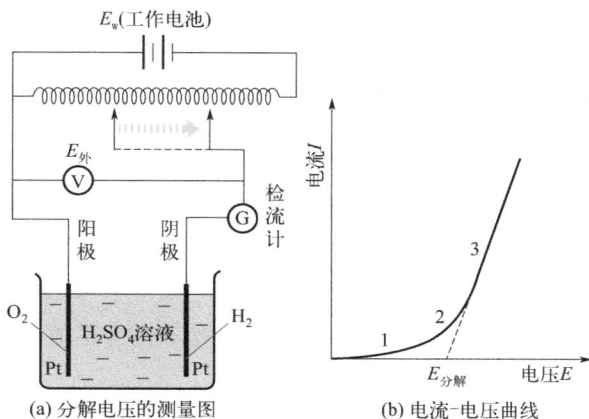

图 2-16　分解电压的测量装置及测量结果

(a) 分解电压的测量图　　(b) 电流-电压曲线

分解电压，产生这一现象的原因是：①导线、接触点以及电解质溶液都有一定的电阻；②实际电解时，电极过程是不可逆的，电极电势偏离平衡电极电势。

能斯特方程讨论的电极电势是电极上没有外电流通过，电极发生可逆电极反应时的电势，称为可逆电势，或平衡电极电势 $\varphi_平$。当有电流通过电极，电极发生不可逆电极反应。此时，电极电势就会偏离平衡电极电势，这种现象称为电极的极化。偏差的大小即为过电势（或超电势）η。

（2）极化

按照极化产生的不同原因可将极化分为三类：电化学极化、浓差极化和电阻极化。与之相应的超电势称为电化学超电势（或活化超电势）、浓差超电势和电阻超电势。电极过程常分为若干步进行，若其中某一步进行困难，则将阻碍整个电极反应的进行，并导致电极上聚集了与可逆情况不同数量的电荷。这种由电化学反应迟缓引起的极化，称为电化学极化。浓差极化是由于电极反应造成电极/溶液界面区域（在通常搅拌的情况下其厚度不大于 $10^{-3} \sim 10^{-2}$ cm）中溶液的浓度和本体溶液（指离电极较远、浓度均匀的溶液）浓度发生了差别所致。当电流通过电极时，在电极表面或电极/溶液界面上往往形成一薄层高电阻氧化膜或其他物质膜，从而产生表面电阻电位降，这个电位降称为电阻超电势。

超电势或电极电势与电流（或电流密度）之间的关系曲线称为极化曲线。在一般情况下，随着电流的增大，电极电位离其平衡电极电位越来越远。阴极电极电位随电流的增大向负方向变化［图 2-17（a）］，阳极极化曲

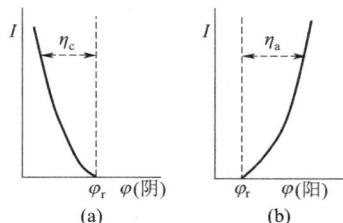

图 2-17　单电极极化曲线

线变化的方向刚好相反 [图 2-17(b)]。

2.4.2 电极反应的若干基础知识

(1) 电极反应速率的表示方法

电极反应的速率可以用通过电极的电流密度来表示。设电极反应为：

$$v_A A + v_B B + \cdots + ze^- \Longleftrightarrow -v_P P - v_Q Q - \cdots \tag{2-20}$$

式中：v_A，v_B，v_P，v_Q 等为各种粒子的"反应数"，还原反应的粒子用正号，氧化反应的粒子则用负号；电子的反应数 z 恒为正值。若 i 粒子在电极上的反应速度 r 为

$r = -\dfrac{1}{s} \times \dfrac{dn}{dt}$ [单位：$mol/(cm^2 \cdot s)$]，则相应的电流密度为

$$i = -\frac{1}{s} \times \frac{dQ}{dt} = -\frac{1}{s} \times \frac{zF\,dn}{v_i\,dt} = -\frac{zF}{v_i} \times \frac{dn}{s\,dt} \quad (A/cm^2) \tag{2-21}$$

故
$$i = \frac{zF}{v_i} r \, (即 \ r \propto i) \tag{2-22}$$

式中，$F = 96500 \ C/mol$；n 为物质的量；s 为电极面积。当 $v_i > 0$（还原反应），$i_c > 0$；当 $v_i < 0$（氧化反应），$i_a < 0$。即，还原电流为正电流（图 2-18），而氧化电流为负电流。在阳极上或阴极上都同时存在 i_a 和 i_c。电极反应的净电流密度，即外电路中的电流密度（i），为阴极还原反应和阳极氧化反应的电流密度之和，因而净电流也有正负之分，一般以阴极电流为正电流，而阳极电流为负电流（图 2-19）。在本章后续论述中，i_a、i_c 是绝对反应速度，因而都是正值。

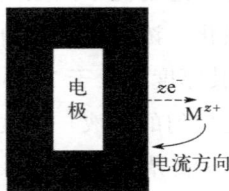

图 2-18　还原过程电流方向示意图

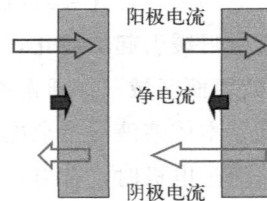

图 2-19　$i = i_a + i_c$ 示意图

(2) 电极反应的基本历程

电极动力学过程由下列基元步骤串联组成（图 2-20）：①液相传质步骤。反应粒子向电极表面的传递。②前置表面转化步骤。反应粒子在电极表面的吸附或在界面附近发生前置化学反应。③电化学步骤。反应物质在电极上得失电子生成产物。④后置表面转化步骤。产物在电极表面发生可能的后续化学反应

或自电极表面脱附。⑤新相形成步骤，产物形成新相，例如生成气泡或固相沉积层；或扩散传质步骤，产物粒子自电极表面向液相中扩散或向电极内部扩散。某些电极反应可能更复杂一些。例如，反应历程中包括平行进行（并联）的分步反应或某些反应产物对电极反应有"自催化"作用。

在电极过程的一系列步骤中，最重要的有（图2-21）：①反应物向电极表面转移——扩散；②在电极表面发生氧化还原反应，进行电子转移，形成产物——电极反应；③产物向溶液本体扩散——扩散，若扩散步骤慢——浓差极化，若电极反应慢——电化学极化。

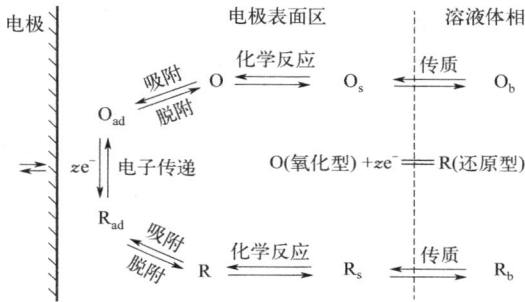

图 2-20　电极反应的一般机理　　　　图 2-21　简单电极反应机理

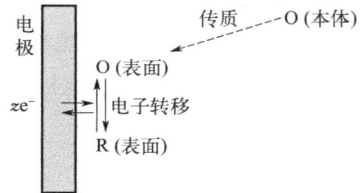

（3）电极过程的控制步骤

当电极反应稳态进行时，每个串联步骤的净速度是相同的，但这些步骤进行的难易程度往往是不同的。进行最困难的步骤称为控制步骤。研究电极过程动力学通常需要明晰下列三个方面的情况：①弄清整个电极反应的历程，即所研究的电极反应包括哪些步骤以及它们的顺序。②在组成电极反应的各个步骤中，找出决定整个电极反应速度的控制步骤。若反应处在"混合区"，则存在不止一个控制步骤。③测定控制步骤的动力学参数（也就是整个电极反应的动力学参数）及其他步骤的热力学平衡常数。这三方面研究的关键往往在于识别控制步骤和找到影响这一步骤进行速度的方法，以消除或减少由于这一步骤进行缓慢而带来的各种限制。

2.4.3　电化学步骤的动力学

计算表明，电极电势改变 0.6 V，电极反应速率改变 10^5 倍，对于一个活化能为 40 kJ/mol 的反应来说，温度升高 800 K 才能达到相同的效果。根据电子得失步骤是否为控制步骤，电极电势可以通过两种方式影响电极反应速度。

非控制步骤，按能斯特方程改变 C_i^s，间接影响，热力学方式；控制步骤，改变 $\Delta_r G$，直接影响，动力学方式。

（1）改变电极电势对电化学步骤活化能的影响

假设某金属电极与金属的盐溶液相接触时发生的电极反应为：

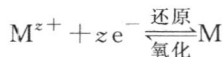

$$M^{z+} + ze^- \underset{\text{氧化}}{\overset{\text{还原}}{\rightleftharpoons}} M$$

这一反应可以看作溶液中的 M^{z+} 转移到晶格上及其逆过程。

假设：①电化学步骤的电子交换发生在双电层的紧密层的边界处，电子通过隧道效应从电极传递到溶液中的离子上；②溶液中离子浓度很大，且电极电势离零电荷电势较远，改变电极电势时紧密层中的电势变化约等于 $\Delta\varphi$。那么，M^{z+} 在两相间转移时活化能的变化及电极电势对活化能的影响如图 2-22 所示。若电极电势改变 $\Delta\varphi$，则紧密层中的电势变化见图中的曲线 3，由此引起附加的 M^{z+} 的势能变化如曲线 4 所示——电极上 M^{z+} 的势能提高了 $zF\Delta\varphi$。将曲线 1 与曲线 4 相加得到曲线 2，它表示改变电极电势后 M^{z+} 在两相间转移时势能的变化情况。

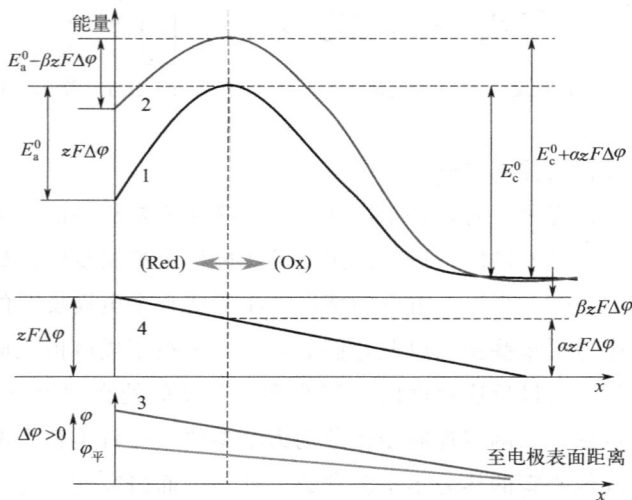

图 2-22　改变电极电势对电极反应活化能的影响

表 2-3　传递系数的实验值

电极	电极反应	α
Pt	$Fe^{3+} + e^- \longrightarrow Fe^{2+}$	0.58
Pt	$Ce^{4+} + e^- \longrightarrow Ce^{3+}$	0.75
Hg	$Ti^{4+} + e^- \longrightarrow Ti^{3+}$	0.42
Hg	$2H^+ + 2e^- \longrightarrow H_2$	0.50

电极	电极反应	α
Ni	$2H^+ + 2e^- \longrightarrow H_2$	0.58
Ag	$Ag^+ + e^- \longrightarrow Ag$	0.55

对于氧化反应，电位变正时，金属晶格中的原子具有更高的能量，容易离开金属表面进入溶液。即电位变正可使氧化反应的活化能下降，氧化反应速度加快。相反，由于阴极反应的活化能增大，阴极反应受阻。从曲线 4 可以看出，电极电势改变了 $\Delta\varphi$ 后阳极反应和阴极反应的活化能分别变成

$$E_a = E_a^0 - \beta zF\Delta\varphi_{\text{电极}} \qquad (2\text{-}23a)$$

➡ 电极电势 $\varphi + \Delta\varphi$ 时的活化能

$$E_c = E_c^0 + \alpha zF\Delta\varphi_{\text{电极}} \qquad (2\text{-}23b)$$

式中，E_a 和 E_c、E_a^0 和 E_c^0 分别表示氧化和还原反应的活化能、平衡电位下氧化和还原反应的活化能；α（$0 < \alpha < 1$）和 β 为传递系数，分别表示电位变化对还原反应和氧化反应活化能的影响程度。从图 2-22 中可看到，$\alpha F\Delta\varphi + \beta F\Delta\varphi = F\Delta\varphi$，因此 $\alpha + \beta = 1$。也就是说，电位变化引起的电极能量的变化为 $zF\Delta\varphi$，其中部分用于改变还原反应的活化能，部分用于改变氧化反应的活化能。α 和 β 可由实验求得（表 2-3）。有时粗略地取 $\alpha = \beta = 0.5$。

若电极表面负电荷（e^-）增加，电极电势降低，有利于还原反应，相当于还原反应活化能降低，氧化反应活化能增加。式(2-23)亦成立。

（2）电化学步骤的基本动力学参数

设电极反应为：

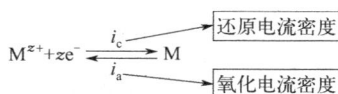

$$M^{z+} + ze^- \underset{i_a}{\overset{i_c}{\rightleftharpoons}} M$$

$i_c \longrightarrow$ 还原电流密度

$i_a \longrightarrow$ 氧化电流密度

根据反应动力学基本理论，平衡电极电势处，单位电极表面上的阳极反应和阴极反应速度 v_a^0、v_c^0 及相应的阳、阴极电流密度（二者均为正值）分别为：

$$v_a^0 = k_a c_R \exp\left(-\frac{E_a^0}{RT}\right) = k_a^0 c_R \qquad (2\text{-}24a)$$

条件：$\varphi = \varphi_{\text{平}}$

$$v_c^0 = k_c c_O \exp\left(-\frac{E_c^0}{RT}\right) = k_c^0 c_O \qquad (2\text{-}24b)$$

k_a，k_c：指前因子

c_R，c_O：还原态与氧化态的浓度

$$i_a = zFK_a^0 c_R \qquad (2\text{-}25a)$$

E_a^0 和 E_c^0：阳极和阴极反应的活化能

$$i_c = zFK_c^0 c_O \qquad (2\text{-}25b)$$

K_a^0，K_c^0：反应速度常数（$K^0 = k \exp[-E^0/(RT)]$）

当 $\varphi = \varphi_{\text{平}}$ 时，即电极处于平衡（可逆）状态时，$i_a^0 = i_c^0 = i^0$。

将电极电势改变至 φ（即 $\Delta\varphi=\varphi-\varphi_平$——超电势 η），则氧化和还原电流密度可表达如下：

$$i_a=zFk_ac_R\exp\left(-\frac{E_a^0-\beta zF\Delta\varphi}{RT}\right)=zFK_a^0c_R\exp\left(\frac{\beta zF\Delta\varphi}{RT}\right)=i^0\exp\left(\frac{\beta zF}{RT}\Delta\varphi\right)$$

$$(2\text{-}26a)$$

$$i_c=zFk_cc_O\exp\left(-\frac{E_c^0+\alpha zF\Delta\varphi}{RT}\right)=zFK_c^0c_O\exp\left(-\frac{\alpha zF\Delta\varphi}{RT}\right)=i^0\exp\left(-\frac{\alpha zF}{RT}\Delta\varphi\right)$$

$$(2\text{-}26b)$$

改写成对数形式并整理后得到

阳极反应 $\eta_a=\varphi-\varphi_平$ $\quad\Delta\varphi=-\dfrac{RT}{\beta zF}\ln i^0+\dfrac{RT}{\beta zF}\ln i_a=\dfrac{RT}{\beta zF}\ln\dfrac{i_a}{i^0}$ $\quad(2\text{-}27a)$

阴极反应 $\eta_c=\varphi_平-\varphi$ $\quad-\Delta\varphi=-\dfrac{RT}{\alpha zF}\ln i^0+\dfrac{RT}{\alpha zF}\ln i_c=\dfrac{RT}{\alpha zF}\ln\dfrac{i_c}{i^0}$ $\quad(2\text{-}27b)$

式(2-27a) 和式(2-27b) 表示 φ、η 与 $\ln i_a$ 及 $\ln i_c$ 之间均存在线性关系，或称 φ、η 与 i_a、i_c 之间存在"半对数关系"。在半对数坐标中，式(2-27a) 和式(2-27b) 是两条直线（图 2-23）。

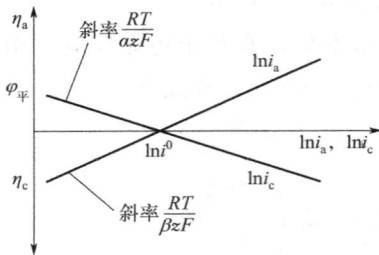

图 2-23 超电势对 i_a、i_c 的影响

若将式(2-27a) 与式(2-27b) 改写成指数形式，则有

$$i_a=i^0\exp\left(\frac{\beta zF}{RT}\eta_a\right)\qquad(2\text{-}28a)$$

$$i_c=i^0\exp\left(\frac{\alpha zF}{RT}\eta_c\right)\qquad(2\text{-}28b)$$

由传递系数 α 和平衡电势（$\varphi_平$）下的 "交换电流密度"（i^0）可求任一电势下的绝对电流密度。

（3）电化学极化对净反应速率的影响

当电极上无净电流通过时，$\eta=0$，$i_a=i_c=i^0$。当电极上有净电流通过时，$i_a\neq i_c$。与 i_a、i_c 不同，净电流是可以用串接在外电路中的测量仪表直接测量的。因此，净电流也可称为"外电流"。流过电极表面的净电流密度为 $i=i_c-i_a$。

$$\begin{cases}阴极上，i>0(即\ i_c>i_a)\\阳极上，i<0(即\ i_c<i_a)\end{cases}$$

由式(2-26a) 和式(2-26b) 可以得到净阴极电流密度和净阳极电流密度分

别为

$$i = i^0 \left[\exp\left(\frac{\alpha z F}{RT}\eta_c\right) - \exp\left(-\frac{\beta z F}{RT}\eta_c\right) \right] \quad (2\text{-}29a)$$

$$-i = i^0 \left[\exp\left(\frac{\beta z F}{RT}\eta_a\right) - \exp\left(-\frac{\alpha z F}{RT}\eta_a\right) \right] \quad (2\text{-}29b)$$

Butler-Volmer 方程

电流-超电势方程

决定电化学极化大小的主要因素是 i/i^0 的大小。下面分 3 种情况来进行分析。

① $|i| \ll i^0$：

此时净电流 i 和极化都很小，意味着电流通过时仍然保持 $\varphi \approx \varphi_平$ 和 $i_c \approx i_a$，习惯上称此时的电极反应处于"近乎可逆"或"弱极化"状态。净电流是两个绝对值几乎相等的数值（i_c，i_a）之间的差值（图 2-24）。以阴极为例，当 $\eta_c \ll \dfrac{RT}{\alpha z F}$

和 $\dfrac{RT}{\beta z F}$ 时，即大约相当于 $\eta_c \leqslant \dfrac{25}{z}$ mV 时，

因为 $\begin{cases} e^x \approx 1 + x \\ e^{-x} \approx 1 - x \end{cases}$ （x 很小时）

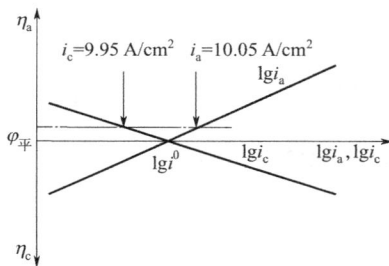

图 2-24　当 $i \ll i^0$ 时表现的超电势

（$i^0 = 10$ A/cm^2；$i = -0.1$ A/cm^2）

所以式(2-29a)指数项展开得：

$$i = i^0 \left[1 + \frac{\alpha z F \eta_c}{RT} - \left(1 - \frac{\beta z F \eta_c}{RT}\right) \right] = i^0 \frac{zF}{RT}\eta_c = \frac{\eta_c}{R^*} \quad (2\text{-}30)$$

可得

$$\eta_c = \frac{RT}{zF} \times \frac{i}{i^0} (\eta \infty i) \quad (2\text{-}31a)$$

同理，阳极极化可得：

$$\eta_a = \frac{RT}{zF} \times \frac{-i}{i^0} \quad (2\text{-}31b)$$

电化学极化电阻

$$R^* = \frac{RT}{i^0 zF} \quad (2\text{-}32)$$

利用平衡电势附近的线性极化曲线的坡度根据式（2-32）求 i^0，但无法求 α 或 β。

浓差极化得：$\eta_{浓差} = \dfrac{RT}{zFi_{极限}}i$，可知低电流密度（极化小）下，$\eta$ 与 i 成直线关系。

② $|i| \gg i^0$：

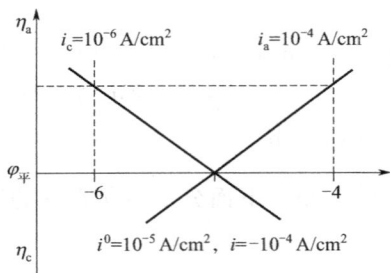

图 2-25 $i \gg i^0$ 时出现的超电势

由于 i_c、i_a 中总有一项比 $|i|$ 更大，因而只有在二者之一比 i^0 大得多时才可能满足 $|i| \gg i^0$。在这种情况下，i_c、i_a 之间的差别必然是很大的（图 2-25）。例如，阴极极化，$i_c - i_a = i$，由于阳极反应受阻，所以 $i_a < i^0$，$i_c = i_a + i > i \gg i^0 > i_a$。因此，$i_c$、$i_a$ 两项中较小的一项可以忽略。习惯上称此时的电极反应"完全不可逆"或处于"强极化"状态。强极化状态大约相当于 η_c 或 $\eta_a \geqslant \dfrac{100}{z}$ mV。若阴极极化程度较大，则 $i = i_c - i_a \approx i_c$；若阳极极化较大，则 $i = i_c - i_a \approx -i_a$，因此有：

$$i = i^0 \exp\left(\frac{\alpha z F}{RT}\eta_c\right) \tag{2-33}$$

则

$$\eta_c = \frac{RT}{\alpha z F}\ln\frac{i}{i^0} \tag{2-34}$$

$$\eta_c = -\frac{2.303RT}{\alpha z F}\lg i^0 + \frac{2.303RT}{\alpha z F}\lg i$$

简写为：

$$\eta = a + b\lg i \tag{2-35}$$

$$a = -\frac{2.303RT}{\alpha z F}\lg i^0 \quad \text{（Tafel 方程）}$$

$$b = \frac{2.303RT}{\alpha z F}$$

图 2-26 给出了超电势对净阴极电流（i）和净阳极电流（$-i$）的影响。从图 2-26(b) 可以看出，φ、η 与 i（或 $-i$）之间存在"半对数关系"。

设某电极反应处于强阴极极化状态时，其 $i = i^0\left(\exp\dfrac{\alpha z F\eta_c}{RT}\right)\left(\alpha = \dfrac{1}{2},\ z = 1\right)$，则当 φ 分别为 1 V、2 V 时，可知电极电位改变 1 V $\rightarrow \Delta G^{\neq}$ 改变 50 kJ/mol，对于 1 nm 的电化学界面，电场强度改变为 10^9 V/m。另外还可计算出 η 对反应速率的影响：

$$\frac{i(2\text{ V})}{i(1\text{ V})} = \exp\left\{\frac{\frac{1}{2} \times (1\text{ V}) \times (96500\text{ C/mol})}{[8.314\text{ J/(mol} \cdot \text{K}^{-1})] \times 298\text{ K}}\right\} = 3 \times 10^8$$

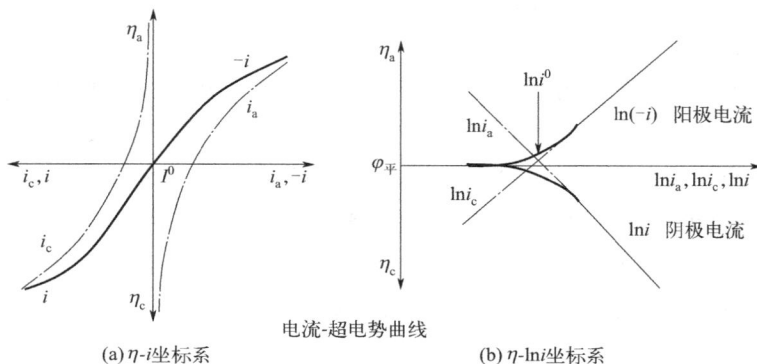

(a) η-i坐标系 电流-超电势曲线 (b) η-$\ln i$坐标系

图 2-26 活化极化控制电极反应的极化曲线

③ i 与 i^0 接近：

介于以上 2 种极端情况之间的是 i_c、i_a 两项均不能忽略，这大致相当于过电势为 $\left(\dfrac{25}{z}\sim\dfrac{100}{z}\right)$ mV 之间的情况。此时极化曲线具有比较复杂的形式。习惯上常称此时电极反应为"部分可逆"或"中等极化"。

2.4.4 氢与氧的电极过程

目前电化学生产主要在水溶液中进行，因此水的电解过程——$2H_2O \Longrightarrow 2H_2 + O_2$，亦即氢的阴极析出和氧的阳极析出可能叠加在任何阴极或阳极反应上。如，水的电解是许多电解工业与二次电池充电时常见的伴随反应。析氢反应和析氧反应构成金属在酸性溶液中以及中性和碱性溶液中溶解的共轭反应。氢析出反应是电解水（例如，再生式氢氧燃料电池与太阳能电解水）与电解食盐的基本反应。

分子氢的阳极氧化是氢氧燃料电池中的重要反应。氧的原反应是金属-空气电池和燃料电池中的正极反应。

2.5 电化学测试技术

2.5.1 三电极体系

在电化学测量中，通过测量电极上各种电参数如电位、电流、电阻、电量、电容及交流阻抗等的变化，分析、判断和描述电极、电极界面及其周围液层中发生的化学、物理和电化学变化的历程和规律。在上述各种参数中，电位、电流是最重要的，因此，正确测量电极电位和通过电极的电流是电化学测量的基础。

一般电化学体系分为二电极体系和三电极体系，用得较多的是三电极体系（图 2-27）。相应的三个电极为工作电极、参比电极和辅助电极。其中被研究的电极称为"研究电极"或"工作电极"。"参比电极"用来测量研究电极的电势，"辅助电极"则是用来与工作电极构成电流回路，以形成对研究电极的极化。用三电极体系测得的研究电极上的电流密度随电极电势的变化即单个电极的极化曲线。对于化学电源和电解装置，辅助电极和参比电极通常合二为一，即二电极体系（图 2-28）。

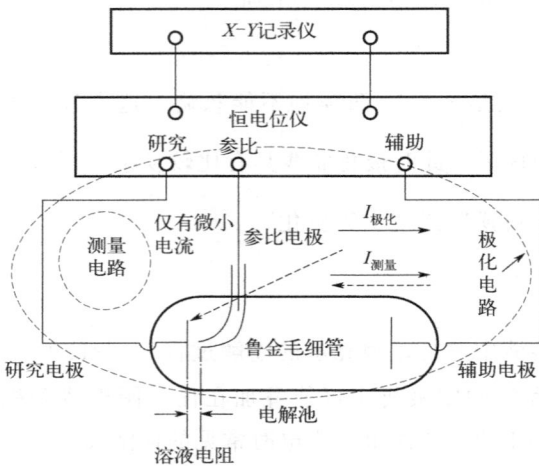

图 2-27　三电极体系的基本构成

极化回路—测量电流；测量回路—测量电位

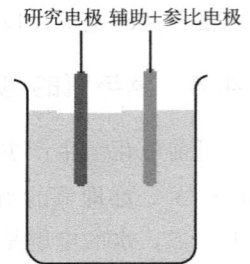

图 2-28　二电极体系的示意图

2.5.2　循环伏安法

以如图 2-29 三角波的脉冲电压加在工作电极上，得到的电流-电压曲线（图 2-30）包括两个分支，如果前半部分电位向阴极方向扫描，电活性物质在电极上还原，产生还原波，那么后半部分电位向阳极方向扫描时，还原产物又会在电极上氧化，产生氧化波。因此在一次三角波扫描后，电极完成一个还原和氧化过程的循环，故该法称为循环伏安法，其电流-电压曲线称为"循环伏安图"。

2.5.3　电化学交流阻抗

交流阻抗方法是一种暂态电化学技术，具有测量速度快，对研究对象表面

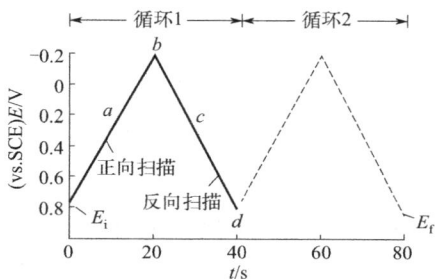

图 2-29 循环伏安的典型激发信号图

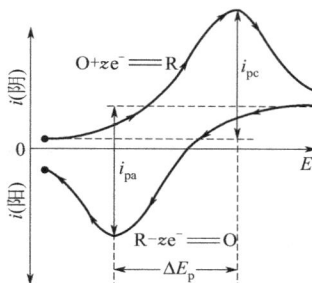

图 2-30 循环伏安图

状态干扰小的特点。学习电化学交流阻抗首先应学习文献 [1] 之 "7.1 阻抗之电工学基础"。包括 4 方面内容：正弦量；阻抗和导纳的定义；阻抗的串联和并联；R、L、C 元件的阻抗和导纳。

（1）研究电极的等效电路

用某些电工元件组成的电路来模拟发生在 "电极/溶液" 界面上的电化学现象，称为电化学等效电路。电极过程的等效电路由以下各部分组成：

① R_s 表示参比电极与研究电极之间的溶液电阻，相当于溶液中离子电迁移过程的阻力。由于离子电迁移发生在电极界面以外，因此在等效电路中，应与界面的等效电路相串联（图 2-31）。R_s 基本上是服从欧姆定律的纯电阻，其阻值可由溶液电阻率以及电极间的距离等参数计算或估计，也可以由实验测定。

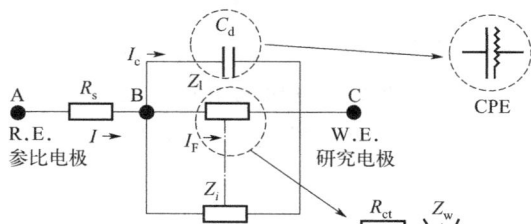

图 2-31 电极等效电路示意图

BC 之间表示 "电极/溶液" 的界面

② C_d（或 C_{dl}）表示 "电极/溶液" 界面的双电层电容。"电极/溶液" 界面上电位差的改变会引起双电层上积累电荷的变化，这与电容的充放电过程相似。因此在等效电路中，电极界面上的双电层用一个跨接于界面的电容 C_d 来表示。通常，由于电极表面粗糙、选择吸附和电流分布不均等因素，C_d 阻抗图的圆心下降，这种现象称为频率弥散现象。这种情况，可以将电容 C_d 用常

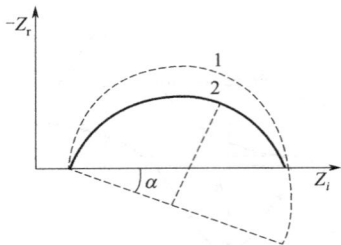

图 2-32 具有弥散效应的
单容抗弧阻抗谱

相位元件（CPE）来代替。具有弥散效应的单容抗弧阻抗谱如图 2-32 所示，其阻抗的表达式为

$$Z = Z_r + jZ_i = R_s + R/[1 + (j\omega RC)^\beta]$$

(2-36)

式中，Z_r 和 Z_i 分别为阻抗的实部和虚部；β 为弥散系数，数值在 0～1 之间。β 值愈大，弥散效应愈小，当 $\beta = 1$ 时，CPE 还原为 C_d。

③ Z_F 表示电极上进行某个独立的电化学反应的法拉第阻抗。每一个 Z_F 可分为活化极化电阻 R_{ct} 和浓差极化阻抗 Z_w，两者相互串联，如图 2-31 所示。活化极化电阻 R_{ct} 用来等效电化学反应过程，故也称电化学反应电阻。对于单一电化学反应，R_{ct} 表示法拉第电流与活化极化过电位 η 的关系。浓差极化阻抗 Z_w 是与扩散过程相对应的，1899 年由 Warburg 提出，因此浓差极化阻抗也称 Warburg 阻抗。Z_w 是不同组合的 RC 网络，它反映了扩散对电化学反应的影响，包括产物、反应物的扩散阻力。

∵（1）电化学反应电流＝扩散电流
（2）界面总的过电位 $\eta_总$＝电化学极化电位＋浓差极化过电位
∴电化学反应阻抗 R_{ct} 与浓差极化阻抗 Z_w 串联

流向"电极/溶液"界面的电流可以分成两部分：a. 在界面参加电化学反应。这部分电流服从法拉第定律，称为法拉第电流 I_F；b. 用来改变"电极/溶液"的界面构造，也就是改变双电层的电荷。这部分电流不符合法拉第定律，称为非法拉第电流，是双电层的充电电流 I_c。总电流是两部分电流之和，即

$$I = I_F + I_c$$

(2-37)

在电路中，只有两部分电学元件并联时，通过它们的电流才满足上述要求。所以，法拉第阻抗 Z_F 是与 C_d 并联的（注意：不是指空间位置的并联，见图 2-33）。

R_{ct}、Z_w、C_d、R_s 代表四种基本的电极过程。其中，R_{ct} 代表电化学反应过程；Z_w 代表反应物和产物的传质过程；C_{dl} 代表电极界面双电层的充放电过程；R_s 代表溶液中离子的电迁移过程。此外，电极过程还可能包括吸脱附过程、结晶生长过程以及伴随电化学反应发生的一般化学反应等。

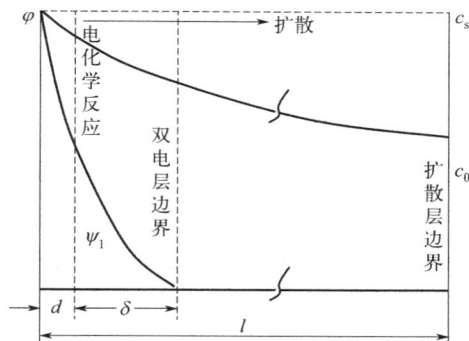

图 2-33　各电极过程的位置示意图

φ：界面电势差；ψ_1：分散层中的电势差；c_s：反应粒子表面层浓度；c_0：反应粒子本体浓度；

d：紧密层厚度约 10^{-10} m；δ：分散层厚度 $10^{-10} \sim 10^{-8}$ m（浓度越大，δ 越小）；

l：扩散层厚度（不搅拌 $1\times10^{-4} \sim 5\times10^{-4}$ m，猛烈搅拌约 10^{-6} m）

（2）电化学阻抗的基本条件及其解析

对于一个稳定的线性系统 M，如以一个角频率为 ω 的正弦波电信号 X（电流或电压）输入该系统，相应地从该系统输出一个角频率为 ω 的正弦波电信号 Y（电压或电流），此时电极系统的频响函数 G 就是电化学阻抗或导纳（图 2-34）。若在频响函数中只讨论阻抗与导纳，则 G 总称为阻纳，G 的一般表达式为：

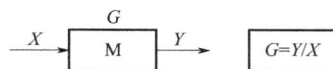

图 2-34　黑箱动态系统研究方法

$$G(\omega) = G'(\omega) + jG''(\omega) \tag{2-38}$$

在一系列不同角频率下测得的一组这种频响函数值就是电极系统的电化学阻抗谱。测量电化学阻抗谱必须满足四个基本条件：因果性条件、线性条件、稳定性条件、有限性条件。

处理电化学阻抗谱的目的主要有两点：根据测量得到的电化学阻抗谱谱图，确定电化学阻抗谱的等效电路或数学模型；根据已建立的数学模型或等效电路，确定数学模型中有关参数或等效电路中有关元件的参数值。电化学阻抗谱法存在以下困难：一个电化学阻抗谱可能对应多个等效电路；等效电路上阻抗元件的物理意义往往不清晰。

（3）电化学阻抗谱方法研究评价有机涂层

有机涂层是工业及日常生活中最常用、最经济简便的金属防护手段之一。电化学阻抗谱是涂层性能研究的主要电化学技术。涂层阻抗谱相对简单，因此该部分内容对初学者学习电化学阻抗谱方法是非常合适的。

2.6 腐蚀基础知识

金属腐蚀是指金属与环境之间发生化学、电化学反应，或者由于物理溶解作用而引起的损坏或变质。单纯物理腐蚀的实例不多，如合金在液态金属中的物理溶解。单纯的机械破坏，如金属被切削、研磨，不属于腐蚀范畴。根据腐蚀的作用原理，金属腐蚀可分为化学腐蚀和电化学腐蚀。单纯由化学作用引起的腐蚀叫化学腐蚀。化学腐蚀进行时没有电流产生。如将纯净且均一的铁块放入稀硫酸中，$Fe + H_2SO_4 \Longrightarrow FeSO_4 + H_2 \uparrow$。绝大部分金属腐蚀是电化学原因造成的。金属在介质如潮湿空气、电解质溶液等中，因形成电池或微电池而发生电化学反应，进而引起的自溶解就是电化学腐蚀。在这个过程中金属被氧化，所释放的电子完全为氧化剂消耗，构成一个自发的短路电池——腐蚀电池。腐蚀电池是只能导致金属材料破坏而不能对外界做功的短路原电池。当电化学腐蚀发生时，金属表面存在隔离的阴极与阳极，有微小的电流存在于两极之间，单纯的化学腐蚀则不形成腐蚀电池（图 2-35）。

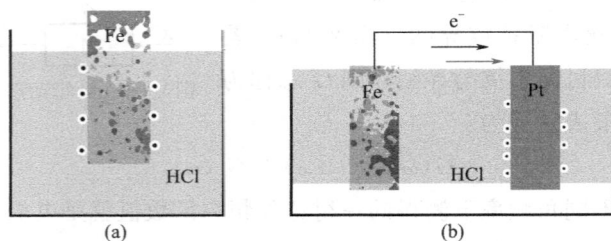

图 2-35　化学腐蚀（a）和电化学腐蚀（b）的区别

腐蚀电池可分为大电池和微电池两种。大电池（宏观腐蚀电池）指阴极区和阳极区的尺寸较大，区分明显，肉眼可辨。不同金属在同一种电解质溶液中形成的腐蚀电池就是腐蚀大电池。例如带有铁钉的铜板若暴露在空气中[图 2-36(a)]，表面被潮湿空气或雨水浸湿，空气中的 CO_2、SO_2 和海边空气中的 NaCl 溶解其中，形成电解质溶液，这样就组成了原电池，铁作阳极，铜作阴极，所以铁很快腐蚀形成铁锈。微电池（微观腐蚀电池）指阳极区和阴极区尺寸小，肉眼不可分辨。形成微电池的原因很多，常见的有金属表面化学组成（如铁中的铁素体和碳化物）与组织（如局部缺陷）不均一、金属表面上物理状态不均一（如存在内应力）、金属表面膜不完整、金属表面局部环境不等同（表2-4）。例如，极纯的金属铁在酸性溶液中腐蚀速率是很小的，但若含有少量杂质碳，则当铁与电解质溶液接触时，铁表面就形成许多微电池[图2-36（b）和图2-37]。腐蚀电池与一般的原电池一样，必须由两个电极和电解质溶液组成，但腐蚀电池一般是外部短路的（图2-36、图2-37）。由于这些微电池是短路的，外电阻很小，反应速率很快，因此微电池反应加快了金属的腐蚀（溶解）速率。

表 2-4 形成微观腐蚀电池的原因

金属方面的不均匀	成分	组织结构	表面状态	应力	热处理
环境方面的差异	金属离子浓度	氧含量	温度	流速	电解质浓度

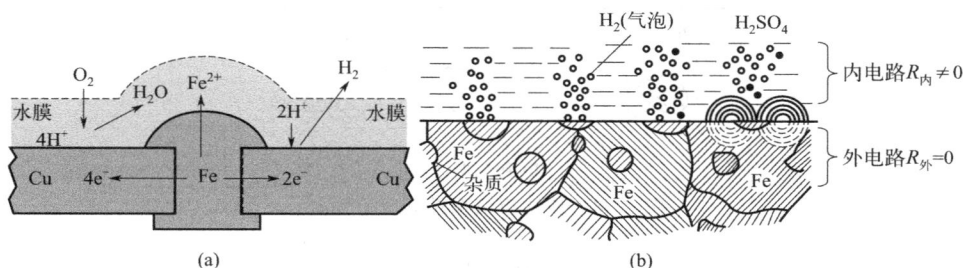

图 2-36 大电池（a）和微电池（b）示意图

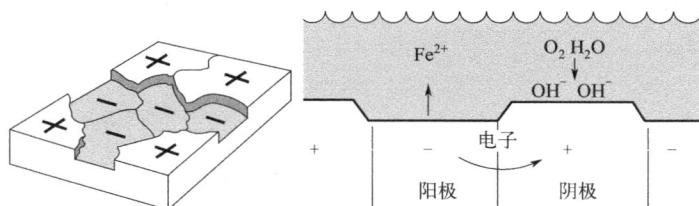

图 2-37 钢铁表面形成的微小原电池示意图

铁和钢铁中常含有 C 和 Fe_3C，它们的电极电位代数值比较大，不易失电子，但能导电。当铁或钢铁暴露在潮湿空气中，表面吸附并覆盖了一层水膜，CO_2 或 SO_2 溶解于水后电离出 H^+。因此，铁和 C 或杂质，与周围的电解质溶液形成了微型原电池。在这里，铁为阳极，C（或杂质）为阴极，腐蚀情况如图2-38（a）所示。阳极的多余电子移向碳阴极使 H^+ 还原成 H_2。这种有氢气放出的腐蚀称为析氢腐蚀。铁的析氢腐蚀一般只在酸性溶液中发生。在一般情况下，由于水膜接近于中性，H^+ 浓度较小，在阴极碳上吸电子的不是 H^+ 而是溶解于水中的氧，因此金属在含有氧气的电解质溶液中也能引起腐蚀，这种腐蚀称为吸氧腐蚀，其过程如图 2-38(b) 所示。当体系中有活性炭、金属铜等宏观阴极材料存在时，又可以组成宏观电池。

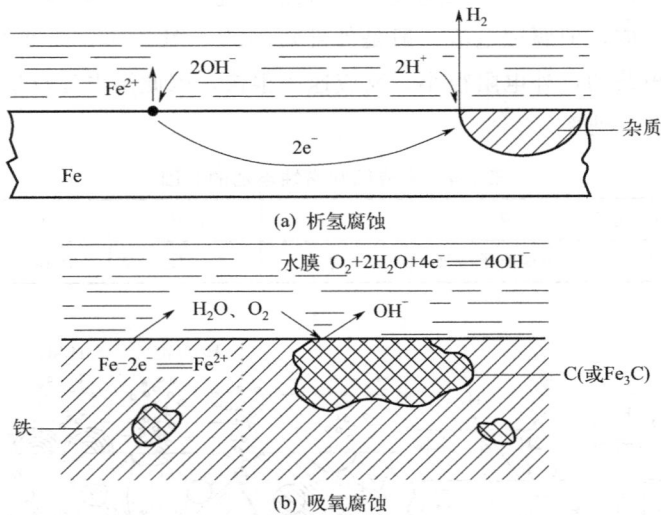

(a) 析氢腐蚀

(b) 吸氧腐蚀

图 2-38　铁的析氢腐蚀和吸氧腐蚀

两极上的反应产物 Fe^{2+} 与 OH^- 结合生成 $Fe(OH)_2$，附着在铁表面，$Fe(OH)_2$ 被空气中氧气氧化为 $Fe(OH)_3$。$Fe(OH)_3$ 及其脱水产物 Fe_2O_3 是红褐色铁锈的主要成分，铁锈的成分比较复杂，一般可简单地以 $Fe_2O_3 \cdot m\,H_2O$ 表示。

参考文献

[1] 谢德明，童少平，曹江林. 应用电化学基础 [M]. 北京：化学工业出版社，2013.

[2] 小久见善八. 电化学 [M]. 郭成言，译. 北京：科学出版社，2002.

[3] 王凯军，房阔，宫徽，等. 从低能耗脱盐到资源回收的电容去离子技术在环境领域的研究进展 [J]. 环境工程学报，2018，12（8）：2141-2152.

第**3**章

电化学氧化与还原

电化学氧化还原技术的分类如图 3-1 所示。其中，电化学氧化法的优势在于氧化能力强、污染物降解途径多样，兼具杀菌、电吸附等作用；且反应器占地小、反应条件温和、化学药剂投入少、操作简单、可控性好，可根据污染物负荷实时调节电流、电压等条件。电化学还原技术与电化学氧化相比更易操作，电极材料寿命更长。电化学还原技术可以在温和不添加大量化学试剂的条件下实现卤代有机物脱卤、硝酸盐还原、重金属降解并回收部分重金属。

目前电化学氧化还原技术尚无大规模应用，其原因是该技术存在电极制作过程复杂、电流效率低、能耗大、成本高的缺点，且电极易受污染，需要定期清洗、维护。在工程应用方面，缺乏传质均匀、运行稳定的大型反应器。因此，电化学氧化法的发展方向表现在以下几方面：①理论研究。阐明电化学氧化还原污染物的机理。原位表征和监测反应中间体与活性物质的实时动态变化。对污染物在催化剂表面的吸附、活化、化学键断裂和重整的过程进行理论计算。发展具有可操作性的数学模型，为优化反应条件提供理论依据。揭示电极结构-性能关系，对高通量筛选电极材料给予理论指导。②发展高活性、高选择性、高抗污染性、长寿命和低成本的电极是推动电化学处理污染物的关键。掺杂、纳米结构、晶面工程、缺陷工程和合金化是提高催化剂活性的有效途径。③高效电化学反应器的研究。设计结构合理、能耗小、电流效率高、通用性强的反应器。充分考虑传质、传热、流道和流场分布、反应动力学、电极表面电流密度和电动势分布等因素。④电解反应条件优化。包括电极材料、电压、电流密度、电解时间、pH 值、电解质和污染物的种类和

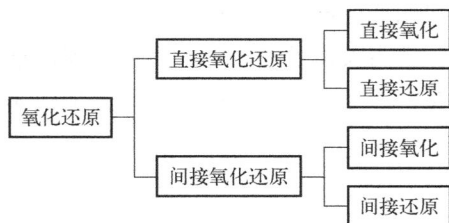

图 3-1　电化学氧化还原技术的分类[1]

浓度等。⑤电解与其他水处理技术耦合。通过耦合膜技术、生物方法、芬顿氧化、光照、超声等手段,提高电解能力及处理范围。利用可再生能源(太阳能、风能、潮汐能等)发电驱动电解以降低成本。⑥资源能源的回收。通过控制电极反应和精细化的微界面调控,将污染物高效分离与定向转化,进而实现资源化与能源化。

三维电极系统在降解效率、能耗方面都优于二维系统,但是存在反应器内电压、电流分布不均匀和粒子电极制作成本高、污染物易在粒子表面积聚、回收再生困难、运行成本高等问题。和二维电极一样,三维电催化技术也未大规模应用。其原因在于三维电极系统比传统的二维系统更加复杂。针对以上问题,今后需加强以下几方面的研究:①三维电极技术降解污染物机理、热力学和动力学机理、吸附和解吸规律等。建立预测降解效率和能耗的数学模型,找出最佳反应条件。②测定床体性质参数,如电极表面状况、单位体积电极的表面积、传质系数、电极内电流分布等。③制备价格低廉、稳定、催化和抗腐蚀等性能优良的主电极材料和填充粒子电极材料。减少或者消除外加电解质的使用。优化粒子电极的形状和填充方式,减小旁路电流和短路电流。④优化三维电催化反应器结构、极板材料和操作参数,减少污染物在反应系统中的积累速度,提高大规模三维电催化反应器的催化活性、处理效率、稳定性并减少能源消耗。⑤加强三维电极技术与其他技术(如光催化、超声波和生物法等技术)的结合。

3.1 电化学氧化

3.1.1 电化学氧化分类

3.1.1.1 直接氧化和间接氧化

电化学氧化过程按照工作原理可分为两类,即直接氧化和间接氧化(图3-2)。多数降解过程同时涉及两种氧化原理。污染物在高浓度时主要发生阳极直接氧化,而在低浓度时主要发生阳极间接氧化。直接氧化法是指污染物在阳极上直接失去电子而被氧化。直接氧化过程一般发生在低阳极电势条件(低于析氧反应电势),直接氧化过程对污染物降解贡献相对较低,一方面是由于污染物从本体溶液向电极表面迁移缓慢,另一方面相对低的氧化电势使得直接氧化过程氧化能力有限。间接氧化是通过电极反应产生具有强氧化性的中间物质而氧化降解污染物的方法。这些氧化剂包括在阳极表面产生的中间物质

（如 $\cdot OH$、H_2O_2、O_3、$\cdot Cl$、Cl_2、ClO^-、$\cdot SO_4^-$、$S_2O_8^{2-}$）或具有高氧化性的高价态金属氧化物（电化学媒介）和阴极表面产生的 $\cdot OH$。这些活性物质均在电极表面产生。间接氧化过程又可细分为发生在电解质溶液相和发生在电极表面的间接氧化反应。间接氧化是阳极氧化的主要形式，可以缓解直接氧化中由于大多数有机物与水的低混溶性和电极表面的污染而带来的有机物从本体溶液到阳极表面的低传质效率问题。

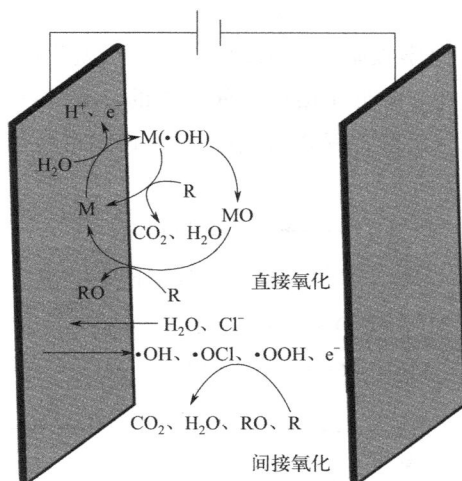

图 3-2　电化学阳极氧化工作原理示意图[2]

R 表示污染物，RO 表示污染物的氧化产物，M 表示电极，M（$\cdot OH$）

表示 $\cdot OH$ 吸附于电极表面，MO 表示电极的氧化产物

电化学间接氧化主要可以分为 3 大类：间接阳极氧化、间接阴极氧化以及阴阳两极协同催化氧化。间接阳极氧化又可分为两种，一种是利用不可逆的活性中间物质如 $\cdot OH$、H_2O_2、O_3、$\cdot Cl$、Cl_2、ClO^-、$\cdot SO_4^-$、$S_2O_8^{2-}$ 等，另一种则是利用可逆的氧化还原电对，如 Co（Ⅲ）/Co（Ⅱ）、Fe（Ⅲ）/Fe（Ⅱ）。这些活性中间产物中，$\cdot OH$ 是间接氧化过程最有代表性的产物，因为它有高的氧化还原电位（2.80 V，vs. SHE）。另外，$\cdot OH$ 具有很高的电负性或亲电性，其电子亲和能高达 569.3 kJ/mol，具有很强的加成反应特性。$\cdot OH$ 可没有选择性地氧化分解有机污染物直至完全矿化成 CO_2、H_2O 和无机离子。在大多数情况下，可以用 $\cdot OH$ 来解释有机物的间接电化学氧化降解。间接阴极氧化是指阴极通过还原反应产生 H_2O_2 或 Fe^{2+}，然后外加试剂发生类芬顿反应。

3.1.1.2　电化学转化和电化学燃烧

根据污染物降解程度的不同，发生在阳极表面的有机污染物氧化过程分为电化学转化和电化学燃烧。电化学转化主要是将有毒物质转化为无毒物质或低毒物质，电流效率较低；电化学燃烧可以使有机物完全矿化成 CO_2 和 H_2O，并伴随着较高的电流效率。为了节约成本，往往只需要将污染物氧化成可生物降解的物质，即反应类型只需电化学转化即可。

转化和燃烧的分类主要取决于 $\cdot OH$ 的生成能力和 $\cdot OH$ 在电极表面的吸附状态。非活性电极（如掺硼金刚石、SnO_2、PbO_2）上 $\cdot OH$ 与非活性电极呈弱相互作用，导致电化学燃烧，反应方程式为式(3-1)、式(3-2)。活性电极（如 RuO_2、IrO_2）上化学吸附的 $\cdot OH$ 可以与电极发生剧烈反应，形成较高价态的氧化物或过氧化物，降低了活性中间产物的催化效率，导致有机物部分转化，称为电化学转化，反应方程式为式(3-1)、式(3-3)、式(3-4)。上述降解过程的机理模型如图 3-3 所示[3]。

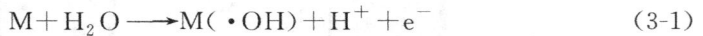

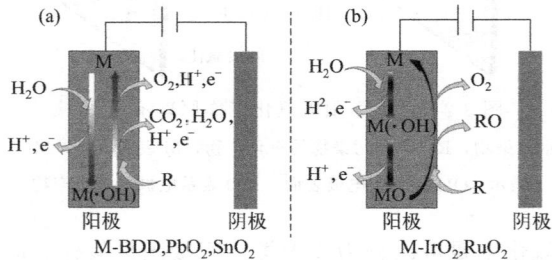

$$M + H_2O \longrightarrow M(\cdot OH) + H^+ + e^- \tag{3-1}$$

$$M(\cdot OH) + R \longrightarrow M + CO_2 + H_2O + H^+ + e^- \tag{3-2}$$

$$M(\cdot OH) \longrightarrow MO + H^+ + e^- \tag{3-3}$$

$$MO + R \longrightarrow RO + M \tag{3-4}$$

图 3-3　有机物在非活性电极（a）与活性电极（b）表面氧化的示意图[3]

3.1.2　间接阳极氧化

（1）可逆过程

媒介电化学氧化是利用可逆氧化还原电对（媒介）氧化降解污染物的过程。在该过程中，氧化还原物质被氧化成高价态，实现污染物氧化降解的同时，自身被还原成原来的价态。这是一个可逆的反应过程，氧化还原物质在电解过程中可化学再生和循环使用。在媒介电化学氧化过程中，氧化还原物质作为电极和有机物之间电子转移的介质，避免了有机物与阳极材料表面的直接电子交换，防止了电极污染。这类间接电化学氧化过程对于可逆氧化还原对有四个基本要求：①媒介的生成电位必须远离析氢或析氧电位，以保证媒介在循环再生中有较高的电流效率；②媒介产生速率要足够快，以满足对处理负荷的要求；③媒介对目标污染物有较好的选择性，反应速率快；④污染物或其他物质在电极上的吸附小，以利于媒介的再生。媒介电化学氧化反应原理如图 3-4 所示。常见的氧化还原物质有金属氧化物 BaO_2、MnO_2、CuO 和 NiO 等和金属氧化还原电对 Fe(Ⅲ/Ⅱ)、Ce(Ⅳ/Ⅲ)、Co(Ⅲ/Ⅱ)、Ag(Ⅱ/Ⅰ)、Mn(Ⅲ/Ⅱ)等。对于破坏非卤代有机物，Ag(Ⅱ) 是一种很强的氧化剂，然而处理卤代有机物时，在氧化过程中生成的卤素离子易与 Ag(Ⅱ) 反应生成沉淀。

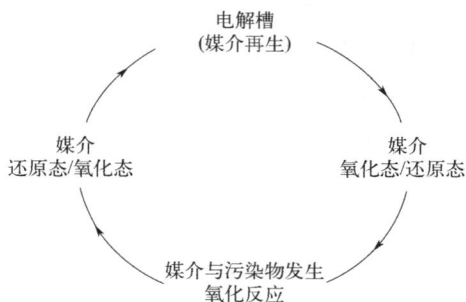

电解槽
（媒介再生）

媒介
还原态/氧化态

媒介
氧化态/还原态

媒介与污染物发生
氧化反应

图 3-4　污染物的媒介电化学氧化示意图

（2）不可逆过程

在电化学反应过程中，电极表面可以产生一些活性中间产物，如 $\cdot OH$、OCl^-、H_2O_2、O_3 以及 e_{sol}、ClO_2、$O_2\cdot$、$HO_2\cdot$ 等，这些中间产物参与氧化污染物。电催化氧化体系中产生的活性物种种类如表 3-1 所示。

表 3-1　活性物种分类、来源及存在形式

活性物种类	来源	存在形式
活性氧（ROS）	水分解、OH^- 氧化	$\cdot OH$、$\cdot O_2^-$、单线态氧 $^1O_2$、H_2O_2
活性氯（RCS）	水中存在的氯离子或者外加的含氯物质	Cl_2、$HClO$ 或 ClO^-
活性硫	外加电解质（过硫酸盐、硫酸盐）	$\cdot SO_4^-$ 和 $S_2O_8^{2-}$

自由基对电催化氧化的作用可通过自由基清除实验证明。苯酚降解过程中存在 $\cdot OH$、$\cdot SO_4^-$、$\cdot O_2^-$ 三种活性不同的自由基，加入异丙醇（捕获 $\cdot OH$）、甲醇（捕获 $\cdot OH$ 和 $\cdot SO_4^-$）、对苯醌（捕获 $\cdot O_2^-$）三种自由基清除剂捕获体系中的自由基。未加自由基清除时，苯酚降解效率为 90.3 %。加入对苯醌、甲醇、异丙醇后，苯酚降解率依次为 87.92 %、42.36 %、21.65 %。结果表明，$\cdot OH$ 是苯酚降解中的主要活性自由基，$\cdot SO_4^-$ 对苯酚降解起辅助作用[4]。

① 产生羟基自由基（·OH）：电化学氧化反应过程中产生的·OH 在电极（M）表面发生化学吸附［·OH(MO)］或/和物理吸附［M(·OH)］。化学吸附是形成的·OH 与电极作用转变成电极中的晶格氧，化学吸附型·OH(MO)主要将难降解有机物转化为易生物降解物质；而物理吸附态的羟基自由基·OH[M(·OH)] 则可将有机污染物彻底矿化。

② 产生活性氯：电化学氧化处理含氯有机废水时电极表面除产生·OH 外，还会产生活性氯物种或含氯氧化剂（如·Cl、Cl_2、OCl^- 等）。活性氯氧化对有些种类的有机污染物难以进行降解，对大部分有机污染物只是起到由大分子转化成小分子的作用，不能将其彻底降解；中间产物可能比原始有机污染物毒性更大。在阳极产生活性氯的过程中，次氯酸盐（ClO^-）会进一步发生氧化，生成有较高健康风险的副产物亚氯酸盐（ClO_2^-）、氯酸盐（ClO_3^-）和高氯酸盐（ClO_4^-）[5]。

活性氯通过以下反应产生：

$$Cl^- \longrightarrow \cdot Cl + e^- \tag{3-5}$$

$$2Cl^- \longrightarrow Cl_2 + 2e^- \tag{3-6}$$

同时还可能发生反应　$Cl_2 + \cdot OH \longrightarrow HClO + Cl^- \tag{3-7}$

$$Cl_2 + 2H_2O \longrightarrow HClO + H_3O^+ + Cl^- （酸性介质）\tag{3-8}$$

$$Cl_2 + 2OH^- \longrightarrow ClO^- + H_2O + Cl^- （碱性介质）\tag{3-9}$$

$$HClO + H_2O \longrightarrow H_3O^+ + ClO^- \tag{3-10}$$

③ 产生臭氧（O_3）：O_3 是通过以下反应产生的。

$$3H_2O \longrightarrow O_3(g) + 6H^+ + 6e^- \tag{3-11}$$

$$O_2 + H_2O \longrightarrow O_3(aq) + 2H^+ + 2e^- \tag{3-12}$$

④ 产生过氧化氢（H_2O_2）：在前面已经提到 O_2 在阴极得电子，发生还原反应生成 H_2O_2。

⑤ 产生硫酸根自由基：

$$HSO_5^- \longrightarrow \cdot SO_4^- + \cdot OH \tag{3-13}$$

$$S_2O_8^{2-} + 能量 \longrightarrow 2 \cdot SO_4^- \tag{3-14}$$

$$S_2O_8^{2-} + e^- \longrightarrow SO_4^{2-} + \cdot SO_4^- \tag{3-15}$$

过硫酸盐有着许多优于其他氧化剂的性质，例如：易于被活化产生强氧化性的 $\cdot SO_4^-$，水中的溶解度高，稳定性强，环境友好，成本低，对微生物的影响较小。与 H_2O_2 的结构相似，过硫酸盐［包括过一硫酸氢盐（HSO_5^-，PMS）和过二硫酸盐（$S_2O_8^{2-}$，PDS）］中也含有过氧键（O—O），O—O 键断裂生成硫酸根自由基·(SO_4^-)，·SO_4^-也是一类高活性的自由基，其标准氧化还原电位$E^\ominus = 2.6$ V，接近于氧化性极强的·OH[6]。

3.1.3 电芬顿反应

经典芬顿反应是在酸性条件下（pH=2.8~3.0），H_2O_2被Fe^{2+}活化后生成·OH，从而实现有机物的降解。经典芬顿反应具有如下局限：需要强酸性环境、H_2O_2利用率低、需要投加大量Fe^{2+}、Fe^{3+}还原困难、产生大量铁泥。而在电芬顿反应中，H_2O_2通过O_2在阴极表面还原产生，然后被溶液中的Fe^{2+}激活，产生·OH，Fe^{2+}被氧化为Fe^{3+}。Fe^{3+}可在阴极得电子或在氧化H_2O_2的过程中再生为Fe^{2+}。电芬顿的主要反应如下：

$$O_2 + 2H^+ + 2e^- \longrightarrow H_2O_2 \tag{3-16}$$

$$Fe \longrightarrow Fe^{2+} + 2e^- \tag{3-17}$$

芬顿反应：$\quad Fe^{2+} + H_2O_2 \longrightarrow Fe^{3+} + OH^- + \cdot OH \tag{3-18}$

$$Fe^{3+} + e^- \longrightarrow Fe^{2+} \tag{3-19}$$

$$Fe^{3+} + H_2O_2 \longrightarrow Fe^{2+} + HO_2 \cdot + H^+ \tag{3-20}$$

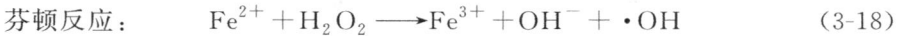

典型的电芬顿氧化有机物的机理如图3-5所示。

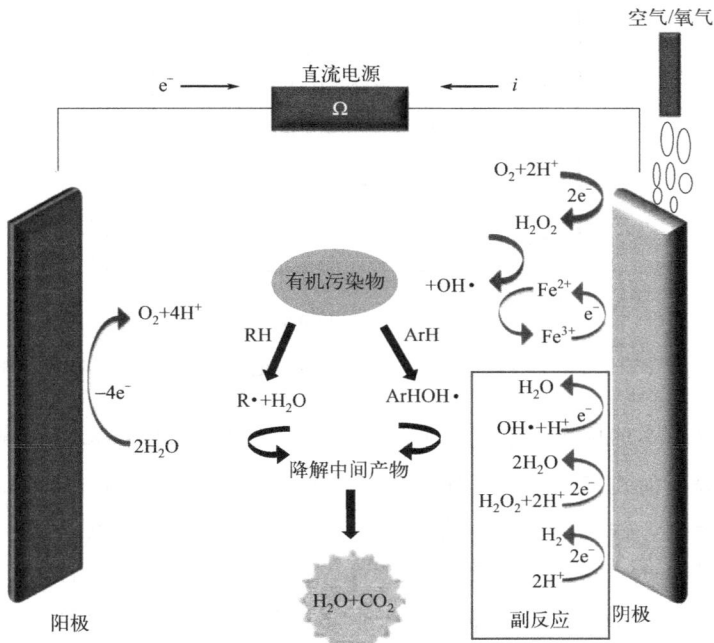

图 3-5　电化学芬顿法（Fenton）降解污染物的相关反应机理[7]

电芬顿有多种形式，包括阴极电芬顿工艺、牺牲阳极电芬顿工艺、Fe^{2+} 循环电芬顿工艺、阴极和牺牲阳极电芬顿工艺。这四种工艺的 H_2O_2 和 Fe^{2+} 的产生或投加方式分别为：阴极产生 H_2O_2，外源投加 Fe^{2+}；阳极产生 Fe^{2+}，H_2O_2 由外源投加；Fe^{2+} 和 H_2O_2 都由外部投加，Fe^{2+} 在加入后氧化成 Fe^{3+}，在阴极上连续再生，无需再投入；铁阳极产生 Fe^{2+}，阴极产生 H_2O_2 等（图 3-6）。

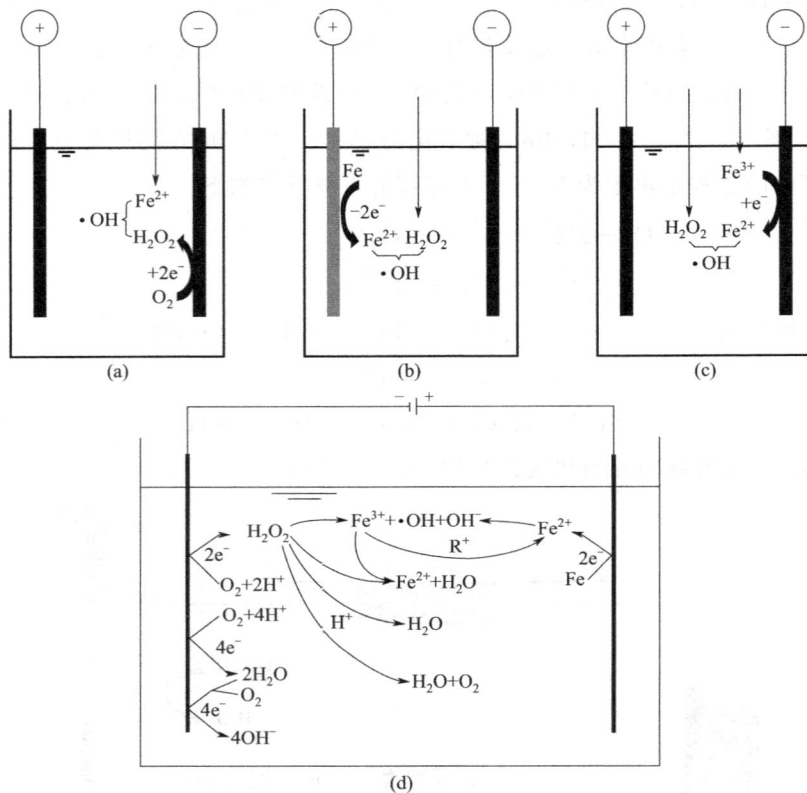

图 3-6 四种电芬顿过程的反应机理

（a）阴极电芬顿[8]；（b）牺牲阳极电芬顿[8]；（c）Fe^{2+} 循环电芬顿[8]；（d）阴极和牺牲阳极电芬顿[9]

电芬顿技术的优点在于：H_2O_2 可由电解法原位生成，无需外源添加；喷射到阴极表面的氧气或空气可加强反应溶液的混合作用；Fe^{2+} 可由阴极再生，铁盐加入量少，铁泥产生量也有所减少。电芬顿技术的缺点是：①电流效率低，电能消耗大。②H_2O_2 生成和积累量低。O_2 既可生成 H_2O_2 又可生成 H_2O，这降低了 H_2O_2 的产率；由电极原位产生 Fe^{2+} 的量有限，Fe^{3+} 还原率低，常需外源添加 Fe^{2+}。③不能充分矿化有机物，产生的中间产物可能毒性更强。④适合处理酸性废水，对于中碱性废水需调酸。

针对电芬顿反应的缺点，可从两个方面入手提高电芬顿反应的效率：①采用氧气接触面积大且对 H_2O_2 生成有催化作用的阴极材料。②将紫外线引入电芬顿反应形成"光电芬顿"工艺。将紫外线引入电芬顿反应具有很多好处，如紫外线和 Fe^{2+} 对 H_2O_2 催化分解生成 ·OH 有协同效应。这主要是由于铁的某些羟基配合物可发生光敏化反应生成 ·OH，即在光照条件下铁的羟基配合体（pH 为 3～5 左右，Fe^{3+} 主要以 $Fe(OH)^{2+}$ 形式存在，有较好的吸光性能）可以吸光分解产生 ·OH，与此同时能加强 Fe^{3+} 的还原，再生 Fe^{2+}[10]：

$$Fe(OH)^{2+} + h\nu \longrightarrow Fe^{2+} + \cdot OH \tag{3-21}$$

此反应与紫外线波长有关，随波长增加，·OH 的量子产率降低，例如在 313 nm 处 ·OH 的量子产率为 0.14，在 360 nm 处为 0.017。

目前，单独使用电芬顿技术处理废水的实例较少，大多作为预处理单元与其他工艺联用，以达到初步降低废水 COD，提高可生化性的目的。目前电芬顿技术尚未大规模应用到实际废水处理中。

3.1.4 提高电催化氧化降解效率的策略

限制阳极氧化降解效率的主要因素有电流传输效率、活性物种产率、目标物到电极表面的传质速率、电极表面提供目标污染物反应的活性位点以及电极的稳定性等[11]。通过抑制阳极的析氧副反应，提高物理吸附型 ·OH 产量；通过添加氧化自由基前驱物以及阴阳极协同产生 ·OH 等方式可提高活性基团的产率［图 3-7(a) 和（c）］。提高传质效率的手段包括增强污染物从溶液往阳极表面的迁移以及电子从污染物向电极的转移，如图 3-7（b）所示，通过对电

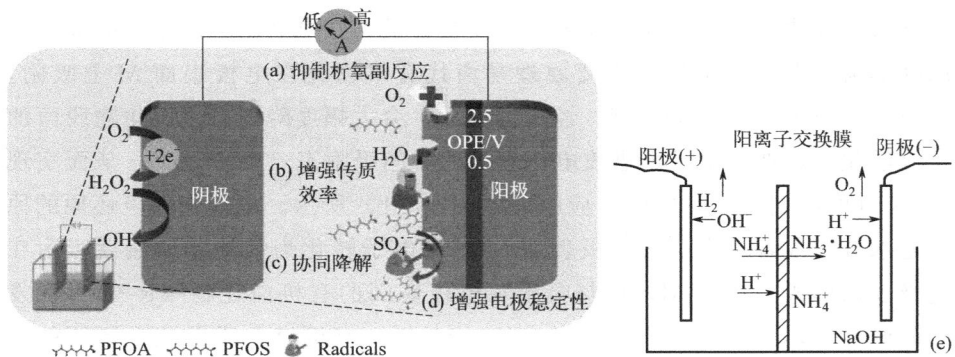

图 3-7 提高电催化氧化降解效率的策略[11]

（a）抑制析氧副反应；（b）提高传质效率；（c）协同降解；（d）增强电极稳定性；（e）隔膜式电催化膜反应器[12]

极材料进行三维化处理和负载金属可以提高电极的传质效率。常用的电极材料除电化学氧化效率低外，还存在电极寿命短的问题，表现为电极表面活性层易与电极基底脱落。如图 3-7(d) 所示，通过引入中间层增强活性层与基底的结合，提高电极稳定性。用隔膜分隔阴阳电极室［图 3-7(e)］，可以提高电极稳定性和电催化氧化的效率，特别是当电极过程的反应物或产物在另一电极易发生电化学反应时尤其有效。

3.2 电化学还原

考虑到大部分含氧酸盐中 Br、N、Cl 等已是最高价态，不能通过电化学氧化的方法去除；利用电化学氧化去除卤代有机污染物易于生成毒性更大的产物。因此，利用电化学还原方法去除含氧酸盐、卤代有机物或重金属废水展现出巨大的应用潜力。

电化学还原是指利用电场作用直接/间接还原转化污染物的过程，主要涉及三个步骤：①电极表面吸附污染物；②电场直接/间接还原转化污染物；③产物脱附。电化学还原法分为直接还原和间接还原 2 种。直接还原是指污染物直接在阴极表面得到电子被还原去除［图 3-8(a)］。间接还原则是通过在阴极表面形成中间吸附态、氧化还原媒质或氢原子而对污染物的还原去除，或者阴极还原产生 H_2O_2，在外加催化剂下发生电芬顿反应。Cu、Co和石墨类电极对污染物具有较强的吸附作用，会发生直接还原，而在吸附能力较弱的 Pd、Pt、Ru 和碳材料等电极上发生间接还原。电化学间接还原又可分为电催化还原、电催化加氢还原以及有机媒介质电化学还原。电催化还原降解卤代有机污染物的主要原理是卤代有机物先在电极表面 M 上吸附，形成中间吸附态 $(R-X)_{ads}M$。经该过程后，会大幅度降低有机卤化物脱卤的反应活化能，然后电子再进攻电极表面的中间吸附态 $(R-X)_{ads}M$，从而实现C—X 键的断裂，其具体的反应原理如图 3-8(b) 所示。电催化加氢还原的原理是水分子或者氢离子在电极表面 M 得到电子转化为氢原子，然后吸附在电极表面形成 $(H)_{ads}M$，再与吸附在电极表面的有机卤化物 $(R-X)_{ads}M$ 发生还原反应，生成加氢产物 R-H［图 3-8(c)］。有机媒介质电化学还原的原理是利用电解过程中产生的一些氧化还原媒介质作为还原剂而进行电化学还原。例如，有机媒介质在阴极附近得到电子转化为还原态，再攻击附近的有机卤代物，有机物得到电子后不稳定，最终自身分解为烃自由基以及卤离子从而实现降解[13]。

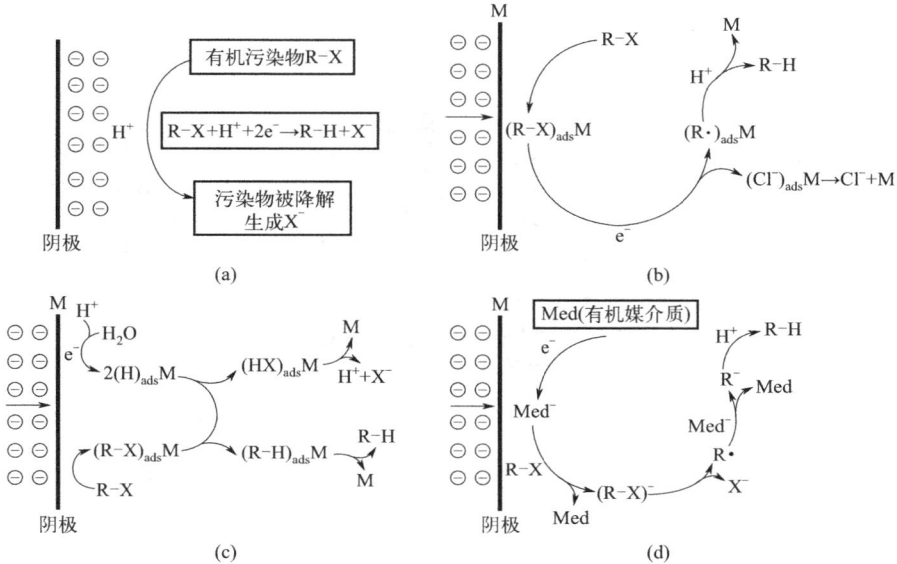

图 3-8　有机污染物的电催化还原降解过程示意图[13]
（a）直接还原；（b）电催化还原；（c）电催化加氢还原；（d）有机媒介质电化学还原

阴极的析氢反应是影响污染物电还原效率的主要副反应，因此高析氢过电位电极的研制尤为重要。常用的阴极还原电极材料包括碳材料（活性碳纤维、网状多孔碳、碳纳米管）、导电聚合物材料（聚苯胺）等。为提高阴极的电还原活性，需要用单金属（Pd、Rh、Ag 等）、双金属、合金等进行修饰。活性氢（H^*）的标准还原电势为 -2.1 V（vs. RHE），通常贵金属电极包括 Pd、Rh 和 Ru 等具备良好的产生 H^* 能力。但贵金属改性电极价格昂贵，因此寻找低价、稳定的电极材料是电还原技术研究的重要方向。

选择性电还原沉积技术是通过电化学控制的氧化还原反应，利用目标金属与竞争金属间还原电位的差异 [图 3-9（a）]，特异性沉积废水中目标重金属离子的一种方法。选择性电还原沉积技术包括直接电还原沉积和间接电还原沉积，其原理见图 3-9（b）。在直接电还原过程中，金属离子在阴极表面直接获得电子，紧接着成核形成金属单质或者金属氧化物。通过调控与目标金属离子相匹配的还原电位，即可实现对废水中重金属离子的选择性还原沉积。间接电还原沉积是利用电极和电解质溶液之间电解所产生的活性物质（活性氢、过氧化氢等）与废水中的金属离子反应，实现对废水中目标金属离子的选择性电还原沉积。间接电还原沉积几乎不受离子迁移速率限制，具有比直接电还原沉积更高的还原效率。然而，间接电还原沉积存在电解质中的自由基数量较少且不能在电解质中长时间存在的缺点。

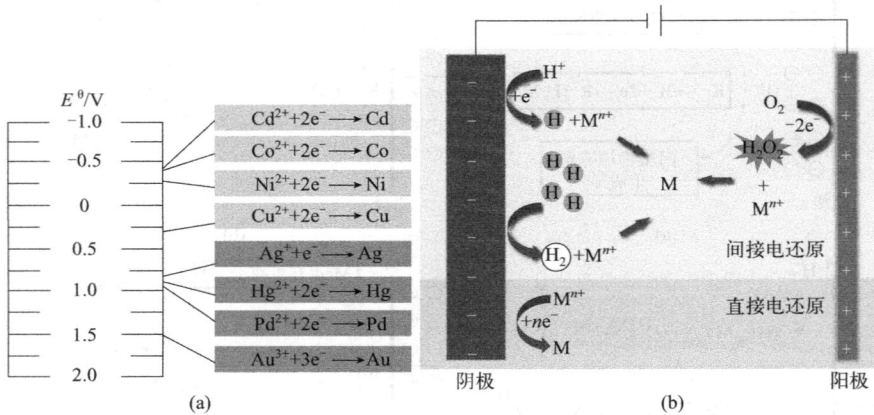

图 3-9 不同重金属离子的标准还原电位[14]（a）和选择性电还原沉积原理（b）

3.3 三维电极

3.3.1 三维电极的定义与特点

三维电极又称三元电极、粒子电极或床电极。它是在传统二维电解槽电极间装填粒状或其他碎屑状工作电极材料，并使装填材料表面带电，成为新的一极（第三极），在工作电极材料表面发生电化学反应。也有文献这样定义：三维电极是在电解槽中填充导电性粒子或者使填充粒子在电解槽中处于流动状态，从主电极供给电流到粒子表面，在其表面也发生化学反应。

与二维平面电极相比，三维电极能够增加电解槽的面积与体积之比，且因填充粒子间距小而增大物质的传质速度，且三维电极设备相对较为简单、紧凑，占地面积少，显著提高了电流效率、时空产率和处理效果。当废水电导率较低时，二维电极处理效果不理想，需要投入大量电解质，而三维电极在一定程度上克服了这一缺点。三维电极与传统的二维电极并不是绝然分开的，有一些装置，例如不锈钢丝串联电极、膨胀金属电极就处于两者之间。

常用粒子电极一般选用比表面积较大的多孔结构材料。按照其阻抗的相对大小，可分为高阻抗粒子和低阻抗粒子。其中，高阻抗粒子导电性较差，当其用作粒子电极时需施加较大电压；低阻抗粒子导电性和催化性更好、应用更广泛。填充粒子在电场作用下感应带电形成复极性粒子电极。对二维电极与三维电极处理污水的优缺点进行了比较，见表 3-2。

表 3-2　三维电极与二维电极处理污水的优缺点比较[15]

电极	优点	缺点
三维电极	处理量大,电流效率高,比表面积大,传质距离短、迅速,氧化能力强,能量利用效率高	系统复杂程度高,运行成本高,能耗较大,粒子易结垢,设备运行稳定性较差
二维电极	设备简单、占地面积小,设备成本低,对可溶性有机物处理效率较高	电流效率低,电极材料易损耗,处理量小

3.3.2　三维电极工作机理

三维电极的工作机理是一个吸附-电解-脱附的动态过程。几乎所有用作粒子电极的材料都是高比表面积、多孔结构的材料,因此粒子电极有很强的吸附作用。在复极性三维电极反应器中,粒子电极被放置于外部电压产生的静电场中,正电荷与负电荷聚拢在其两端。此时,电解质溶液中的带电离子由于库仑力向粒子电极的相反电荷侧移动,导致电吸附。此外,在阳极和阴极上常常会产生如氧气、氢气等气体。这些气体以微气泡形式存在,能够黏附在胶体或已形成的絮体上将污染物质从水中去除。

三维电极的工作机理因床体类型不同而异。单极性床（有隔膜）通过主电极使低阻抗电极粒子表面带上与主电极相同的电荷,相当于主电极的外延部分,从而大大增加了电极外表面积。电化学反应在阴阳极室分别进行,有机物一般在阳极被氧化,而重金属离子在阴极被还原。复极性床（无隔膜）主要通过主电极间的电场使高阻抗电极粒子因静电感应而分别带上正负电荷,填充粒子靠近主阳极的一端被感应成为负极,另一端被感应成为正极,使每一个粒子成为一个微型电解槽,电化学氧化和还原反应可在每一个粒子电极表面同时进行,大大缩短了传质距离（图 3-10）。若使用阻抗较小的粒子,如金属、活性炭等,应在外表面涂上绝缘层或添加绝缘体。

复极性三维电极的反应器内存在 3 种电流（图 3-11）:①不通过填充粒子,经电解质溶液从阳极流向阴极的旁路电流。②通过填充粒子从阳极流向阴极的短路电流。③流经电解质溶液和填充粒子的反应电流。在这 3 种电流中,只有反应电流才能使填充粒子起作用,而旁路电流和短路电流均会降低电解效率。为了减少短路电流的存在,在反应时可以向体系内加入绝缘性物质,如石英砂或玻璃珠等。减少反应物在填充粒子上的停留时间,可避免部分旁路电流的产

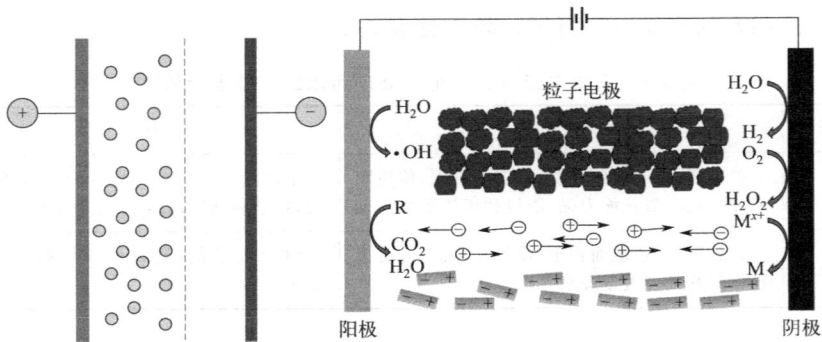

图 3-10　单极性[16] 与复极性[17] 三维电极电解槽示意图

R：有机物；M：金属

生。当加在填充粒子上的电压小于有机物分解电压时，无反应电流产生，仅有短路电流通过。当加在填充粒子上的电压大于有机物的分解电压时，开始有反应电流通过，粒子两端发生复极化反应。但电压过高将增加副反应发生的概率。

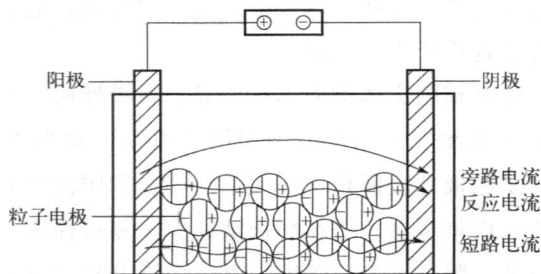

图 3-11　复极性三维电极电流分布[18]

双极式三维电极内的电势分布大致具有图 3-12 所示的形式。可见反应主要分布在外侧，同一个电极上可能同时存在扩散控制区、混合控制区、电化学活化区和非活性区。它的缺点是电极上存在未利用的非活化区，以及存在通过电解液通道旁路的漏电电流。三维电极虽然扩大了电极的面积体积比而大幅度改善了传质，但又引起了床内电流和电位的分布问题。

3.3.3　三维电极反应器的分类

三维电极反应器由电源、电解槽、阴阳极板和粒子电极组成。其中，电源一般采用直流稳压电源。三维电极反应器的具体分类方法和特点见表 3-3。

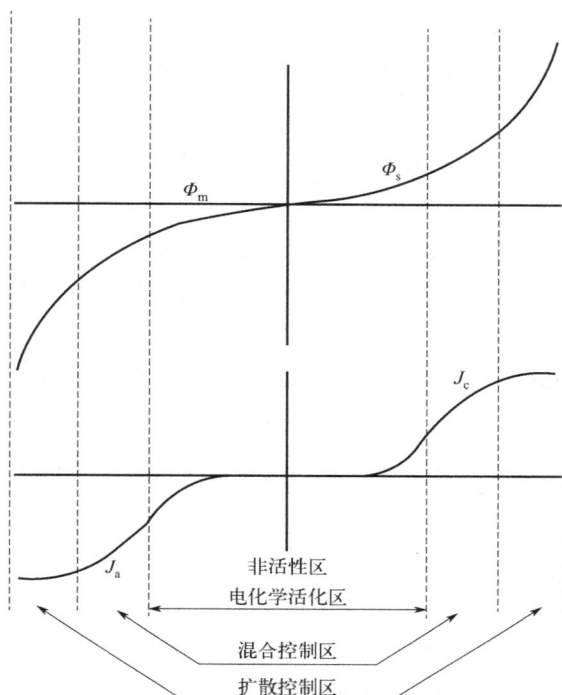

图 3-12　双极式三维电极的电势、电流分布[19]

表 3-3　三维电极反应器分类方法及特点[18]

分类方法	反应器类型	特点
电极结构	长方体形、圆筒形	圆筒形反应器电极位置灵活多变,有多种组合方式;长方体形反应器的电位分布均匀
粒子极性	单极性、复极性	单极性反应器一般有隔膜,填充阻抗较小的粒子;复极性反应器一般无隔膜,填充阻抗较大的粒子
连接方式	单级式、双级式	单级式反应器的阴阳极以并联方式与电源连接;双级式反应器的阴阳极只有两端与电源连接(图 3-13)
流动方向	流通式、流经式	流通式反应器电流方向与电解质流动方向平行;流经式反应器电流方向与电解质流动方向垂直
填充方式	固定式、流动式	固定式反应器粒子处于稳定状态,不发生位移;流动式反应器粒子处于流动状态,发生相对位移

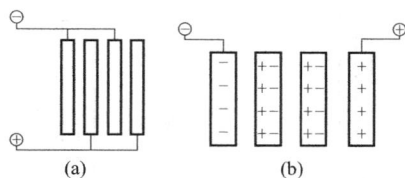

图 3-13　单级式（a）与双级式（b）电极电解槽[20]

三维电极反应器按电极形状可分为长方体形和圆柱形。长方体形主电极放置于槽的对边，粒子电极放置于主电极之间；而圆筒形反应器阳极和阴极位置灵活多变，有多种组合方式。圆筒形反应器比长方体形反应器具有更好的对称性，出现死角和滞留污染物的可能性小。但在电位分布上，长方体形反应器的性能优于圆筒形。

按粒子材料的填充方式可分为流动式与固定式。固定式的粒子电极以相对稳定的状态存在于床体中，不发生位移；流动式的粒子电极在床体中发生相对位移。固定床的床层中电压、电流分布相对均匀，但长时期工作之后，粒子表面会附着污染物和转化物导致粒子电极堵塞，需定期清洗或极性反转使粒子电极再生或更换粒子材料。若废水中含有悬浮物，亦须进行前处理，交流电源或脉冲电源电解将有助于缓解这些问题。交流电可使每个电极上均产生气体，因而可达到清洗目的，而且电极极性的交替有利于电极上脱附的发生。但是交流电不适于可逆体系。也有以脉冲电源提供电流，同时配合不同的废水流速：在不通电时流速比较大，用以保证填充粒子电极悬浮而又不流出床外；在通电处理时流速比较小，用以保证填充粒子电极接触紧密成为填充床。相比于固定式，流动式粒子电极间相互移动，减少了堵塞情况。缺点是运行能耗高，粒子处于流动状态，相互之间接触不够密切，增加了液相的欧姆压降，易造成电势分布不均。流动式粒子电极可通过曝气达到相对流动状态，即三维三相电解反应器。从反应器底部通入空气主要有搅拌和供氧（生成 H_2O_2）两个作用。

三维固定床可分为三维填充床和三维悬挂床，前者的粒子电极相互接触易引起短路电流，而后者的粒子电极彼此孤立且被固定于阴阳极板之间，消除了短路电流。低阻抗粒子在用于三维流化床或三维填充床时，需加入绝缘粒子（如玻璃球、石英等）或在粒子表面涂覆绝缘层，以减小短路电流；在用于三维悬挂床时，则无须加入绝缘粒子。三维流化床、三维填充床和三维悬挂床的结构见图 3-14。

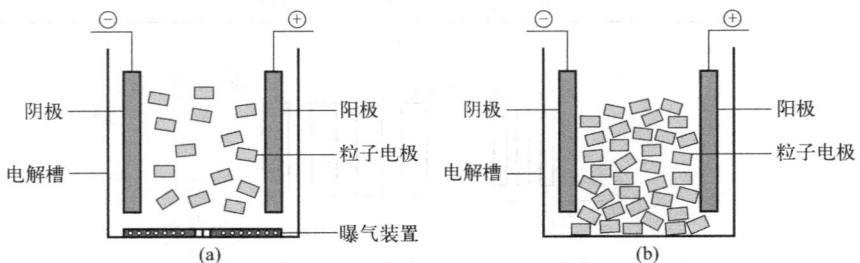

左图(a)：阴极、电解槽标注于左侧，阳极、粒子电极、曝气装置标注于右侧。
右图(b)：阴极、电解槽标注于左侧，阳极、粒子电极标注于右侧。

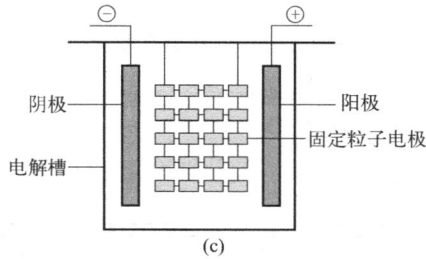

图 3-14　三维电解床[21]

（a）三维流化床；（b）三维填充床；（c）三维悬挂床

3.4　电极材料

3.4.1　阳极材料

3.4.1.1　阳极材料分类

阳极材料对电化学氧化的电流效率和有机污染物的矿化程度起着至关重要的作用。对阳极材料的要求是：导电性好、氧化效率高及稳定耐蚀。良好的导电性可以降低槽电压。高氧化效率要求电极具有高析氧过电位和催化活性。稳定耐蚀要求阳极材料要有高的电极电位，防止阳极材料本身电化学溶解。

目前使用的阳极材料有碳系材料（石墨、玻璃碳、碳纤维、多孔碳毡、网状玻璃碳、掺硼金刚石）、金属（Pt、不锈钢）、金属氧化物（PbO_2、RuO_2、IrO_2、TiO_2、SnO_2、MnO_2）等。电极基体可以采用任何导电材料，如铁、镍、铅、铜等金属及其合金，也有采用含铬、镁的高硅铁。在各种电极基体中，以 Ti 基体研究得最为广泛。目前大部分材料不能兼顾高催化活性和高稳定性。例如金属导电性好，但不耐腐蚀；贵金属表面稳定，但价格昂贵；石墨容易加工，价格低廉，但是容易磨损或脱落；磁性氧化铁虽然耐腐蚀，但导电性不好，质脆不易加工。有的还含有有毒物质，如 Sb 和 Pb。

阳极材料种类对·OH 的产生量及类型起决定性的作用，同时影响电极的析氧过电位。阳极材料根据催化性能可分为活性材料和非活性材料。析氧过电位较低的材料容易发生析氧副反应，这类材料被称为活性材料。反之，析氧过电位高的材料析氧副反应较少，称之为非活性材料。常见的阳极材料在酸性介质中的析氧电位见图 3-15。一般来说，阳极析氧电位越高，M(·OH) 与阳极表面的相互作用越弱，阳极氧化有机污染物的能力越强。

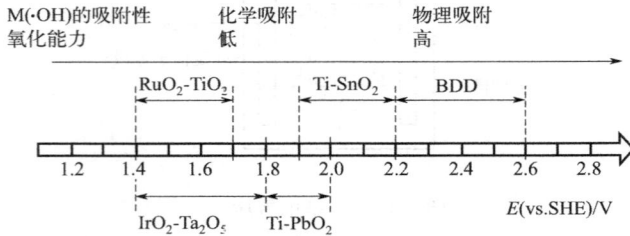

图 3-15　常见阳极在酸性介质中的析氧电位[3]

　　根据电化学氧化反应的机制，具有低析氧过电位的阳极，例如 Pt、RuO_2、IrO_2、石墨或碳，表现出"活性"行为，其析氧电位通常低于 1.8 V (vs. SHE)，仅允许有机物部分氧化。在活性电极表面上形成更高价的金属氧化物（MO），·OH 以化学吸附的形式存于电极的晶格（MO）当中，此后，MO 将继续与有机物反应，具体路径见图 3-16 中反应 c、f。具有高析氧过电位的非活性阳极，如 PbO_2、掺硼金刚石和 SnO_2，·OH 一般以物理吸附的形式存在，这意味着电极与·OH 的相互作用力较弱，·OH 可脱离电极表面与有机污染物反应，具体路径见图 3-16 中反应 a、b、e。无论是非活性电极还是活性电极，在电催化过程中均往往伴随着析氧副反应（图 3-16 中反应 b、d）的发生[22-23]。

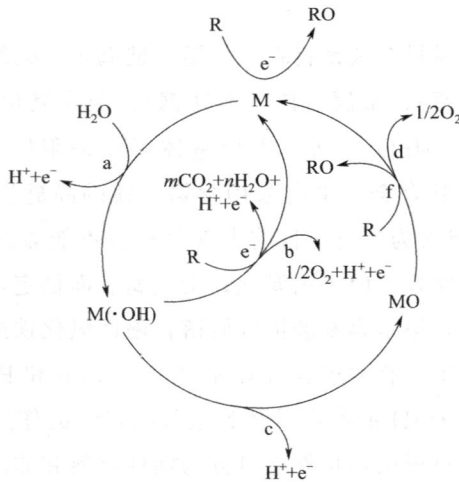

图 3-16　非活性电极（反应 a、b 和 e）及活性电极（反应 a、c、d 和 f）
电催化降解有机污染物机理示意图[23]

3.4.1.2 常用的阳极材料

（1）直接氧化阳极材料

① 碳素电极

石墨电极导电性能好且价格便宜，但电极的析氧过电位低，机械强度较差，易于膨胀，在酸性条件下容易耗损。

活性碳纤维具有丰富的微孔隙、高比表面积和良好的导电性和电催化性。活性碳纤维良好的吸附性虽然有利于电催化降解有机物，但也会使有机物降解后的中间产物难以扩散而覆盖在电极表面，使电极钝化。

② 贵金属电极——钛基钌铱电极

贵金属电极虽有较高的析氧过电位以及良好的化学稳定性和导电性，但价格昂贵且容易钝化失活。例如，童少平等研究了 Pt 电极在电化学氧化降解对氯苯酚过程中的失活现象。结果表明，由于电极表面的聚合反应，Pt 电极会在短时间内失活。

氧化钌（RuO_2）具有优良的电催化活性，但 Ti-Ru 二元涂层阳极存在使用贵金属、RuO_2 稳定性差、基体钛易氧化而使得 RuO_2 涂层脱落等问题。在钌系涂层中掺杂 Ir、Sn、Mn、Ta、Pb、Zr 等惰性组元制得多组元复合氧化物涂层，可提高活性氧化物稳定性，减少贵金属用量。添加 Sn-Sb 中间层可提高电极防钝化能力。与 RuO_2 正好相反，IrO_2 与 Ti 基体结合力强，但电催化活性较差，在 IrO_2 中掺杂 Sn、Zr 和 Mn 等金属或在 Ti/IrO_2 表面添加活性层（如 SnO_2-Sb_2O_3、PbO_2 和 Pd）可以提升电极活性。

（2）间接氧化阳极材料

① 金属氧化物电极和 DSA 电极

PbO_2 和 SnO_2 具有成本低、稳定性强、导电性好等优点，是目前水处理中最常用的 2 种惰性金属氧化物阳极材料。PbO_2 和 SnO_2 阳极的析氧电位分别为 1.8～2.0 V 和 1.9～2.2 V（vs. SHE）（图 3-15），这决定了这两种材料对污染物具有高的氧化性。但两者的寿命较短，单纯的 SnO_2 的电阻率较高，PbO_2 还会溶出有毒的 Pb^{2+}。在 SnO_2 中掺杂 Sb、Al、Fe 和 Pt 等可以提高电极的导电性。

Ti 最常被用作 PbO_2 电极和 SnO_2 电极的基体，然而，Ti-PbO_2 和 Ti-SnO_2 电极由于基体和活性层之间的结构差异而稳定性不佳，并且电解产生的活性氧会扩散到基体表面形成 TiO_2 绝缘层。因此，在基体与活性层之间通常需要引入中间层来增强结合力和防止绝缘层形成。目前常用的中间层有 Pt、Au、

IrO_2、RuO_2、氢化钛（TiH_x）和金属氧化物（SnO_2-Sb、SnO_2-Sb_2O_3）等。

DSA 电极（dimensionally stable anode）又称涂层钛电极、形稳阳极。DSA 电极是在金属基体如 Ti、Zr 上涂覆具有电催化活性的金属氧化物制得的涂层阳极，具有阳极尺寸稳定、析氧电位高于贵金属电极和石墨电极、电催化活性良好、工作电压低、制备成本低、寿命长等优点。DSA 电极凭借上述优点成为电催化氧化技术最常用的阳极。DSA 电极是从 20 世纪 60 年代末发展起来的一种电极，曾被誉为氯碱工业的一大技术革命。常用的金属氧化物包括 IrO_2、RuO_2、Ta_2O_5、SnO_2、MnO_2、PbO_2 等，由于不同材料的热膨胀系数有差别，因此会采用 2 种或 2 种以上氧化物混合涂层或制备中间涂层 DSA 的方式缓解因膨胀所导致的材料开裂情况，并提高电极的析氧电位和耐腐蚀性能。

DSA 电极在水处理行业未能广泛应用的原因是仍有一些问题尚未解决：a. 阳极放出活性氧与钛基体反应形成 TiO_2 绝缘体，降低了电极的导电能力；b. 涂层与基体之间的附着力有限且各种氧化物的热膨胀系数存在差别，因此，长时间使用过程中存在涂层脱落的问题；c. 电极寿命未达到生产要求；d. 由于使用 IrO_2、RuO_2、Ta_2O_5 等稀有金属，因此涂层的成本比较高。

完整的 DSA 电极一般由基底、中间层和活性层组成，为了提高电极的催化活性与稳定性，分别从基底、中间层、表面活性层三个方面对电极进行改性，包括基底形貌调控，添加中间层，掺杂金属元素、金属氧化物、非金属材料等。表 3-4 总结了 DSA 电极的改性方法及其改性结果。

表 3-4　DSA 电极的改性方法[24]

改性对象	改性方法	改性结果
基底	形貌调控、阳极氧化	增大比表面积、提高导电性；提高基底与涂层的黏附力；增强耐腐蚀性；延长电极寿命
中间层	锡锑氧化物层、纳米涂层与其他中间层	晶粒细化；增加导电性；延长电极寿命；增加活性位点；提高活性层的结合强度、覆盖密度和厚度；抑制电解液进入
活性层	金属掺杂、金属氧化物掺杂、非金属掺杂、与其他功能性材料耦合	细化电极表面颗粒；增大比表面积，增加活性位点；延长电极寿命

② 钛基氧化物

Ti 易被氧化成 TiO_2 而导致导电性变差，无法直接用于电化学氧化，但可以通过在 H_2 中还原或电化学还原的方法来提高 TiO_2 的电导率。在 H_2 中，TiO_2 会还原生成 Ti_4O_7、Ti_5O_9 和 Ti_6O_{11}，有研究表明，Ti_4O_7 是一种良好的非活性阳极材料。

③ 掺硼金刚石

在电化学氧化领域使用的现有电极中，掺硼金刚石（BDD）电极具有最高的析氧电位，如图 3-15 所示，其析氧电位在 2.2～2.6 V 之间（vs. SHE）。掺硼金刚石具有质量轻、强度高、物理性质稳定、耐磨损、导电和导热性好、耐腐蚀、析氧电位高、电化学窗口宽、背景电流小、没有溶出等优点，尤其在强酸性、高热传导性、强碱性以及含氟离子的电解质中性质稳定。但是掺硼金刚石电极制作工艺复杂、成本较高且没有合适的基底来沉积金刚石薄膜。目前，掺硼金刚石膜可以在 Nb、Ta 和 Mo 等金属，硅，石墨等基体上进行沉积。由于金刚石和硅（Si）结合力好，目前商品化的掺硼金刚石电极以 Si 基底为主。但 Si 基底存在脆性大、难加工、导电性不佳等缺点，限制了电极面积的扩大，同时增加了接触电阻。今后需要从以下几方面进一步研究：开发大面积掺硼金刚石的制备技术；进一步提高掺硼金刚石的电催化性能和稳定性；开发金属材料基底的掺硼金刚石。

纯净的金刚石不导电，但掺入微量杂质元素会改善金刚石的导电能力。硼很容易进入金刚石晶格中，并取代部分碳原子。掺硼金刚石在导电性、抗氧化、耐腐蚀、耐热性等方面均有大幅提升。掺硼金刚石原子模型如图 3-17 所示。未被掺杂时，金刚石晶体表面碳原子有一个多余的价电子，可能会与外来的缺电子原子成键，从而降低金刚石的抗氧化性能。当硼原子掺入后，形成硼碳共价键，与具有 sp^2 结构的玻碳电极相比，掺硼金刚石具有稳定的 sp^3 非活性结构，可以使金刚石具有更好的物理

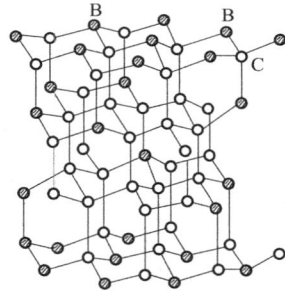

图 3-17　掺硼金刚石原子
模型示意图[25]

和化学惰性，如掺硼金刚石的抗氧化性能比未掺杂金刚石提高 200～250 ℃左右。另外，与玻碳电极相比，掺硼金刚石薄膜电极不需要研磨及抛光等预处理，因此，使用非常方便。

电极的电势窗口是指电极在水溶液中析氧电位与析氢电位之间的电位差，并且在该区域内不发生其他电化学反应。一般来讲，电极的电势窗口越大，阳极上的氧气和阴极上的氢气越难析出。同时，电极的析氧电位越大，越有利于提高电极的电催化能力。因为较高的析氧电位容易在电解反应中生成臭氧、羟基自由基、过氧化物等强氧化性物质。在相同实验条件下，掺硼金刚石电极与其他几种电极的电势窗口对比如图 3-18 所示。低背景电流是

金刚石薄膜电极的另一个重要特性。背景电流与电极表面双电层的电容量有很大关系。背景电流越小，产生相同的氧化还原电流所需的电压越小，能耗越低。金刚石电极的背景电流非常小的原因主要有两点：①金刚石的 sp^3 杂化结构，表面的 C-O 官能团对双电层电容的贡献很小；②受掺杂水平的影响，在费米能级附近电子密度较小，不利于双电层充放电的发生。表 3-5 列出了金刚石薄膜电极、石墨电极和铂电极在 1 mol/L 硫酸介质中的电势窗口大小和电极的背景电流。

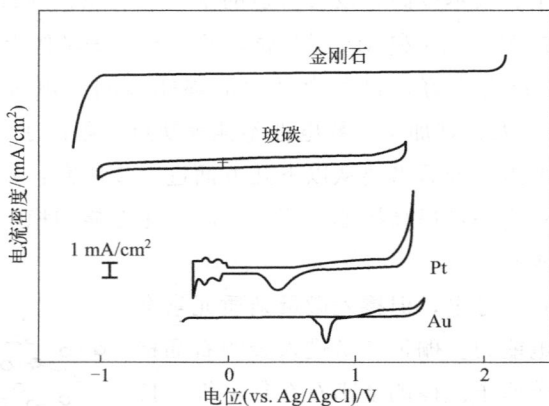

图 3-18　金刚石电极与其他电极的电势窗口对比[26]

表 3-5　3 种电极的电势窗口和背景电流[27]

电极	析氧电位/V	析氢电位/V	电势窗口/V	背景电流/A
掺硼金刚石薄膜	+2.4	−1.6	4.0	$-9\times10^{-6}\sim5\times10^{-7}$
石墨	+1.2	−1.0	2.2	$-6\times10^{-4}\sim7\times10^{-4}$
铂	+1.5	−0.3	1.8	$-1\times10^{-5}\sim1\times10^{-5}$

3.4.2　阴极材料

（1）直接还原阴极材料

Cu 和 Co 等金属常用作硝酸盐还原的阴极材料，但其活性相对较低、稳定性较差并且容易造成亚硝酸盐的累积。

石墨类电极主要包括石墨毡和石墨烯 2 种。石墨毡电极具有无毒、成本低、比表面积大的优点；石墨烯导电性能强、比表面积大，而且在高温、强氧化和酸碱条件下都具有很强的稳定性。

（2）间接还原阴极材料

贵金属具有较强的耐腐蚀性和较高的电导率。如 Pd、Pt、Ru 和 Rh，其中 Pd 的性能最好，因为它将阴极表面的水还原生成吸附氢离子（H_{ads}）的能力更出色。而且，Pd 在贵金属中价格相对较低。与单金属材料相比，双金属电极显示出协同效应，提高对污染物的催化效率的同时能够减少有毒物质的释放。

碳基材料可以替代昂贵的金属材料，改性碳材料（如玻碳材料、掺硼金刚石等）对高氯酸盐具有一定的还原作用，但与金属相比，改性碳材料还原持久性有机卤化物的活性很小。因此，常需要将金属与碳材料相结合来制作阴极，该电极多应用于电芬顿反应。电芬顿反应使用的阴极有许多种，大多为石墨、网状多孔碳、碳毡、碳-聚四氟乙烯充氧阴极等。由于铁是芬顿反应所必需的，为了减少向系统中直接加入铁离子的成本，载铁复合阴极的研究受到了广泛关注。最初，研究者仅将铁负载在各种碳基材料表面，近年来越来越多的研究人员开始关注铁复合金属氧化物。

3.4.3 粒子电极材料

高阻抗粒子的吸附性和机械强度均较高，且大部分可直接从自然界获取，价格低廉。常用的高阻抗粒子有 γ-Al_2O_3、陶瓷粒子、沸石颗粒等。由于高阻抗粒子的导电性和催化性能较低，所以一般需要在其表面负载具有高催化活性的物质。低阻抗粒子较高阻抗粒子的导电性更好、成本更低，且其较大的比表面积可提供更多的活性位点，因而具有更高的催化性能。根据材料类型，低阻抗粒子可分为碳材料和金属及金属氧化物材料 2 大类。其中，碳材料主要有活性炭、炭气凝胶、石墨烯等；金属及金属氧化物材料包括泡沫镍、Fe_3O_4 磁性纳米粒子、钢渣等。金属颗粒常用于废水中重金属的去除。常见粒子电极载体的优缺点见表 3-6。

表 3-6 常见粒子电极载体的优缺点[21]

	载体名称	优点	缺点
高阻抗	γ-Al_2O_3	硬度高、表面积较大；吸附性良好；热稳定性良好	抗酸碱能力较差；密度偏大，易沉积
	陶瓷粒子	表面积较大；孔结构丰富	强度较低
	沸石颗粒	吸附性好；可重复利用	易堵塞
	海泡石	表面活性强；吸附性良好；热稳定性良好；价格低廉	吸附具有选择性

载体名称		优点	缺点
低阻抗	活性炭	吸附性良好;比表面积大;孔结构丰富;导电性好	自身催化与氧化作用较弱
	炭气凝胶	质量密度低、比表面积大;吸附好;稳定性良好;导电性较好	制备过程复杂;制备时间长
	Fe_3O_4 磁性粒子	纳米粒子易磁分离;促进生成·OH	易出现团聚现象

活性炭比表面积大（$500\sim1000\ m^2/g$），表面还含有羧基、羰基、羟基等官能团，吸附性能好，化学稳定性高，是应用最为广泛的一种粒子电极。但是活性炭良好的吸附性会导致降解产物累积。被废水浸没后，活性炭的电导率较大，易引起阴阳极的短接。将活性炭与某些绝缘粒子（如石英、玻璃球、醋酸纤维涂膜活性炭等）掺杂可以改善这一缺陷。

粒子电极表面进行改性可以提高粒子电极的催化活性和污染物去除效率。粒子电极改性方法可分为物理改性和化学改性。其中，物理改性主要通过改变粒子电极表面孔径结构来增大比表面积以提高吸附性能；化学改性则通过改变载体表面官能团以提高催化性能。常用化学改性方法有表面氧化法、酸碱改性法、负载改性法等。其中负载改性是在载体表面负载具有催化活性的物质。常用载体包括金属氧化物（氧化铅、氧化铝等）和其他无机物（高岭土、陶瓷、沸石、石英砂、活性炭等）。常使用的催化剂包括贵金属、金属氧化物以及复合材料等，可变价的金属离子也可作为氧化的中间电子载体，比如 Fe^{3+}、Ag^+ 等。贵金属的电化学性质稳定，析氧电位和反应活性高，但价格昂贵，性价比低。

3.5 电解反应器构型

依据待处理水相对于固定式电极的运动方式或流态，可分为全混式和推流式两种主要流态。相对应的反应器称为全混式连续搅拌反应池（或平板电极浸没式反应器、流过式反应器）以及推流反应池（或穿透式反应器）。浸没式电化学反应器固定电极浸没在盛有待处理水的容器中，两个极板之间的空间为过水通道。为防止电极表面浓差极化，池内常采用机械搅拌方式，电化学反应发生在极板表面（图 3-19）。该反应器传质效率和电流效率低，当要求出水中污染物浓度超低排放时，采用这种反应器难以实现。穿透式电化学反应器则采用多孔材料作为电极，两电极之间用介电材料隔开，形成"三明治"结构（图 3-20），含污染物废水穿过电极内部孔隙，使污染物得以分离或降解。与传统浸没式反应器相比，它有明显优点：a. 极板间距极小。由于不作为过水通道，两电极之间只用很薄的隔膜隔开，使得反应过程中两极板间的电阻变小，因此，废水中有机污染物可在低电压或者低电导率（不需外加电解质）条件下发生电化学反应。同时，极板间距极小还可在单位体积内高密度布置电极单元，增加处理效率。b. 传质效率和电子转移效率高。多孔电极有高的孔隙率和大孔隙，电极材料的高孔隙率有利于介质流动，大孔结构可有效提高电极面积，水被强制穿过电极，因而与吸附位点接触机会大幅提高，传质效率高，电子转移效率也高，因此，有很高的电流效率和污染物降解率。

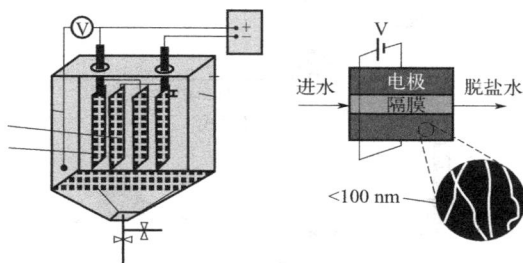

图 3-19　典型的平板电极浸没式反应器及过水通道示意图[28]

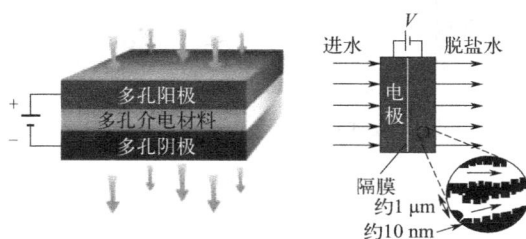

图 3-20　穿透式反应器示意图[29]

通常，传质问题是电化学反应主要限速步骤，其主要方式为电迁移、扩散、对流。传统浸没式反应器的水路布置采用流过模式，其具有厚的扩散边界层（约 $100~\mu m$）[图 3-21(a)]，导致污染物向电极表面的扩散速率低。阳极表面产生的 •OH 寿命极短（$<10^{-5}~s$）且移动距离较短（μm），氧化反应只发生在阳极界面狭窄区域。而穿透式反应器的水路垂直穿过电极 [图 3-21(b)]，利用水流与电极间的冲击和扰动，降低边界层厚度至膜孔半径，传质速率较传统流过式高出 1～2 个数量级。反应主要发生在微通道内，而不是在本体溶液中，通过强化对流传质实现污染物的去除。此外，研究发现多孔膜电极内的微

纳限域效应可有效加强电子的定向迁移，进而提高降解效率。将"催化剂表面"和反应物之间的距离限制在临界扩散距离范围内，可显著增强污染物向膜电极活性位点的迁移效率[30]。

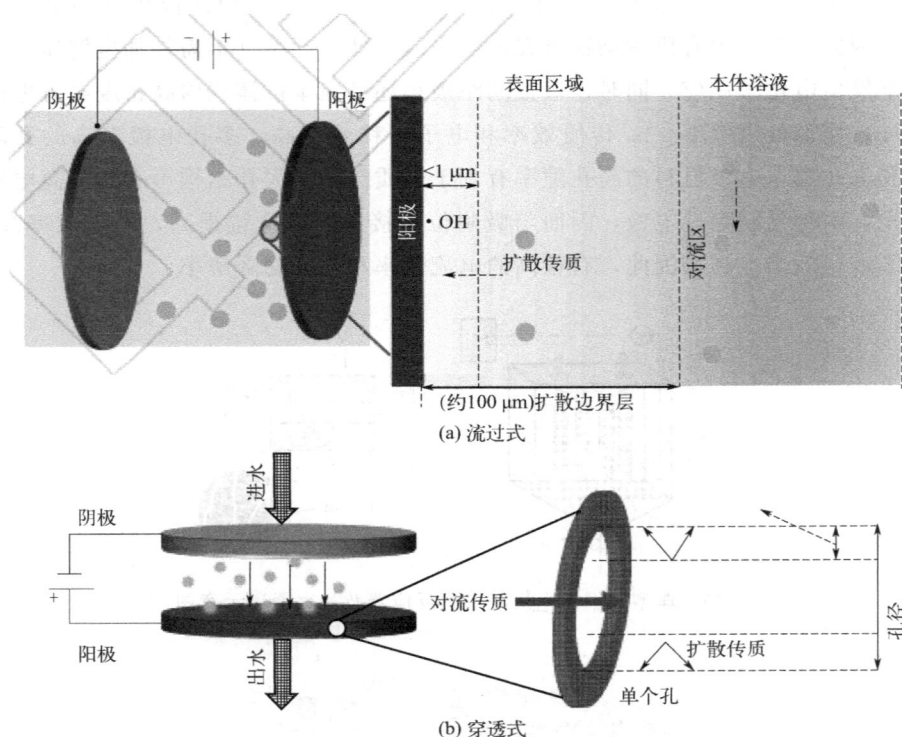

图 3-21　流过式与穿透式的传质示意图[30]

3.6　电化学氧化与还原的影响因素

　　本节内容主要讨论的是电化学氧化，但其中大部分知识也适用于电化学还原。在确定了电极和反应器之后，电流密度、反应温度、溶液的 pH、电解质等对污染物的降解也有影响。

3.6.1　电极及其工作条件

（1）电极材料

电极反应速度及反应类型因电极材料的不同而变化，不同的电极材料可以使电化学反应速度发生数量级的变化。

（2）电压、电流密度和供电方式

电池电压和电流密度不仅影响电化学氧化，还对粒子电极极化产生影响。当电压和电流密度合适时，粒子极化生成微电极以强化电吸附或者氧化。一般随着电流密度的增加，处理性能也会相应提高。但是，电压、电流密度过高并不能显著提高废水中污染物的去除效率反而会增加析氧和析氢副反应。因此，在具体应用中应平衡去除效率、能耗和电极寿命。

电催化氧化反应的供电方式主要有直流供电和脉冲供电。目前以直流供电方式为主。脉冲供电方式，采用"通电-断电"交替的方式进行，脉冲供电可以加快离子的扩散速度和减少极板表面的沉积物。脉冲供电模式下，脉冲参数如对脉冲电流密度、脉冲频率、脉冲电压、占空比等会影响污染物的降解效率和能耗。

（3）处理时间

处理时间与能耗及出水处理性能有关，当能耗最小且满足废水排放标准时为最优处理时间。粒子再生效率也与处理时间有关。对于连续流电化学反应器，水力停留时间是其重要参数。

（4）温度

一般情况下，直接氧化过程所受温度影响很小，而间接氧化过程则主要受到温度的影响。一般地，反应温度高可促进污染物和电子的传递，有利于提高反应速率，但同时也会使产生的自由基失活加剧，导致反应速率下降。

3.6.2 溶液因素

（1）pH

初始 pH 影响直接氧化、间接氧化过程和粒子电极的吸附性能。溶液的 pH 值对降解产物有较大影响。不同的有机物、不同的降解方式所需各条件的最佳值不同[31]。在酸性介质中，苯酚降解的主要产物是对苯醌和对苯二酚。而在碱性介质中没有检测到这 2 种物质，但有聚合物形成[32]。pH 值对废水中污染物的去除效率对阳极直接氧化和间接氧化的影响是相反的。阳极直接氧化时，污染物的去除效率随 pH 的增加而降低，可能是析氧副反应增强所致。对于间接氧化，随着 pH 的增加，污染物的去除效率提高，这是因为在碱性较强的溶液中 H_2O_2 容易生成。

（2）电解质

一般，随着电解质溶液浓度的增加，槽电压降低，反应速率增大。但电解质投入量增大，处理费用增加，并且会增加处理后的溶液的电解质离子浓度。

（3）污染物初始浓度

随着废水中污染物初始浓度的增加，吸附氧化负荷增加，导致去除效率降低。三维电极反应器的填料粒子会部分失去吸附能力和催化能力，从而降低其使用寿命。污染物浓度超过一定值时，需要更高的电流或更长的处理时间。

（4）气流

在某些三维体系中，喷射空气可促进传质和为某些电化学反应提供氧气（如阴极生成的 H_2O_2）。同时，气流速率也可能决定这些粒子在三维反应器中是固定态还是流化态。

3.7　电化学氧化还原在污染物去除方面的应用

杨柳燕等[33]采用复合催化电解法对染料废水的处理进行了研究。采用石墨棒为阳极，铁棒为阴极，加入氢氧化铁和活性炭组成的复合催化剂，在电压 10 V、电流 0.1 A、电解时间 1.5 h 的条件下，废水 COD 去除率达 87.5 %～90.0 %，脱色率达 99 %～100 %。

童少平等[34]采用脉冲电解法预处理酸性偶氮类染料废水。在频率 600 Hz、脉冲电源峰值电压 12 V、占空比 50 %的条件下电解 40 min 后，废水 COD 去除率和脱色率分别为 59 %和 91.4 %。在相同条件下，脉冲电解法的电流效率是直流电解法的 2 倍左右。

Behrouzeh 等[35]对比光芬顿、电芬顿和光电芬顿处理有机污染物的效果，结果表明电芬顿效果最佳，当反应 120 min、pH 为 3 时，有机污染物降解率可达到 98.64 %。Oturan 等[36]比较了 50 多种组合，对 10 个电极（5 个阳极，5 个阴极）在电芬顿系统中对于 4-氨基水杨酸抗生素的去除性能进行了研究（图 3-22），通过氧化降解动力学、完全破坏对氨基水杨酸所需的时间、矿化电流效率、矿化率和能耗进行性能评价，结果表明，阳极和阴极的性能分别有以下顺序：阳极为 BDD＞PbO_2＞Ti_4O_7＞Pt≈DSA，阴极为海绵碳≥碳毡＞石墨＞不锈钢≈钛。

申哲民等[37]对印染废水分别用三维和平板式活性碳纤维电极进行电解，结果发现，三维电极比平板电极节能 70 %以上，且电解效果越好的染料，采用三维电极法电解，节能越明显。

聚苯胺/二氧化钛（$PANI/TiO_2$），是一种高效吸附剂，可分别通过酸和碱进行活化和再生，与电解过程中阳极产酸与阴极产碱相匹配。将 PANI/

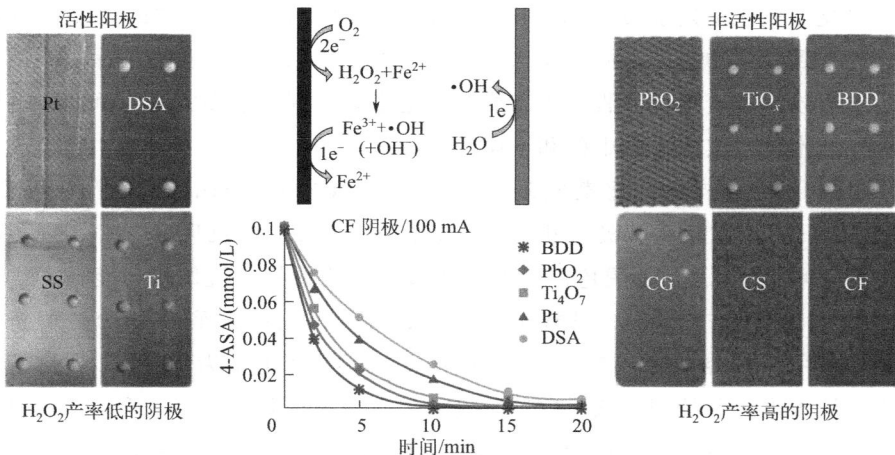

图 3-22　不同阳极和阴极对电芬顿过程降解 4-氨基水杨酸（4-ASA）的影响[36]

SS、CG、CS 和 CF 分别为不锈钢、石墨、海绵碳和碳毡

TiO$_2$ 引入电化学氧化系统，可富集 Ti/Sb-SnO$_2$ 阳极附近的污染物，强化体系传质过程。李晓良等[38] 将四种常用填料（石英砂、天然沸石、焦炭和活性炭）分别与 PANI/TiO$_2$ 均匀混合，设计了一种穿流式电解-吸附耦合反应器，并选取了典型染料酸性红 G 作为模拟污染物（图 3-23）。结果表明，电解和 PANI/TiO$_2$ 吸附之间存在协同效应。电解耦合 PANI/TiO$_2$ 吸附对酸性红 G 模拟废水具有较好的处理效果，脱色率和 COD 去除率远高于单独电解处理。同时，其中填充 PANI/TiO$_2$ ＋ 焦炭的电解-吸附耦合反应器对废水脱色和 COD 去除具有最大协同系数，分别为 62.5 ％和 61.7 ％，相比于单独电解处理，单位 COD 能耗下降 65.3 ％。

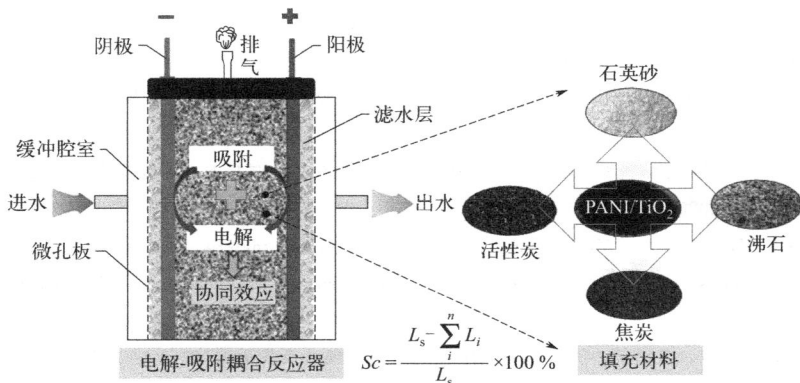

$$Sc = \frac{L_s - \sum_i^n L_i}{L_s} \times 100 \%$$

图 3-23　电解-吸附耦合反应器结构与填充材料[38]

电化学氧化工艺水质适用范围广，通常在废水处理过程中的尾端深度净化，以达到污染物超低排放的净水要求。除了强化水中污染物的去除，利用电催化氧化技术从废水中回收资源和能源化也逐渐受到了很多关注。例如，电催化氧化技术可以实现废水中硫和金属的回收。

电催化氧化技术也逐渐实现了扩大化和规模化。Huang 等[39] 以 Ti/PbO$_2$ 为阳极、Ti 板为阴极，开发了有效容积 2.8 m^3 的反应装置，实现了废水中 COD 的氧化去除、脱色以及水质消毒。该装置的电流效率、能耗、操作费用分别为 32.8 %、42.3 kW·h/kg（COD）、0.44 美元/t（水）。黄新文等[40] 采用有效容积为 7.5 m^3 的电芬顿反应器对产生量为 120 m^3/d 的茶多酚生产废水进行预处理。该反应器阳极采用不锈钢，阴极采用石墨板，同时配备 600 W 的可调式直流电源作为能源，预处理后的 COD 去除率为 50.2 %，处理费用为 0.426 元/kg（COD）。同时，商品化的模块式电氧化设备也在不断推广应用。例如，2017 年 7 月开始，徐州工业园污水处理厂的末端配备了 6 套 EP-凯森电催化氧化设备进行废水的深度处理，处理能力可达 2000 m^3/d，电耗＜5 kW·h/m^3，出水水质可满足废水一级 A 的排放标准[5]。

参考文献

[1] 周振，姚吉伦，庞治邦，等. 电絮凝技术在水处理中的研究进展综述 [J]. 净水技术，2015，34（5）：9-15，38.

[2] 李春彤，任会学，林姝羽，等. 难降解废水污染治理中 DSA 电极的优化研究进展 [J]. 工业水处理，2023，43（08）：48-56.

[3] 韦震，康轩齐，徐尚元，等. 电化学氧化有机污染物的研究进展 [J]. 化工时刊，2020，34（08）：29-34.

[4] Zhou Q，Liu D，Yuan G，et al. Efficient degradation of phenolic wastewaters by a novel Ti/PbO$_2$-Cr-PEDOT electrode with enhanced electrocatalytic activity and chemical stability [J]. Separation and Purification Technology，2022，281：119735.

[5] 周雨珺，吉庆华，胡承志，等. 电化学氧化水处理技术研究进展 [J]. 土木与环境工程学报（中英文），2022，44（03）：104-118.

[6] 代朝猛，王泽雨，段艳平，等. 过硫酸盐高级氧化技术在土壤和地下水修复中的研究进展 [J]. 材料导报，2020，34（S1）：107-110，127.

[7] Nair K M，Kumaravel V，Pillai S C. Carbonaceous cathode materials for electro-Fenton technology：Mechanism，kinetics，recent advances，opportunities and challenges [J]. Chemosphere，2021，269：129325.

[8] 杨爽，王雪峰，范雪健，等. 高级氧化技术的研究现状及发展展望 [J]. 工业催化，2024，32（02）：26-33.

[9] 吴娜娜，郑璐，李亚峰. 三维电极法处理有机废水的研究进展 [J]. 工业水处理，2016，36

(08)：11-15.

[10] Engwall M A，Pignatello J J，Grasso D．Degradation and detoxification of the wood preservatives creosote and pentachlorophenol in water by the photo-Fenton reaction [J]．Water Research，1999，33 (5)：1151-1158.

[11] 沈丹红，姚建国，林敏，等．典型全氟烷基酸的光/电催化降解：性能提升策略与反应机制 [J]．环境化学，2023，42 (08)：2714-2729.

[12] 张腾云，范洪波，廖世军．联合电催化氧化处理难降解有机废水研究进展 [J]．工业水处理，2009，29 (06)：1-4.

[13] 黄金鑫，杨海，李海峰，等．电化学氧化还原法降解卤代有机污染物的研究进展 [J]．化学试剂，2017，39 (01)：29-36.

[14] 畅子雯，邵鹏辉，陈冀陶，等．废水中重金属的选择性去除与资源化回收研究进展 [J]．工业水处理，2023，43 (07)：1-13.

[15] 张轩，宋小三，王三反．电化学三维电极技术处理废水的研究与应用进展 [J]．应用化工，2021，50 (02)：532-535，541.

[16] 程佳鑫，李荣兴，杨海涛，等．三维电催化氧化处理难生化降解有机废水研究进展 [J]．环境化学，2022，41 (1)：288-304.

[17] 肖羽堂，陈苑娟，王冠平，等．难降解废水电催化处理研究进展 [J]．工业水处理，2020，40 (06)：1-6.

[18] 孟祥涛，崔新安，刘旭霞．三维电极法处理含油废水的研究进展 [J]．石油化工腐蚀与防护，2018，35 (02)：1-5.

[19] 董献堆，陈平安，陆君涛，等．电解用三维电极体系的研究与发展 [J]．化学通报，1997 (05)：13-20.

[20] 关蕾，董家利．三维电极在污水处理技术中的研究与应用 [J]．辽宁化工，2012，41 (11)：1139-1141.

[21] 周俊，周彦怡，郑友臣，等．三维电解法处理难降解废水中的粒子电极研究进展 [J]．湖南城市学院学报（自然科学版），2023，32 (03)：72-78.

[22] 赵丹荻，何亚鹏，翟重渊，等．电催化氧化技术降解水中抗生素类污染物研究进展 [J]．环境化学，2023，42 (12)：4104-4116.

[23] Comninellis C．Electrocatalysis in the electrochemical conversion/combustion of organic pollutants for waste water treatment [J]．Electrochimica Acta，1994，39 (11-12)：1857-1862.

[24] 沈燕婷，李瑶，伍心怡，等．钛基底二氧化铅电催化阳极的改性及其应用进展 [J]．中国环境科学，2024，44 (02)：859-876.

[25] 李佳惠．硼掺杂金刚石结构设计和耐热性研究 [D]．济南：山东大学，2018.

[26] Kraft A．Doped diamond：A compact review on a new，versatile electrode material [J]．International Journal of Electrochemical Science，2007，2 (5)：355-385.

[27] 赵国华，肖晓娥，祁源，等．金刚石膜电化学处理污染物的研究 [J]．工业水处理，2005，25 (6)：17-19.

[28] Suss M E，Baumann T F，Bourcier W L，et al．Capacitive desalination with flow-through electrodes [J]．Energy & Environmental Science，2012，5 (11)：9511-9519.

[29] 吉庆华. 高性能石墨烯电极材料制备及吸附/分离/转化中重金属的作用机制 [D]. 北京：中国科学院大学，2015.

[30] 朱福艳，李晓良，路思佳，等. 基于穿流式的电催化氧化降解全氟化合物的研究进展 [J]. 水处理技术，2023，49（12）：69-75，82.

[31] 李林新，曾新昌，廖林辉，等. 电解-尾液直接氧化法处理含酚废水 [J]. 化工环保，1990，10（1）：24-26.

[32] Comninellis C，Pulgarin C. Anodic oxidation of phenol for waste water treatment [J]. J Appl Electrochem，1991，21（8）：703-708.

[33] 杨柳燕，许翔，朱水元，等. 复合催化电解法处理染料工业废水 [J]. 中国环境科学，1998，18（6）：557-560.

[34] 张蓉，魏状，王勋华，等. 脉冲电解法预处理酸性染料废水 [J]. 环境工程学报，2010，4（09）：1941-1944.

[35] Behrouzeh M，Parivazh M M，Danesh E，et al. Application of photo-Fenton, electro-Fenton, and photo-electro-Fenton processes for the treatment of DMSO and DMAC wastewaters [J]. Arabian ournal of Chemistry，2022，15（11）：104229.

[36] Oturan N，Bo J，Trellu C，et al. Comparative performance of ten electrodes in electro-Fenton process for removal of organic pollutants from water [J]. ChemElectroChem，2021，8（17）：3294-3303.

[37] 申哲民，王文华，贾金平，等. 不同形式电极与染料溶液的反应及其能耗 [J]. 环境污染治理技术与设备，2000（2）：21-25.

[38] 李晓良，徐浩，路思佳，等. 穿流式电解-吸附原位耦合强化染料降解与机理分析 [J]. 水处理技术，2023，49（2）：81-86，97.

[39] Huang G，Yao J，Pan W D，et al. Industrial-scale application of the plunger flow electro-oxidation reactor in wastewater depth treatment [J]. Environmental Science and Pollution Research，2016，23（18）：18288-18295.

[40] 黄新文，伊欣欣，诸晶晶，等. 电芬顿耦合 UASB-接触氧化工艺处理茶多酚生产废水 [J]. 中国给水排水，2019，35（24）：100-103.

第<big>4</big>章

电絮凝和电气浮

电絮凝又称电混凝。电混凝和化学混凝均是利用金属离子铝或铁及其水解聚合产物的混凝作用去除水中胶体和悬浮物。在电混凝过程中多种作用共同作用于污染物，这些作用包括絮凝、偶极化、氧化、还原、气浮等。阴极可吸附有价金属，利于回收资源化。电絮凝技术应用范围很广，可以有效去除水中的COD、重金属、氟化物和有毒有害物质并脱色。其研究范围几乎涵盖了废水处理的各个领域。电絮凝具有效率高、污泥产量小、不需要外加化学药剂、设备简单、操控维护方便、易于自动化控制、占地面积小等优点。然而，电凝聚用于水处理的潜能尚未完全显现，因为它还存在若干缺点。例如，需要定期更换阳极；耗电量大；极板易钝化；溶液要保持一定的电导率等。针对上述问题，今后的研究还需在以下几个方面进行：①机理研究。由于电凝聚技术包含电絮凝、电气浮、电解氧化还原，应当分析三者的影响因素及相互作用，将这三种技术的潜能充分发挥出来。对电极钝化原因进行深入分析以减少钝化发生。剖析电絮凝的能耗与其他因素的关系，研究氢气回收机理以降低能耗。②新型电极的应用。电极材料具有耐腐蚀、不易钝化、导电性能好、寿命长、不需更换或更换周期长等优点。改善电极材料的成分、尺寸及表面结构，以尽量避免钝化，延长电极使用寿命。可采用更广泛的电极材料和更加多样的极板几何形状。电极由铁、不锈钢或铝等向多种材料发展，同时极板的形状也由平板向球形、杆状、网状和管状发展。推荐采用三维电极，因为三维电极的表面体积比大、粒子间距小，可促进电解池的电子传递和传质效率。③反应器的设计优化。提高传质效率，优化电压、电流分布，减少极化和钝化，增大体积，提高时空产率，由传统的间歇处理单元向连续处理单元发展。④从供电方式上提高电流效率和解决极板钝化。交流的极性变化，脉冲式、高电压小电流、间歇式等供电方式，可以有效解决电极的钝化问题。⑤将电絮凝技术和其他工艺进行组合。

电气浮既是电絮凝水处理过程中的一个重要组成部分，同时也能作为一项独立水处理工艺。电气浮具有污染物去除效率高、去除的污染物范围广、产生的污泥量少、占地少、无噪声、易实现自动化等优点，同时还有其他气浮设备无法实现的氧化、脱色和杀菌等作用，与其他气浮法相比具有一定的优势。但其存在处理能力小、能耗大、电解过程放出氢气有爆炸危险、电极易钝化、运行费用较高等缺点。同时对于可溶性阳极，还存在极板消耗过快的问题。因此，深入研究电气浮机理，应用新型电极材料，改进电解槽结构，有效解决极板消耗、能耗问题，确定最优操作条件，研究电气浮去除污染物的动力学过程，将是未来研究的重点。

4.1　电絮凝

4.1.1　电絮凝作用机理

4.1.1.1　电絮凝的基本原理

电絮凝的基本原理是：将金属电极（铝、铁、不锈钢等）置于被处理的水中，然后通以直流电，此时金属阳极发生电氧化反应，溶出 Al^{3+} 或 Fe^{2+} 等离子并在水中水解发生混凝或絮凝作用。电絮凝是将配位吸附与氧化还原、酸碱中和、气浮分离相结合的水处理工艺。胶体和悬浮态污染物在混凝、气浮和氧化作用下均可得到有效转化和去除。在电化学反应器中，电絮凝、电气浮、电化学氧化还原往往是同时发生的。采用铝作为阳极时电絮凝的基本原理如图 4-1 所示。

金属的电化学溶解主要包括阳极溶解和化学溶解。Al 阳极的电流效率可以达到 120 %～140 %，Fe 阳极的电流效率接近 100 %。在外加低频声场的作用下，Fe 电极的电流效率亦可超过 100 %。按照 Faraday 定律，金属离子的溶出与电量（即电解时间与电流的乘积）成正比。通常污染物的去除存在一个临界电流密度，超过临界值后继续提高电流密度时，出水水质不会有明显的提高和改善。

4.1.1.2　电絮凝涉及的反应

牺牲电极上的氧化反应取决于阳极的材料。Fe、Al 阳极在电絮凝中的反应如表 4-1 所示。当处理的水中含有 Cl^- 时，阳极会发生 Cl^- 的电解及 Cl_2 的水解反应。

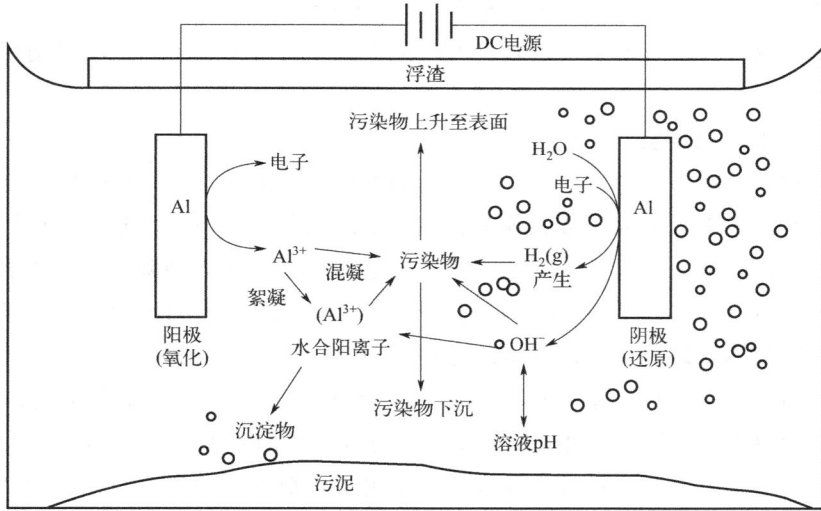

图 4-1　电絮凝的基本原理示意图

表 4-1　铁、铝阳极电絮凝反应式[1]

条件		铁	铝
碱性	阳极	$Fe(s) \rightleftharpoons Fe^{2+} + 2e^-$	$Al(s) \rightleftharpoons Al^{3+} + 3e^-$
	阴极	$2H_2O + 2e^- \longrightarrow H_2 + 2OH^-$	$3H_2O + 3e^- \rightleftharpoons 1.5H_2 + 3OH^-$
	沉淀	$Fe^{2+} + 2OH^- \rightleftharpoons Fe(OH)_2$	$Al^{3+} + 3OH^- \rightleftharpoons Al(OH)_3$
	总体	$Fe(s) + 2H_2O \rightleftharpoons Fe(OH)_2 + H_2$	$Al(s) + 3H_2O \rightleftharpoons Al(OH)_3 + 1.5H_2$
酸性	阳极	$4Fe(s) \rightleftharpoons 4Fe^{2+} + 8e^-$	$Al(s) \rightleftharpoons Al^{3+} + 3e^-$
	阴极	$8H^+ + 8e^- \rightleftharpoons 4H_2$	$3H^+ + 3e^- \rightleftharpoons 1.5H_2$
	沉淀	$4Fe^{2+} + 10H_2O + O_2 \rightleftharpoons 4Fe(OH)_3 + 8H^+$	$Al^{3+} + 3H_2O \rightleftharpoons Al(OH)_3 + 3H^+$
	总体	$4Fe(s) + 10H_2O + O_2 \rightleftharpoons 4Fe(OH)_3 + 4H_2$	$Al(s) + 3H_2O \rightleftharpoons Al(OH)_3 + 1.5H_2$
含 Cl^-	阳极	$2Cl^- \longrightarrow Cl_2 + 2e^-$；$Cl_2 + H_2O \longrightarrow HClO + H^+ + Cl^-$；$HClO \longrightarrow H^+ + ClO^-$	

Fe^{2+} 进入水中与 OH^- 结合形成 $Fe(OH)_2$。在空气中氧的参与下 $Fe(OH)_2$ 氧化成 $Fe(OH)_3$：

$$4Fe(OH)_2 + 2H_2O + O_2 \longrightarrow 4Fe(OH)_3 \tag{4-1}$$

$$4Fe^{2+} + 8OH^- + O_2 + 2H_2O \longrightarrow 4Fe(OH)_3 \tag{4-2}$$

$Fe(OH)_2$ 和 $Fe(OH)_3$ 絮状物吸附在污染物表面，并用沉淀和过滤方法从水中除去。在水中溶解 1 g 铁相当于加入 2.904 g $FeCl_3$ 和 7.16 g $Fe_2(SO_4)_3$。处理同样的废水到同一指标时所需要的金属量，电絮凝只需化学凝聚的 1/3 左右。

4.1.1.3　金属离子及其水解聚合产物的作用

金属离子及其水解聚合产物具有压缩双电层、吸附电中和、吸附架桥和卷扫网捕作用[2-4]。

（1）压缩双电层

胶粒与扩散层形成电位差，即胶体的电动电位或 Zeta（ζ）电位，当胶体粒子之间的静电斥力大于或者等于胶体粒子间的范德华力时，胶体颗粒间不能发生凝聚，胶体系统呈稳定状态。降低粒子间的静电斥力即降低体系ζ电位能使胶体发生凝聚。改变系统的离子种类或浓度，或改变 pH 等条件，可降低ζ电位而使胶体开始凝聚。在电絮凝过程中，金属牺牲阳极反应时会向系统中释放金属离子，进而导致系统中带正电荷离子浓度升高。对于带负电的胶体粒子，在静电引力和吸附作用下，金属阳离子会与胶体扩散层相融合，从而减小扩散层的范围。同时，扩散层原有的与吸附层电荷相反的离子与增加的"反离子"相互排斥，部分"反离子"被挤压进入吸附层，导致扩散层缩小，胶体系统的ζ电位降低，胶体颗粒之间的静电斥力减小，互斥作用减弱，使胶体脱稳而逐步发生凝聚和絮凝［图 4-2(a)］。

（2）吸附电中和

吸附电中和是指胶体表面电荷与带相反电荷的粒子相互吸附，使得胶体颗粒间的斥力下降，胶体脱稳并发生絮凝的过程，如图 4-2（b）所示。吸附电中和与压缩双电层的作用力不同。压缩双电层是利用带电粒子间静电作用缩小扩散层，从而缩小其电动电位。吸附电中和是指利用粒子间的表面配位、疏水缔合、氢键、范德华力、化学键和离子交换吸附等作用力减少胶体表面电荷。两种作用机制形成的絮体也存在差别。压缩双电层作用生成的絮体颗粒较大、结构疏松、易被破坏而再次变成胶体。吸附电中和作用产生的絮体较紧密、比表面积小、不易回到胶体状态。

（3）吸附架桥

絮凝剂在溶液中水解形成的高分子聚合物与胶粒相互吸附的过程称为吸附架桥。吸附架桥是胶体粒子表面的吸附位点被聚合物的活性基团占据，聚合物利用与胶体间的桥接作用使溶液中不同颗粒碰撞连接在一起，脱稳并形成絮体的过程［图 4-2(c)］。吸附架桥过程也是由氢键、范德华力和静电引力等共同作用而导致的。絮凝剂的吸附架桥作用使带有相同电荷的胶体颗粒发生絮凝，当胶体双电层间的斥力太大时，无法形成架桥，需要改变溶液的离子浓度或改变 pH 条件才能重新产生吸附架桥作用。另外，高分子扩散速度较慢，往往需要搅拌以提高其扩散速度。高分子絮凝剂的絮凝作用一般不如离子型絮凝剂明

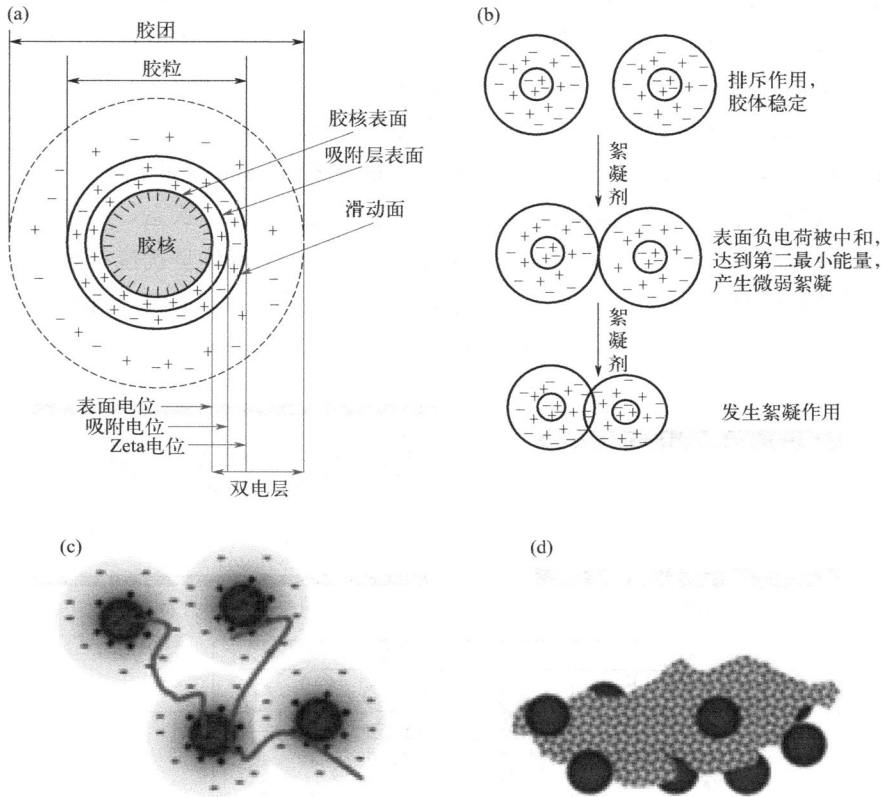

图 4-2　金属离子及其水解聚合产物的作用

（a）压缩双电层[2-3]；（b）吸附电中和[2-3]；（c）吸附架桥[4]；（d）卷扫网捕[4]

显，同时吸附架桥形成的絮体易分散而再次变成胶体状态。

（4）卷扫网捕

在电絮凝过程中，金属离子浓度不断提高并发生水解，当其浓度超过一定范围时，会形成金属水解聚合物的沉淀物，这类沉淀物往往具有较大的比表面积，与胶体颗粒相遇时会通过卷扫网捕作用形成沉淀，从而达到去除胶体物质的目的，如图 4-2(d) 所示。

4.1.1.4　偶极化粒子

除了上述与化学混凝过程相似的絮体形成过程外，在电絮凝过程中，由于粒子的电荷分布被电场改变，粒子间相互作用形成絮体。电场作用驱动的絮凝过程主要包含粒子偶极化、粒子聚合和絮体形成 3 个步骤（图 4-3）。a. 粒子偶极化：粒子内部电荷在外电场作用下重新分配，正电荷偏向负极板，负电荷偏向正极板，此过程称为粒子偶极化。水分子也会产生偶极化效应，同时使包围杂质的水合力减弱，粒子便拥有较高的自由度。当粒子进入电场后，偶极化立即产生，电场消失，偶极化粒子慢慢恢复原状。b. 粒子聚合：在流动过程中，由于正负电荷相互吸引，使两个粒子互相接近结合成新的粒子，此新的粒子在电场中再重新被偶极化，成为一个更大的带有正负电荷的粒子。c. 絮体形成：当粒子与周围的粒子碰撞结合后，由于水流处于稳定状态，不易再与其他粒子碰撞形成更大的絮体。因此，借助流道设计，使流体呈扰流状态，以增加粒子的碰撞机会。经过反复碰撞结合后，许多粒子可以成长至原来的 $10^3 \sim 10^4$ 倍，粒径可由 $100 \sim 1000$ Å 增大至 $0.1 \sim 1$ mm。

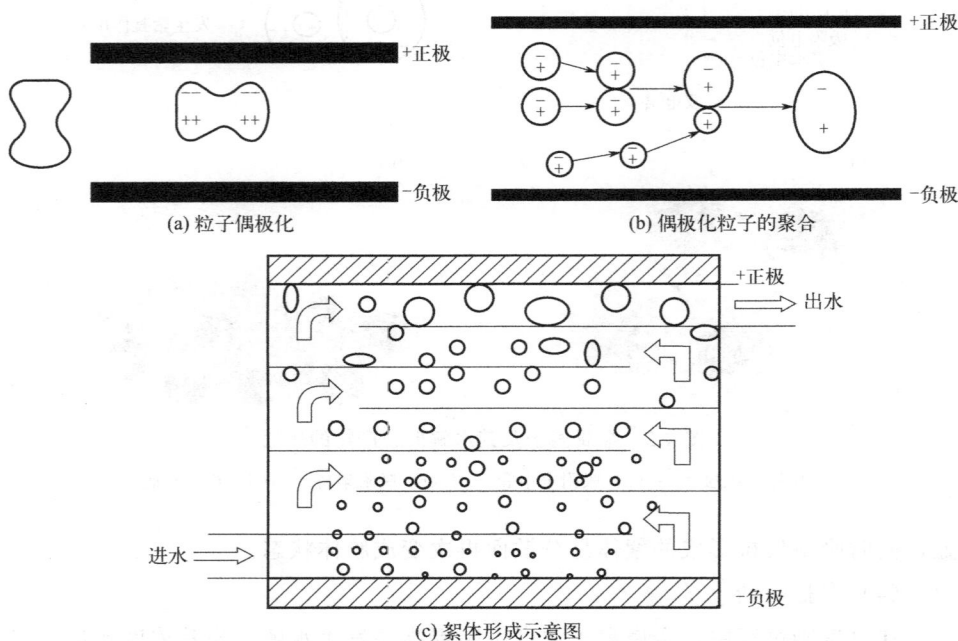

(a) 粒子偶极化　　　　　　　(b) 偶极化粒子的聚合

(c) 絮体形成示意图

图 4-3　电场偶极化形成絮体过程示意图

4.1.1.5　阳极钝化及其消除

电絮凝处理过程中，由于水中通常含有 Ca^{2+} 和 Mg^{2+}，因此阴极附近 pH 的升高（CO_2 溶于水生成 HCO_3^-，HCO_3^- 遇到 OH^- 生成 CO_3^{2-}）引起 $CaCO_3$ 和 $MgCO_3$ 析出导致电极发生极化和钝化。而且，Al 电极在电解过程中表面上会形成氧化物薄膜（Al_2O_3）也会导致电极表面钝化。阳极钝化是限制电絮凝技术应用的主要因素。钝化膜的存在会导致阳极溶解速度减缓、电流效率降低和运行电耗增加。消除钝化的措施有：a. 电极处理。电极表面抛光；

周期性改变电极极性；机械或电化学清洗电极表面。倒换电极极性后，在倒换前阳极表面的 Al_2O_3 氧化物薄膜被还原，阴极表面的碳酸盐被阳极表面和附近的 H^+ 溶解。研究和实践表明，倒极周期以 15 min 为宜。b. 溶液处理。加点蚀活性离子，如 Cl^- 等；提高介质流速与增加曝气量；提高凝聚反应系统的温度。当向溶液中添加不同的阴离子时，在一定条件下，会使钝化的 Al 阳极活化。阴离子的作用能力顺序为 $Cl^- > Br^- > I^- > F^- > ClO_4^- > OH^-$ 和 SO_4^{2-}。Cl^- 活化作用的机理与它的几何尺寸不大和渗透性有关，可使钝化膜破坏。c. 外加低频声场。外加低频声场可以提高电凝聚反应器内的传质速率、减小扩散双电层厚度、活化电极表面、提高电极表面温度。但应注意声场强度不宜过高，避免破坏已经生成的絮体。

4.1.2　电絮凝的影响因素

电絮凝技术的工艺流程一般包括预处理、pH 值调节、絮凝反应、沉降分离、絮凝物脱水等步骤，如图 4-4 所示。影响电絮凝过程的因素主要包括：外加电压、电极因素（电极材料、电流密度、电极间距、电极的连接方式等）、溶液因素（pH、电导率、阴阳离子种类和数量）、水温等。

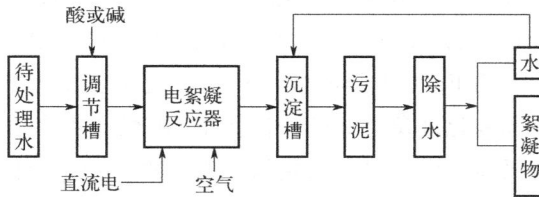

图 4-4　电絮凝法净水工艺流程图[5]

4.1.2.1　外加电压

陈雪明提出了计算分解电压的半经验公式[6-7]：

铁板作电极材料：　　　　　　$U = (d/\kappa + 0.04)i + 0.4$　　　　　　　(4-3)

铝板作电极材料：　　　　　　$U = (d/\kappa + 0.04)i + 1.0$　　　　　　　(4-4)

式中，U 为单元分解电压，V；d 为电极间净距离，m；κ 为被处理水的电导率，S/m；i 为电流密度，A/m^2。由式（4-3）与式（4-4）可知：i、d 及电流泄漏率越小，能耗 E 越小。但 κ 的情况较复杂，当 κ 较小时，E 随 κ 的增大而下降，当 κ 超过某一限值时，随着 κ 的增大，E 也增大。

电絮凝的电源主要分为直流电源和脉冲电源。直流电源使用方便、操作简单、运行稳定，但其缺陷在于电流连续使用，会造成不必要的能耗增加和极板钝化加剧。电源技术的改进主要为采用脉冲电源或者周期换向电流。施加脉冲信号，电极上的反应时断时续，有利于扩散，降低浓差极化，从而降低能耗。而当电解槽施加交流电信号时，由于两极均可溶，可从两极产生阳离子，更有利于金属离子与胶体间的作用。由于两极极性周期性变化，对防止电极钝化也起到了积极作用。

4.1.2.2 电极因素

（1）电极材料

电极材料是电絮凝过程的核心。电极材料主要有铁、铝、镁、锌、不锈钢、合金等。目前常用的可溶性电极是铝和铁。虽然铝离子要比铁离子的凝聚效果好，但从实用和经济角度看，在废水处理中还是使用铁比铝更方便和适合。目前在废水处理中普遍使用 A3 钢板作为电极。与 Al^{3+} 相比，Fe^{2+} 由于其较低的正电荷，是一种较弱的混凝剂。铁极板产生的絮体小而密实，沉降快，但出水因含 Fe^{3+} 而显黄色，断电时铁极板易继续锈蚀。而铝电极产生絮体速度快、无色度生成、絮体颗粒大且吸附能力强，但沉淀松散、沉降缓慢，不利于后续处理。铝、铁板既可作单一电极又可联合使用。

不同极板对不同性质的目标污染物的处理效果有很大不同。齐学谦等[8]分别采用铁、铝电极对砷、氟进行去除，结果表明铝极板对氟的去除效果较好，而铁极板对砷的去除效果较好。对于饮用水处理，通常采用 Al 作为阳极。这主要是由于采用 Fe 作为阳极时，Fe 的消耗量要比使用 Al 大 3～10 倍，并且经常出现极化和钝化现象。此外，使用 Fe 阳极时水在电极之间停留的时间更长。对于重金属离子的去除，采用铁作为阳极时费用较低，同时可以获得更好的处理效果。强化浮上要求时，比如对于油、脂及表面活性剂等，Al 要优于 Fe。当水中 Ca^{2+}、Mg^{2+} 含量较高时，宜选取不锈钢作为阴极。

（2）电流密度

电流密度决定具有混凝作用的阳离子产量、气泡产生量及大小、溶液混合程度、物质传递效率及絮凝体的尺寸大小。在一定范围内，电流密度增大会使处理效果变好。当电流密度过大时，处理效果没有明显增加，电极极化和钝化现象加剧，极板和电能消耗增加。由于阴极析氢过于剧烈，大量铝絮体会被上浮的微气泡迅速带出水面，缩短铝絮体与金属离子的有效接触时间。有研究表明，为使电絮凝长期运行，电流密度宜在 20～25 A/m^2 范围内。

（3）电解时间

电解时间主要影响絮凝剂和气泡的产量。电解时间如果小于最佳反应时间则会导致电絮凝过程未产生足够的与目标污染物反应的絮凝剂或者没有足够的反应时间。而超过最佳反应时间时，去除率基本不变，但是能耗增加。电解时间可在 5～20 min 内选取。

（4）电极间距

极板厚度一般是 1～2 mm，适宜的极板间距为 0.5～2.5 cm。板间距过大或过小均不利于提高电絮凝效率和降低能耗[9]。

4.1.2.3 溶液因素

（1）pH

pH 对电极溶解、溶液的电导率、ζ 电位和絮凝体形态会产生一定的影响。另外，H^+ 或 OH^- 直接参加反应或起着催化剂的作用。表 4-2 给出了 pH 对絮凝形态的影响（以铝极板、铁极板电絮凝为例）。pH 过低不利于絮凝剂的生成，但是 pH 过高铝或铁的氢氧化物又会溶解。因此通常电絮凝剂适宜的 pH 为中性或弱酸、弱碱性（pH 在 6～10）。然而，pH 还影响污染物和絮凝剂表面电荷的分布，而各种絮凝剂在水中等电位所对应 pH 不同，因此 pH 的选取还应视具体水质而定：对于含砷、Cr^{3+}、F^- 和染料的废水，pH 分别约为 7.5、5.0、6.0 和 8.5[9]。

表 4-2　pH 对电絮凝体的影响[10-11]

极板	pH	主要絮凝体形态	主要作用效果
铝极板	强酸性	$Al(H_2O)_5OH^{2+}$；$Al(H_2O)_4OH^{2+}$	通过电荷中和作用对带负电污染物进行去除
	中性、弱酸性、弱碱性	无定形$[Al(H_2O)_3]_n$	直接吸附，吸附效果较好，是 Al 絮体吸附作用的主要形态
	强碱性	$Al(OH)_4^-$	吸附作用较差，应避免这种形态出现
铁极板	强酸性	Fe^{3+}	几乎无吸附能力，应避免这种形态出现
	中性、弱酸性、弱碱性	高比表面积的无定形 $Fe(OH)_3$	吸附能力强，是 Fe 絮体吸附作用的主要形态
	强碱性	$Fe(OH)_4^-$	吸附作用较差

在化学混凝过程中，一般需加入碱以调节出水的 pH，这是因为混凝剂中的金属离子水解通常导致溶液 pH 降低。在电絮凝过程中，当进水 pH 在 4～9 的范围内时处理后水 pH 通常会有所提高，这是由于阴极的析氢作用产生 OH^- 以及 SO_4^{2-}、Cl^- 置换了 $Al(OH)_3$ 中的 OH^-，阴极析氢使水中 CO_2 析出也是可能的因素；但当进水 pH＞9 时，电絮凝出水的 pH 通常会下降。由

此可见，电絮凝对于所处理废水的 pH 具有一定的中和作用。

（2）电解质

当溶液电导率较低时，需要加入电解质来提高其导电性。通常采用加入 NaCl 的方法来提高溶液的电导率，也有采用将处理水与一定比例海水混合的办法。Cl^- 的加入还可消除 CO_3^{2-}、SO_4^{2-} 对电絮凝过程的不利影响。CO_3^{2-} 和 SO_4^{2-} 的存在会导致处理水中的 Ca^{2+} 和 Mg^{2+} 在阴极表面沉积，形成一层不导电的化合物。Cl^- 在阳极能生成具有强氧化性的 Cl_2 和 HClO，可降解有机物；同时，由于 Cl^- 半径小、穿透能力强，易吸附于阳极并与金属形成可溶性化合物，加速金属钝化层的溶解。然而，氯也可能与有机物发生氯化反应生成高毒性的有机氯化物。NaCl 质量浓度大于 1.0 g/L 后去除率基本相同。因 Cl^- 本身对电极极板有腐蚀作用，高浓度的 NaCl 溶液会缩短极板的使用寿命，因此 NaCl 的质量浓度应以 1.0 g/L 左右为佳。也有报道称在电絮凝处理过程中 Cl^- 的含量应控制在总阴离子含量的 20 ％左右[12]。

（3）进水浓度

污染物成分复杂、种类多，不同废水的进水浓度与处理效果之间的关系差异很大，有的废水低浓度时处理效果好，有的则相反。

（4）水中阴离子和阳离子

影响电絮凝过程的阴离子主要有 Cl^-、HCO_3^- 和 SO_4^{2-} 等，NO_3^- 对电絮凝过程基本没有影响。Cl^- 使得铝阳极处于活化状态，电流效率大于 100 ％。此外，Cl^- 在电解过程中会生成活性氯，可杀灭水中的病毒和细菌等，消毒效果明显。SO_4^{2-} 和 HCO_3^- 使铝的阳极溶解过程减慢，SO_4^{2-} 抑制 Cl^- 的活化作用。水体中 $H_2PO_2^-$ 的存在对电絮凝处理效果会产生不利影响。还原性的 $H_2PO_2^-$ 在阳极失电子易氧化为 PO_4^{3-}，PO_4^{3-} 可置换出 $Al(OH)_3$ 中的 OH^-，导致没有足够的 Fe、Al 与 OH^- 反应，减少了絮体的产生。

水体中钙镁离子会在电絮凝过程中形成吸附在电极表面的钝化膜，阻碍反应的持续进行。水中微溶的 CO_2 与 Ca^{2+} 反应生成 $Ca(HCO_3)_2$，随着阴极反应产生的 OH^- 的增加，$Ca(HCO_3)_2$ 迅速生成难溶物 $CaCO_3$。Mg^{2+} 则与阴极产生的 OH^- 结合生成难溶的 $Mg(OH)_2$。

（5）水温

在 2～80 ℃范围内水温对铝阳极溶解过程的影响见表 4-3。当温度从 2 ℃变化到 30 ℃时，电流效率增长迅速。当温度为 60 ℃和更高时，电流效率下降。电流效率的增加是由于水温升高时，在氧化膜破坏的地方铝与水化学反应速度增加，这种现象也发生于电解初期和电流密度增大时（由于氧化膜破坏过程的强化）。当进一步提高水温时，铝的电流效率降低，这与大气孔铝阳极中由于水化和膨胀作用而引起的胶体氢氧化铝的容积紧密性有关，此时胶态离子间的空间收缩并且大气孔产生部分封闭现象。

表 4-3　电絮凝过程中电耗与水温的关系

水温/℃	2	10	20	30	40	50	60	70	80
电压/V	4.5	4.3	4.0	2.9	2.65	2.5	2.1	1.8	1.5
电耗/(W·h/m³)	4.0	3.8	3.6	2.6	2.4	2.3	1.9	1.6	1.3

（6）水的流动状态

通常，在电絮凝反应器中采用各极板间水流并联，这样结构上较为简单，但并联后水流速度仅为 3~10 mm/s，这样低的流速不利于电解时金属离子的迅速扩散和絮体的良好形成与充分吸附。此外，还会造成极板钝化。反之，当水流速度过高时会使已经形成的絮体破碎。因此建议电絮凝反应器内流体流动时 $Re > 4400$，为此可采用流道部分并联然后串联的方式来保证水流速度。

（7）氧气

Bandaru 等[13] 认为铁电极絮凝除砷过程中有四价铁离子中间体生成，反应时间短，三价砷没有完全被氧化或二价铁没有生成有效的絮凝剂，导致三价砷的去除率较低。因此，设计了空气辅助铁阴极电絮凝反应器，如图 4-5，并用于含砷地下水絮凝处理研究，发现阴极原位产生的 H_2O_2 可将二价铁离子氧化成三价铁形成絮凝剂，在电荷密度为 600 C/L 的条件下反应 30 s，能成功地将砷浓度从 1464 μg/L 降低至 4 μg/L，极大地缩短了絮凝反应时间。

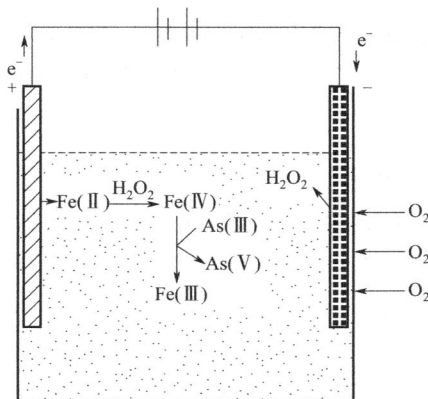

图 4-5　空气辅助铁阴极电絮凝技术原理[5]

4.1.3　电絮凝成本计算及能源回收

电絮凝设备的总运行成本（TCO）可以按照以下公式估算：

$$TCO = Ax + By + Cz + Dt + E + F$$

式中，A 为电絮凝每方废水的电耗，$kW \cdot h$；x 为电的价格，元/$kW \cdot h$；B 为电絮凝每方废水消耗的电极板的质量，kg；y 为电极板的价格，元/kg；C 为电絮凝每方废水产生的固体废物，kg；z 为固体废物的运输处理成本，元/kg；D 为每方废水处理过程中添加的化学药品，kg；t 为添加的化学药品的价格，元/kg；E 为维护保养成本，元；F 为人工成本，元。阳极极板损耗可以通过法拉第定律计算：

$$m = ItM/(zF) \tag{4-5}$$

式中，m 为阳极金属溶解质量，g；I 为电流，A；t 为运行时间，s；M 为摩尔质量，g/mol；z 为参与反应的电子数；F 为法拉第常数，$96485C/mol$[14]。

Phalakornkule 等[15] 结合电絮凝器、气体分离罐和沉淀分离器，首次实现电絮凝处理染料废水的同时回收氢气，回收氢气所产生的能量为 $0.2\ kW \cdot h/m^3$，实际回收量与理论产氢量相差 $6\ \%\sim11\ \%$。回收氢气所产生的能量是电絮凝所耗电能的 $8.5\ \%\sim13.0\ \%$。电絮凝产氢需要整个系统保持密闭状态，否则不仅会减少氢气的产量，也会降低其纯度。此外，如何减少氢气溶于出水而流失也是需要解决的问题。

4.1.4　电絮凝反应器的设计

电絮凝反应器的运行方式有间歇式和连续式两种，通常采用后者。就污染物的去除方式而言，当电流密度较低时，污染物主要通过沉淀的方式去除。而当电流密度较高时，电极表面释放出的大量气泡可以使污染物上浮分离。因此，在设计电絮凝反应器时，应该根据污染物的种类和数量来确定合适的反应器构型、操作参数和分离方式。

4.1.4.1　电极连接方式

常用的电极连接方式有独立（MP-I）、并联（MP-P）、串联（MP-S）以及双极（BP）四种（图4-6）。MP-I是单级阳极、单级阴极的传统电化学连接方式；MP-P是阳极连阳极、阴极连阴极的一种具有一对阳极和一对阴极的电解槽连接方式；MP-S是在电化学电池中单极电极串联的一种连接方式，每对牺牲电极在内部连接，并且不与外部电极互连；而 BP 配置方式是牺牲电极放置在两个没有任何电源连接的平行电极之间，只有两个单极电极连接到电源的连接方式。研究表明，选择何种电极连接方式与所选择的电极材料及污染类型密切相关。Solak 等人[16] 发现在处理大理石加工厂污染水体时，铝阳极的MP-P 模式比 MP-S 模式要节省超 200 ％的成本，而铁阳极的 MP-S 模式总消耗则比 MP-P 模式要低近 16 ％。但就去除磷效率而言，BP 模式要高于 MP-I。MP-S 模式因为所需槽电压较高，电流较小，电极容量更高，所以除磷效率要高于 MP-P 模式。值得注意的是，在 BP 模式下，两端的极板仅用于提供极化电场而不溶出，通过极化作用促使中间的极板溶解，这样有利于电絮凝系统极板的更换，促使金属阳离子扩散均匀，不过也可能会产生电流泄漏的问题。在实践中，选择何种电极连接方式应从水体的理化特征入手，包括 pH、主要污染物类型，再考虑电极材料，最后通过电极连接方式确认最佳的电流密度与电解时间。

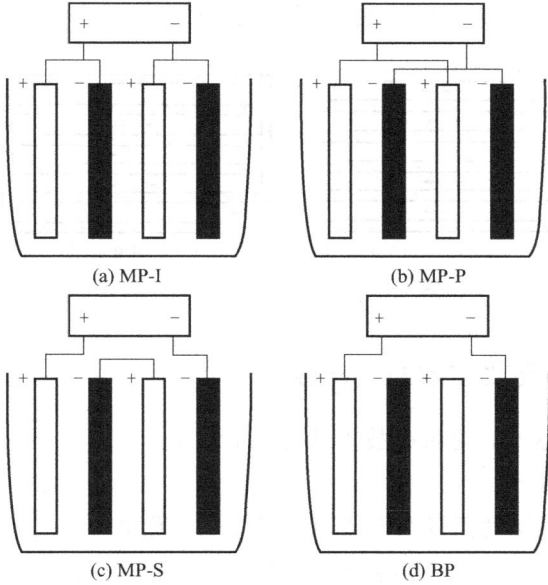

图 4-6　四种电极连接模式配置[17]

　　应增加反应器的流体传质，使液体充分湍动。使电解槽的阴阳极产生相当于导流筒的作用，在较低速时即可使槽内液体充分湍动。

　　反应槽的设计也由传统的间歇处理单元向各式的连续处理单元发展和改进。其中的一个改进是将流体的传质与电絮凝过程结合起来构成导流电絮凝。反应槽的阴阳极既起导流筒的作用，又起电极的作用，在较低搅拌速度下可使槽内液体充分湍动。该法可缩短电解时间，减小极化作用，从而降低电耗，其费用远低于普通电解法。

4.1.4.2　液路连接方式

根据原水通过电絮凝反应器的方式，可分为多通道（并联）和单通道（串联）两种液路连接方式，如图 4-7 所示。多通道流动布局简单，但并联后水流速度仅为 3～10 mm/s。单通道采用 S 形流道设计，其水流速度高，但水流速度过高会使已经形成的絮体破碎。因此，可采用流道部分并联然后串联的方式来保证水流速度。当电极表面的钝化不能最小化时，通常使用单通道模式来增加污水处理能力，此时反应器内会产生比较大的温升，应予以考虑。待处理水的流向也会影响电絮凝效率，待处理水在极板间的流向可分为整体推流式和沿着极板形成的渠道呈现的折流式，后者可提供更长的停留时间；原水在整个电絮凝池中的流向可分为平流式和竖流式，竖流式中的上流式絮凝效率较高。电絮凝反应器可以设计成竖状，水流由反应器下部进入，上部流出。此外，也可水平放置，亦有圆筒状和多孔管式电絮凝反应器[5]。

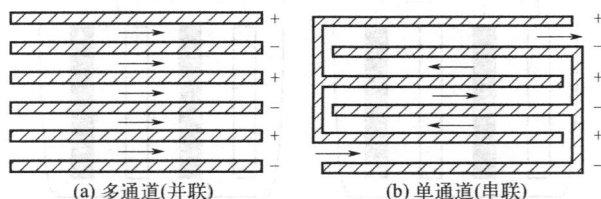

(a) 多通道(并联)　　　　　(b) 单通道(串联)

图 4-7　电絮凝液路连接方式[5]

4.1.5　电絮凝与化学絮凝的比较

相比于化学絮凝，电絮凝技术具有以下优点。

（1）二次污染小

电絮凝剂是由牺牲阳极在电流通过时发生氧化电解，之后金属离子水解生成金属氢氧化物。无机金属絮凝剂的有效成分主要是金属离子，如 $Al_2(SO_4)_3$、$FeCl_3$ 等，会引入大量无机阴离子，而电絮凝工艺只向溶液中释放金属离子。另外，电絮凝法溶解的金属离子成分纯净，杂质少。

（2）较宽的 pH 适用范围和对废水酸碱性的中和作用

化学混凝的最佳 pH 范围通常在 6～7 之间。如前所述，电絮凝对废水的 pH 有一定的中和作用，其 pH 作用较宽，通常在 4～9 的范围内均可取得较好的处理效果。

（3）有效成分含量高

对于铝系絮凝剂，一般认为 Al_{13} 是聚合铝中最有效的絮凝成分。而在商用铝盐絮凝剂的水溶液中 Al_{13} 的质量分数一般为 $30\%\sim35\%$。相比之下，以铝为阳极的电絮凝过程，可保持高含量的 Al_{13}，最高质量分数可达到 $70\%\sim80\%$[18]。此外，电絮凝产生的氢氧化物比化学絮凝的活性高，吸附能力也较强，形成的胶粒结合水含量低。电絮凝过程中 Al^{3+} 的释放和 OH^- 的生成同时进行，存在着金属离子和 OH^- 的浓度梯度，是一个连续的非平衡过程，一般不会出现再稳定现象。对于化学混凝，Al^{3+} 的加入是一个离散过程，体系平衡向酸性方向移动，并可能导致再稳定现象。

（4）絮体稳定、污泥量少、出水水质好

电絮凝作用下的絮体相比化学絮凝较大、耐酸性强、较为稳定，且具有易脱水等特点，在过滤过程中能够方便地分离。化学混凝后续工艺通常采用沉淀分离，而电絮凝处理后污泥既可采用沉淀分离，亦可采用气浮的方法，取决于电流密度的大小。电流密度较低时污泥会发生沉降，而电流密度较高时在电解过程中在释放出的气泡的作用下上浮分离。

电絮凝技术产生的絮凝剂有效成分含量高，耗铁/铝量一般为化学絮凝技术的 1/3，污泥量可减少 33% 以上；电絮凝产生的絮体大而密实、沉降性好，因此污泥体积减小。电絮凝处理之后的出水色度较低，且无异味，澄清性高。

（5）电絮凝技术对水体的适应性强

可适应较宽范围的 pH、温度等条件，反应参数易被调控。可通过实时调节工艺参数来适应较大幅度变化的水量和水质。

（6）电絮凝设备简单易操作

电絮凝设备紧凑，占地面积小，操作简单，易于实现自动化，易与其他工艺组合使用。可以安装在移动设备上，适于野外流动作业。

电絮凝技术的缺点如下：

① 电能和金属的消耗都较大等。

② 电导率要求较高。为了保证低能耗，目前电絮凝领域的研究多集中在工业废水，对于离子浓度较低的水源水和生活污水研究相对较少。

③ 阳极需要定期更换。因为阳极溶解和处理水体中存在腐蚀性物质，所以牺牲阳极需要定期更换。

④ 阳极钝化。

⑤ 金属离子的残留。如铁离子和铝离子的残留分别会导致水体的高色度和对人体的毒性累积。当然，化学絮凝也存在同样的问题。

⑥ 安全问题。电絮凝过程中阴极会产生氢气，氢气是一种易燃易爆气体，在水处理车间空间狭小或通风不良的情况下可能发生危险。

4.1.6 电絮凝与其他工艺的组合

（1）电絮凝-电氧化技术

Song 等[19] 使用 RuO_2-IrO_2/Ti 和 Al 电极处理 Cu-EDTA 废水，在电流密度为 10.29 mA/cm^2、NaCl 和 Cu 的浓度分别为 1 g/L 和 50 mg/L、pH＝7 的条件下，反应 60 min 后 Cu 和 COD 去除率分别达到 99.85 ％和 85.01 ％。

（2）电絮凝-膜技术

Zhu 等[20] 将电絮凝与微滤技术相结合去除水样中的病毒。结果表明，联合技术对噬菌体的去除率比单独利用电絮凝技术高。Oulebsir 等[21] 采用电絮凝-纳滤组合工艺处理含阿莫西林的药物废水，阿莫西林的去除率可达到 98.2 ％，能耗大幅降低；同时纳滤膜使用寿命延长。Sardari 等[22] 将电絮凝-超滤耦合技术用于处理家禽废水，废水的 TSS、COD 和 BOD 去除率分别达到 100 ％、92 ％和 98 ％，并且可减缓膜污染、提高膜通量。Akarsu 等[23] 发现通过电絮凝耦合超滤和反渗透膜处理含护理用品废水，COD 去除率从只采用电絮凝处理的 79.91 ％提升至电絮凝-超滤-反渗透处理的 99.18 ％，同时油脂、微塑料和表面活性剂的去除率均显著提高。

（3）电絮凝-生物技术

Yetilmezsoy 等[24] 利用铝电絮凝与生物法上流式厌氧污泥床反应器联用，在初始 pH 值为 5.0、电流密度为 15 mA/cm^2、电解时间为 20 min 时，可以去除上流式厌氧污泥床反应器废水中约 90 ％ COD 和 92 ％色度，电能消耗为 2.6 kW·h/g（COD）。Deveci 等[25] 采用电絮凝耦合生物真菌处理工艺去除皮革废水中的有机物和 Cr^{6+}，COD 和 Cr^{6+} 的去除率分别为 96 ％和 97 ％，而且该组合工艺相较于皮革废水的传统处理方法更为经济。Roy 等[26] 采用一体化生物氧化-电絮凝耦合工艺去除地下水中的砷，与传统电絮凝相比，生物氧化-电絮凝系统不仅对砷具有更好的氧化去除效果，而且铁用量仅为传统工艺的十分之一，能耗也更低。

（4）电絮凝-太阳能技术

电絮凝-太阳能技术中光伏组件产生的直流电可直接向电絮凝装置供电。电絮凝-太阳能技术为太阳能丰富的偏远地区或电力缺乏地区提供了更加高效、环保和节能的水处理方法。电絮凝-太阳能工艺如图 4-8 所示。

4.1.7 电絮凝的应用

4.1.7.1 饮用水处理

电絮凝法具有构造简单、处理费用低、占地面积小、操作方便等优点，尤

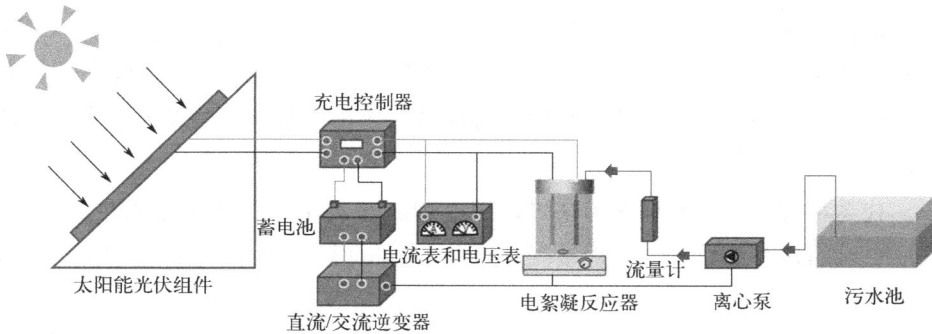

图 4-8　电絮凝-太阳能工艺示意图[27]

其适用于小规模水量的处理。它可以有效去除天然水中的胶体化合物，降低其浊度和色度，也可以除去水源水中的藻类和微生物。对于 NO_3^-、砷、氟、铁、硅和腐殖质等也有很好的去除效果。

电絮凝产生的新生态 $Al(OH)_3$ 比 $Al_2(SO_4)_3$ 的水解产物对去除水中的微生物具有更高的活性。

电絮凝除氟的实质是利用铝吸附剂对水中氟离子进行吸附，其作用机理是基于静电吸附和离子交换吸附。

Solak 等[16] 采用铁电极，对于 NO_3^- 初始浓度为 300 mg/L 的溶液，在 pH=9～11 范围内处理 10 min 后硝酸盐浓度降低到 50 mg/L 以下，能耗为 $0.5×10^{-4}$ kW·h/g。

砷在水中的化合形态有两种，即 As(Ⅲ) 和 As(Ⅴ)。As(Ⅲ) 的毒性是 As(Ⅴ) 的 25～60 倍。目前，砷的去除方法有混凝沉淀（铝盐、铁盐）、吸附（活性氧化铝、活性炭、铝土矿）、离子交换和反渗透等。采用化学混凝法对 As(Ⅴ) 的去除率可达 99 %，对 As(Ⅲ) 的去除率只有 40 %～50 %。因此，采用混凝法和吸附法时经常预先采用氧化方法将 As(Ⅲ) 氧化为 As(Ⅴ)。采用电絮凝方法可有效去除水中的砷[9]。采用 Fe 电极，As(Ⅲ) 和 As(Ⅴ) 的去除率均大于 99 %。当采用 Al 电极时，砷的去除率仅有 37 %，可能是由于铝氧化物的吸附能力远远低于铁氧化物[28]。

4.1.7.2　废水处理

（1）染料废水

染料废水的脱色方法包括混凝、吸附和化学氧化等。大部分染料难以进行好氧微生物降解。采用厌氧生物处理时染料分子中的偶氮键被还原成芳胺，具有潜在的致癌作用。采用电絮凝对染料废水可进行有效脱色，其作用机理有两种：沉淀和吸附。在 pH 较低时以沉淀为主，而当 pH 较高时（pH＞6.5）则以吸附为主。新生态的 $Al(OH)_3$ 具有很大的表面积，对溶解性有机化合物有极强的吸附性能，对于胶体颗粒则可发挥网捕作用。絮体可通过沉淀或阴极析出的 H_2 气浮分离。

代冬梅等[29] 以铁板作为阳极，用电絮凝法对牛仔布印染废水进行处理。当 pH=7.4，电压为 24 V，电絮凝时间为 35 min 时，COD 的去除率约为 70 %，脱色率可达 99 %。

（2）去除重金属离子

重金属离子大多具有毒性，不能进行生物降解。目前去除水中重金属离子大多采用沉淀、吸附和离子交换等方法。这些方法存在药剂用量大、操作复杂、难以同时去除多种离子等缺点。与现有方法相比，电絮凝具有操作简单、去除效率高和去除速率快等特点，并且无须对进水 pH 进行调节。

$Cr(Ⅵ)$ 的去除首先是在阴极还原为 Cr^{3+}，随后生成 $Cr(OH)_3$ 而除去。电絮凝不仅能处理离子态的铬，也能去除配合态的铬[30]。

2008 年 5 月某冶炼厂首次采用电絮凝技术对废水进行处理。冶炼厂每天减少废水排放近 9000 t，铅、镉、锌等重金属排放均达到国家《污水综合排放标准》一级标准，3 项去除率均在 98.7 % 以上，每年可减少一类污染物镉排放 748 kg，每年可减少湘江取水量 294 万 m^3，回收锌 396 t[31]。

美国推出的 ETIG 电絮凝工艺解决了反应器结垢、产气、电极腐蚀以及泄漏的问题，还可对重金属进行回收。某炼钢厂采用 ETIG 电絮凝处理工艺对废水进行处理，该设备对废水的处理能力为 9.6 L/min。ETIG 电絮凝废水处理流程如图 4-9 所示，其处理效果列于表 4-4。

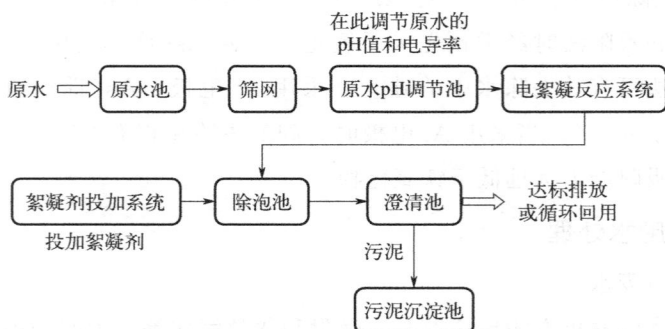

图 4-9　ETIG 电絮凝废水处理工艺流程[32]

表 4-4　ETIG 电絮凝废水处理工艺的效果[32]

类别	pH 值	Pb 总量/kg	Zn 总量/kg	Cd 总量/kg	As 总量/kg
原水	9.94	1.13	81.72	1.74	0.13
处理后的水	8.96	0	0	0.03	0

（3）除磷

生活污水和工业废水的除磷是防治水体富营养化极为重要的需求。电絮凝去除磷酸盐效果要优于化学混凝。磷酸盐的去除主要是通过 Al^{3+} 水解聚合产物的吸附作用来完成的，此外还可能通过形成 $AlPO_4$ 或羟基磷酸盐 $Al_x(OH)_y(PO_4)_z$ 沉淀而去除[17]。

4.2　电气浮

4.2.1　电气浮的基本原理

电气浮是指利用电解时阴极释放出的 H_2 和阳极释放出的 O_2、Cl_2 形成的微小气泡使污染物上浮去除的电化学过程。通常电气浮工艺采用低压直流电。按阳极材料是否溶解，电气浮可分为电凝聚气浮和电解气浮。电凝聚气浮利用可溶性阳极（如铁、铝）电解废水，产生三种作用，即电解氧化或还原、电解混凝以及电气浮。电解气浮以不溶性的惰性材料，如石墨、不锈钢、镀铂钛板及 $Ti-PbO_2$ 作为阳极，只有电解氧化或还原、电气浮两种作用。电絮凝过程中通常会伴随水电解等副反应的发生。因此，国内早期的研究中也将电絮凝称作电凝聚气浮。电气浮既是电絮凝水处理过程中的一个重要组成部分，同时也能独立作为一项水处理工艺。电气浮装置和带气絮粒如图 4-10 所示。

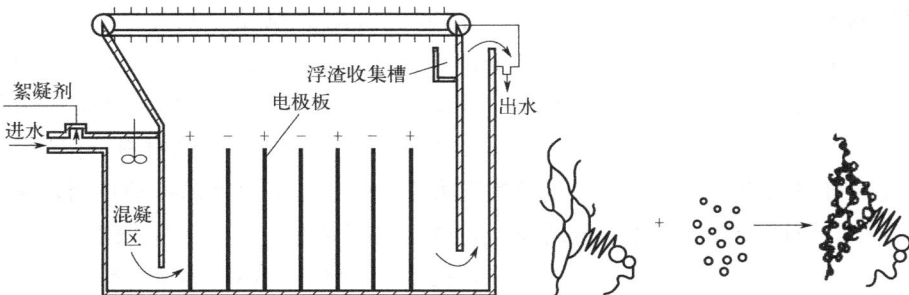

图 4-10　电气浮装置[33] 和带气絮粒[34] 的形成过程示意图

决定电气浮水力负荷的因素有微气泡的大小和数量。微气泡平均直径越小，同样产气量时单位体积水中微气泡个数越多，微气泡的比表面积就越大，对水中悬浮颗粒的黏附性能与分离效率也就越高。

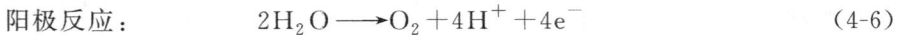

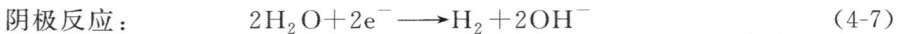

阳极反应：
$$2H_2O \longrightarrow O_2 + 4H^+ + 4e^- \tag{4-6}$$

阴极反应：
$$2H_2O + 2e^- \longrightarrow H_2 + 2OH^- \tag{4-7}$$

阴极氢气大量放出导致 pH 值增加。阳极产生的水合金属离子大量水解，水中 Cl^- 在阳极被氧化，接着发生一系列反应消耗水中的 OH^- 导致 pH 值减小。

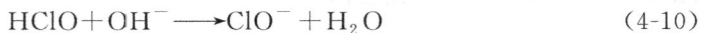

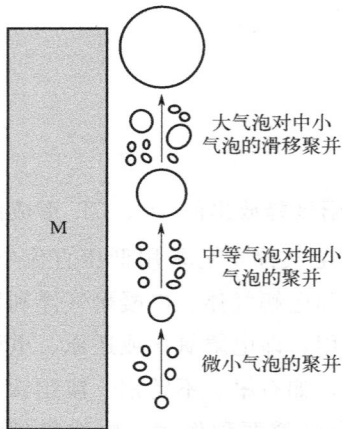

$$2Cl^- \longrightarrow Cl_2 + 2e^- \tag{4-8}$$

$$Cl_2 + OH^- \longrightarrow Cl^- + HClO \tag{4-9}$$

$$HClO + OH^- \longrightarrow ClO^- + H_2O \tag{4-10}$$

图 4-11 气泡生长过程示意图[35]

气泡的生长经历三个过程：电极表面微小气泡的聚并过程、中等气泡对周围细小气泡的聚并过程、电极表面的大气泡在上升过程中对中小气泡的滑移兼并过程，具体如图 4-11 所示。

王车礼等[36] 建立了电气浮的动力学方程，并确定了废水含油量随时间变化的关系式 $C = (C_0 - C_r) \exp(-kt) + C_r$。在电解 10 min 时，废水中可脱除油的去除率 $>90\%$。增加电流密度，废水中不可脱除油 C_r 下降，但脱油速率常数 k 值变化不大。

4.2.2 电气浮的特点

电气浮的主要优点是：①电气浮过程中产生的气泡分布范围较窄，尺寸也较其他气浮方式生成的气泡小，氧气泡和氢气泡的粒径分别为 $20 \sim 60~\mu m$、$10 \sim 30~\mu m$，上浮速度为 $1.5 \sim 4.0~cm/s$，可以获得很高的分离效率。而一般加压浮选法的气泡直径为 $100 \sim 150~\mu m$，对微胶粒或悬浮微粒的吸附能力较弱，且上浮速度慢（$0.1 \sim 0.4~cm/s$）。②通过调节电流、电极材料、pH 值和温度等可以很方便地改变产气量及气泡大小。③由于微气泡的搅动作用，通常在 5 min 内即可完成絮体的聚结长大并被气泡所捕集，水力停留时间短[18,37]。

电气浮的主要缺点是：工艺复杂，技术性较强，实际工程中对操作人员技术要求较高；对阳极板质量要求较高，造价较昂贵；工艺过程产渣量大，增加了泥渣的处理成本；电解过程放出的氢气存在爆炸危险；能耗高。

4.2.3 电气浮的主要影响因素

电气浮处理废水的影响因素主要有：电极连接形式、极板间距、电导率、电流密度、电解时间、pH、水温、水力停留时间、污染物的颗粒大小和尺寸分布、絮体与气泡间的界面张力等。影响气泡尺寸和数量的因素包括溶液 pH 和电极材料、电流密度、温度和电极表面曲率。此外，电解槽内的水力学条件和电极的布设方式也对气泡的运动有影响[38]。

（1）pH

pH 对电气浮的影响主要体现在其影响电解过程中气泡的大小分布。如表 4-5 所示，在中性 pH 条件下，H_2 气泡的尺寸最小，碱性介质中尺寸较小，而在酸性条件下最大。但对于 O_2 气泡来说，酸性介质中其尺寸较小，随着溶液 pH 的升高，O_2 气泡急剧变大。

表 4-5　电极材料和 pH 值对气泡大小的影响

pH	H_2 气泡直径/μm		O_2 气泡直径/μm	
	Pt 电极	Fe 电极	石墨电极	Pt 电极
2	45～90	20～80	18～60	15～30
7	5～30	5～45	5～80	17～50
12	17～45	17～60	17～60	30～70

（2）电压和电流密度

电压较低时，气泡生成速度慢而且粒径小，与絮体相黏附后，气泡浮力小于絮体重力，水中悬浮物不能上浮。随着电压的增大，电解速度加快，产生气泡快而且数量多，气浮效果逐渐变好。但是电压达到一定值后，气泡产生过快，使上层污泥不易稳定，同时电耗也增大。故电解电压应控制在 8～12 $V^{[39]}$。

电流密度的大小影响产生气泡的数量和大小。电流密度越高，单位时间内电极释放出的气体的量越多。按照 Faraday 电解定律，当电解过程中通入 1 F（26.8 A·h）电量时，可释放出 0.0224 m^3 H_2 和 O_2。此外，随着电流密度的增加，气泡直径逐渐减小，但当电流密度增加到 200 A/m^2 以上时不再减小。

采用脉冲电源技术能减少浓差极化，并能活化电极、节省电耗和材耗。

（3）电极排布方式和极板间距

通常，在电气浮反应器中阳极位于反应器底部，阴极位于阳极上部，极间距为 10～50 mm。但是这种电极排布方式不利于阳极产生的 O_2 迅速扩散，这是因为 O_2 不能和水流直接接触。因此可以考虑将阳极和阴极倾斜放置，这样二者均可与水直接接触。亦可采用多组电极并列的方式。在这两种电极排布方式中，极间距可以缩小到 2 mm 而不会发生短路，从而大大降低了欧姆压降。

随着极板间距的减小，阴极产生的气泡强烈搅动溶液，增强了溶液中的传质过程。但当极板间距太小时，絮凝物在气泡的夹带作用下上浮时会受到两边极板的阻力而影响电气浮的效率。

（4）电极材料

虽然铁和铝电极价廉易得，同时具有电絮凝和电气浮功能，但作为阳极会迅速发生溶解。更为不利的是，粗糙的电极表面使得气泡尺寸变大。不溶性阳极产生的气泡稳定、均匀。石墨和 PbO_2 是应用最广泛的阳极材料。石墨和 PbO_2 虽然性能比较稳定，但二者析氧电位较高。Pt 电极稳定性较石墨和 PbO_2 要高，但价格昂贵。金属氧化物阳极中 TiO_2/RuO_2 电极具有较低的析氧和析氯过电位，对于氧的析出有很高的电催化活性。但是，RuO_2 会部分分解生成 RuO_4^{2-} 或挥发性的 RuO_4，导致电催化活性降低，通常需加入少量惰性金属氧化物。IrO_x 用作氧电极的寿命是 RuO_2 电极的 20 倍左右，但 IrO_x 的价格昂贵。$Ti/IrO_x\text{-}Sb_2O_5\text{-}SnO_2$ 电极具有很高的电化学稳定性和析氧催化活性，IrO_x 含量为 2.5 ％（摩尔分数）时具有较好的稳定性和催化活性[40-41]。电极表面的粗糙程度亦对气泡的大小有着重要影响，电极表面粗糙度越大，气泡越大。镜面抛光电极表面的气泡最小。

（5）废水温度

水温高对电气浮处理的影响有以下几方面：①理论分解电压和溶液电阻小，电迁移和扩散快，电能消耗小。②析氢过电位降低，H^+ 放电更容易；水解反应快；单位时间内的 H^+ 多，可促进胶粒脱稳絮凝。③水的黏度减小，胶体布朗运动增强，胶粒间的碰撞机会增加。④水温高，絮凝颗粒水化作用小；对不受或少受热运动影响的颗粒，提高水温将促进其上浮。故适当高温有利于提高电气浮处理效率和降低能耗。钻井过程中的新鲜钻井废水温度高，这一有利条件可为电气浮所利用。但是水温太高会引起部分解吸附、絮凝剂老化，不利于污染物的去除。而且，电气浮对色度去除率随温度上升而下降，主要原因可能是温度上升有利于不锈钢阳极中铬、镍等金属的溶蚀量增加从而导致色度增加，色度去除率下降。适宜的电气浮处理温度为 30～50 ℃。

4.2.4　电气浮在废水处理中的应用

电气浮除用于固液分离外，还有降低 BOD、氧化、脱色和杀菌作用。电气浮工艺既可单独用于分离水中的有害成分，也可作为单元操作与电絮凝、化学混凝、pH 值调节法、过滤技术等联合使用。电气浮法已应用于含油废水、化纤废水、电镀废水、印染废水等的治理以及水源水和废水的杀菌与消毒，还可用于浮选矿石。目前，电气浮在废水处理中的主要应用是含油废水处理，其次是乳化液废水和生活污水。但是，由于电气浮设备的能耗较大，一般只用于小规模的废水处理，如小城镇生活污水、中小型工厂的含油废水处理等，较难适用于大型生产。

油类在水中的存在形式可分为浮油（$>100\ \mu m$）、分散油（$10\sim100\ \mu m$）、乳化油（$0.1\sim2\ \mu m$）和溶解油（$<0.1\ \mu m$）。由于油的密度较小，对含油污水的处理通常采用气浮法。乳化油废水中含有大量表面活性剂，稳定性好，采用一般物理化学方法和生物方法难以进行有效处理。与混凝沉淀法相比，采用电气浮法去除乳化油效率高、药剂用量少、污泥含水率低且易于处置。张登庆等[42] 应用电气浮法对含油废水进行工业性试验研究，除油率可达 89 %，悬浮固体去除率可达 73 %。电气浮的药剂投加量为常规工艺的 1/3，运行电耗为 $0.2\ kW\cdot h/m^3$，总的运行费用为常规工艺的 40 %～60 %。

Murugananthan 等[43] 运用电气浮法处理制革废水，对 COD、色度、悬浮颗粒物都有很好的去除效果。

电解产生的气泡细小均匀因而捕获杂质的能力比较强，去除效果较好，但存在电耗大、单独使用较难达到排放要求等缺点，因而常与其他技术联合使用。电气浮-陶瓷膜组合工艺充分利用了电气浮对原水中悬浮颗粒、有机物的电解氧化和浮选优势，以及陶瓷膜对藻类、微小颗粒筛分截留能力，大大提高了去除效率[44]。向亚东[38] 采用沉淀-电气浮-超滤工艺使处理后的洗消废水回用于消防。工艺流程如图 4-12 所示。首先，废水通过筛网去除漂浮物等杂质，然后自流进入调节池，调节池起到调节水质、水量的作用。调节池中水通过提升泵按每小时 $10\ m^3$ 的流量抽入沉淀池，在沉淀池的前段进行鼓风曝气，通过曝气，大量的 CO_2 气体进入水体，从而与水中的 $Ca(ClO)_2$、$Ca(OH)_2$、CaO 发生反应生成 $CaCO_3$ 沉淀，沉淀物质排到污泥储池。沉淀池出水再进入电气浮设备，在电气浮的前段通过投加 HCl 调节 pH 在 6～9 之间。电气浮出水进入保安过滤器系统作为超滤膜的预处理过程，废水经过保安过滤器后进入膜处理单元。清液可以回用于消防等，浓水回流至调节池，再循环处理。沉淀物排到污泥储池。污泥通过叠螺脱水系统后成较干的泥饼，可以打包放置，后交有资质单位进行处理。

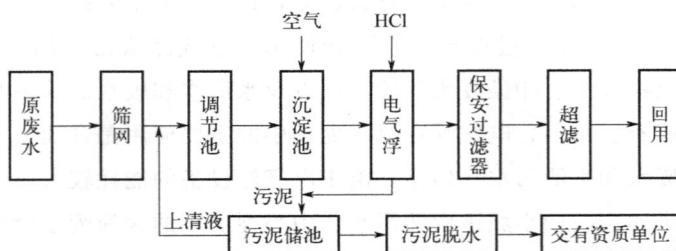

图 4-12　洗消废水处理的工艺流程[38]

参考文献

[1] 王思宁，丁晶，赵庆良，等. 电絮凝技术处理高盐尾水的研究进展 [J]. 黑龙江大学自然科学学报，2018，35（1）：72-78.

[2] Ghernaout D，Naceur M W，Ghernaout B. A review of electrocoagulation as a promising coagulation process for improved organic and inorganic matters removal by electrophoresis and electroflotation [J]. Desalination and Water Treatment，2011，28（1-3）：287-320.

[3] 韩晓禹. 基于金属阳极电池电絮凝系统的构建与脱氮除磷效能研究 [D]. 哈尔滨：哈尔滨工业大学，2021.

[4] 徐海音. 电絮凝处理重金属废水的优化控制策略及其钝化/破钝机理的研究 [D]. 长沙：湖南大学，2016.

[5] 杨冬荣，陈迁，段铭诚. 电絮凝法处理含砷污水技术研究进展 [J]. 电镀与精饰，2023，45（1）：62-70.

[6] 陈雪明. 电凝聚电解电压计算 [J]. 上海环境科学，1997，16（10）：27-28，41.

[7] 陈雪明. 电凝聚能耗分析与节能措施 [J]. 水处理技术，1997，23（6）：155-157.

[8] 齐学谦，李泽唐，周雅芳，等. Al/C/Fe 复合电极电絮凝法同时除氟除砷（V）[J]. 环境工程学报，2014，8（02）：525-530.

[9] 张峰振，杨波，张鸿，等. 电絮凝法进行废水处理的研究进展 [J]. 工业水处理，2012，32（12）：11-16.

[10] Duan J，Gregory J. Coagulation by hydrolysing metal salts [J]. Advances in Colloid and Interface Science，2003，100-102：475-502.

[11] 刘玉玲，陆君，马晓云，等. 电絮凝过程处理含铬废水的工艺及机理 [J]. 环境工程学报，2014，8（9）：3640-3644.

[12] 张条兰，刁润丽，方秀苇. 电絮凝法处理电镀废水的研究进展 [J]. 电镀与精饰，2016，38（03）：33-37.

[13] Bandaru S R S，van Genuchten C M，Kumar A，et al. Rapid and efficient arsenic removal by iron electrocoagulation enabled with in-situ generation of hydrogen peroxide [J]. Environmental Science & Technology，2020，54（10）：6094.

[14] 徐建平，陈福迪，尉莹，等. 电絮凝技术在海水养殖尾水处理中的研究应用 [J]. 渔业现代化，

2020，47（01）：7-15.

[15] Phalakornkule C，Sukkasem P，Mutchimsattha C. Hydrogen recovery from the electrocoagulation treatment of dye-containing wastewater [J]. International Journal of Hydrogen Energy，2010，35（20）：10934-10943.

[16] Solak M，Kılıç M，Hüseyin Y，et al. Removal of suspended solids and turbidity from marble processing wastewaters by electrocoagulation：Comparison of electrode materials and electrode connection systems [J]. Journal of Hazardous Materials，2009，172（1）：345-352.

[17] 杨亚红，朱立帆，杨兴峰，等. 电絮凝技术深度除低浓度磷的研究进展 [J]. 水处理技术，2023，49（4）：20-26.

[18] 戴常超，陈大宏，刘峻峰，等. 强化电絮凝技术的基础、现状和未来展望 [J]. 工业水处理，2022，42（1）：1-14.

[19] Song P P，Sun C Y，Wang J，et al. Efficient removal of CuEDTA complexes from wastewater by combined electrooxidation and electrocoagulation process：Performance and mechanism study [J]. Chemosphere，2022，287：131971.

[20] Zhu B T，Clifford D A，Chellam S. Comparison of electrocoagulation and chemical coagulation pretreatment for enhanced virus removal using microfiltration membranes [J]. Water Research，2005，39（13）：3098-3108.

[21] Oulebsir A，Chaabane T，Tounsi H，et al. Treatment of artificial pharmaceutical wastewater containing amoxicillin by a sequential electrocoagulation with calcium salt followed by nanofiltration [J]. Journal of Environmental Chemical Engineering，2020，8（6）：104597.

[22] Sardari K，Askegaard J，Chiao Y H，et al. Electrocoagulation followed by ultrafiltration for treating poultry processing wastewater [J]. Journal of Environmental Chemical Engineering，2018，6（4）：4937-4944.

[23] Akarsu C，Isik Z，M'barek I，et al. Treatment of personal care product wastewater for reuse by integrated electrocoagulation and membrane filtration processes [J]. Journal of Water Process Engineering，2022，48：102879.

[24] Yetilmezsoy K，Ilhan F，Sapci-Zengin Z，et al. Decolorization and COD reduction of UASB pretreated poultry manure wastewater by electrocoagulation process：a post-treatment study [J]. Journal of Hazardous Materials，2009，162（1）：120-132.

[25] Deveci E Ü，Akarsu C，Gönen Ç，et al. Enhancing treatability of tannery wastewater by integrated process of electrocoagulation and fungal via using RSM in an economic perspective [J]. Process Biochemistry，2019，84：124-133.

[26] Roy M，Genuchten C M，Rietveld L，et al. Integrating biological As（Ⅲ）oxidation with Fe（0）electrocoagulation for arsenic removal from groundwater [J]. Water Research，2021，188：116531.

[27] 王一茹，宋小三，王三反，等. 太阳能电絮凝技术在水处理中的研究进展 [J]. 化工进展，2021，40（S2）：373-379.

[28] Kumar P R，Chaudhari S，Khilar K C，et al. Removal of arsenic from water by electrocoagulation [J]. Chemosphere，2004，55（9）：1245-1252.

[29] 代冬梅，徐睿，王玉军，等. 电絮凝处理牛仔布印染废水 [J]. 环境工程学报，2014，8（7）：2947-2951.

[30] 郑志勇，徐海音，宋佩佩，等. 电絮凝在水处理中的研究进展 [J]. 现代化工，2015，35（04）：29-32，34.

[31] 湘江重金属污染整治有进展电絮凝处理重金属废水有突破 [J]. 工业用水与废水，2009，40（03）：11.

[32] 刘鹏浩. ETIG 电絮凝工艺处理冶炼废水的试验研究. 山西冶金，2021（3）：77-78.

[33] 王端洋，刘丹，赵可卉，等. 典型气浮净水设备评述 [J]. 环境科学与技术，2011，34（09）：82-87，161.

[34] 张林生. 阳离子表面活性剂/铝盐综合混凝——电气浮法处理染料废水 [J]. 江苏化工学院学报，1990（4）：25-32.

[35] 周振，姚吉伦，庞治邦，等. 电絮凝技术在水处理中的研究进展综述 [J]. 净水技术，2015，34（5）：9-15，38.

[36] 王车礼，张登庆，陈毅忠，等. 电解絮凝浮选法处理油田废水 [J]. 水处理技术，2003（3）：163-165.

[37] 李志健，付政辉. 电气浮技术处理含油废水的研究进展 [J]. 工业水处理，2009，29（10）：5-8.

[38] 向亚东. 洗消废水处理方法的可行性研究 [J]. 河南科技，2015（19）：114-115.

[39] 张红，王金菊. 电解气浮-吸附过滤处理印染废水 [J]. 科技创新导报，2011（18）：123，125.

[40] Chen G，Chen X，Yue P L. Electrochemical behavior of novel Ti/IrO$_x$-Sb$_2$O$_5$-SnO$_2$ anodes [J]. The Journal of Physical Chemistry B，2002，106（17）：4364-4369.

[41] Chen X，Chen G，Yue P L. Novel electrode system for electroflotation of wastewater [J]. Environmental Science & Technology，2002，36（4）：778-783.

[42] 张登庆，任连锁，宫敬. 电气浮含油污水处理工艺工业性试验研究 [J]. 环境污染治理技术与设备，2005，11（6）：56-59.

[43] Murugananthan M，Bhaskar Raju G，Prabhakar S. Separation of pollutants from tannery effluents by electro flotation [J]. Separation and Purification Technology，2004，40（1）：69-75.

[44] 王利平，章滢，等. 电气浮-陶瓷膜工艺处理富营养化湖泊型原水 [J]. 水处理技术，2013，39（12）：115-117.

第**5**章

内电解

内电解法又称微电解法、零价铁（zero-valent iron，ZVI）法、腐蚀电池法、腐蚀原电池法、铁屑过滤法等。内电解法采用具有不同电极电位的两种金属（如铁和铜）或金属和非金属（如铁和碳）为电极，以具有一定导电性的废水为电解质，形成无数微小的原电池（Fe 和 C 之间的电位差一般为 1.2 V 左右），对废水进行电解处理并通过氧化还原、吸附、絮凝、气浮、过滤等多种作用达到去除污染物的目的。该方法以机械加工过程中产生的废铸铁屑或废钢屑为滤料，具有设备构造简单、价廉易得、占地面积小、操作方便、处理效率高、使用寿命长、适用范围广、环境友好、Fe^0 的一些反应产物具有磁性易被磁分离、易与其他方法联合使用且能以废治废等优点。该技术可以使大分子有机物断链、降低 COD、脱色、提高废水的可生化性和去除有毒重金属离子，已广泛用于地下水原位修复、饮用水净化和处理垃圾渗滤液、煤气洗涤废水、农药废水和工业废水（如印染、制药、石化、含油、电镀、印制电路板及含砷、含氟废水等）。内电解与其他技术联用时，不仅可以提高处理效率、降低处理成本，而且还可缩短运行时间。铁屑内电解法可作为生物法的预处理工艺，显著提高废水可生化性，并降低其毒性，减小后续生物处理难度；同时，内电解出水中的 Fe^{2+} 和 Fe^{3+} 可改善生物处理阶段活性污泥的沉降性能，增强污泥对污染物的吸附和絮凝。在厌氧系统中加入零价铁，可使氢的产量增加 20 %，COD 去除率提高 10 %。在硫酸盐还原菌反应系统中加入零价铁可将反应时间从 40 h 降至 2 h。纳米零价铁可使厌氧氨氧化的启动时间由 126 d 缩短为 84 d[1]。

在实际工程中，零价铁反应活性和选择性低、易氧化和钝化、铁屑板结和含铁废渣难处理等问题亟须解决。

传统电解是指电解质在外电流的作用下被分解的过程。为了区别传统电解所施加的外电流，把体系内产生的电子转移所形成的电流称为内电流。电解质在内电流的作用下被分解的过程称为内电解。金属电化学腐蚀即为一个典型例子。

内电解法常用的介质为铁屑。铁元素广泛存在于自然环境中，占地壳元素含量的 4.75 %，仅次于氧、硅、铝，居地壳元素含量的第四位。铁的原子量为 55.847，为灰色或银白色硬而有延展性的金属。单质铁密度 7.80 g/cm^3，熔点 1535 ℃，沸点 2750 ℃。工业或普通铁含有少量碳、磷等杂质，在潮湿空气中易生锈。

5.1 内电解原理

5.1.1 内电解作用机制

内电解技术的作用包括电极的氧化还原、电池反应产物的絮凝、铁屑对絮体的电附集、新生絮体的吸附以及床层过滤等综合作用，其中还原作用是最主要的。废水中的胶体粒子和细小分散的污染物一般都带有电荷，在微电场的作用下产生电泳，向带相反电荷的电极移动，并且在电极上发生氧化还原等反应。图 5-1 给出了铁碳微电解对污染物的主要去除机理。表 5-1 给出了 Fe-C 微电解过程的阴阳极反应。在酸性有氧条件下阴极反应电势分别为 1.23 V 和 0.68 V，远大于厌氧条件下的 0 V 和中性、弱碱性条件下的 0.40 V。因此，

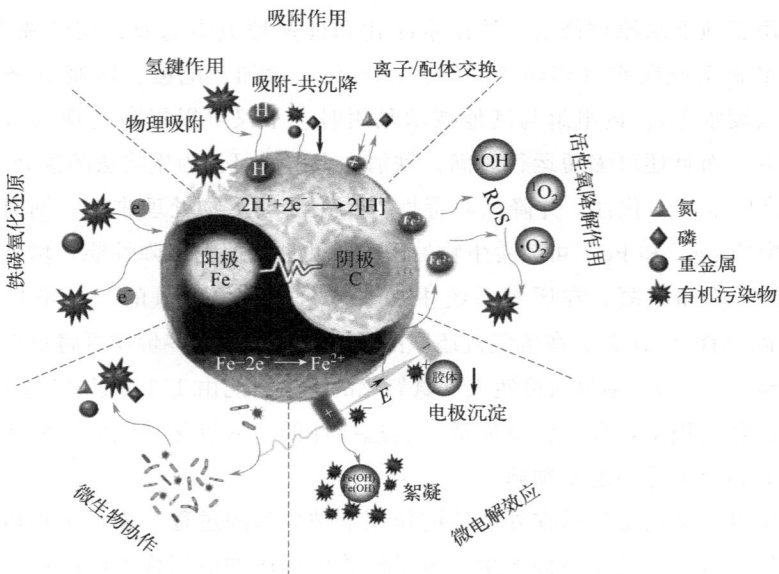

图 5-1　铁碳微电解对污染物的主要去除机理[2]

在酸性有氧条件下腐蚀反应进行得更快。原电池电动势增大可以增强内电解的降解能力。例如，铝和铜组成的内电解原电池的电动势很大，许多重金属和有机污染物能直接在电极上反应。

表 5-1　Fe-C 微电解过程的阴阳极反应[3]

条件	阴极反应		阳极反应
厌氧	$2H^+ + 2e^- \longrightarrow H_2, E^{\ominus}(H^+/H_2) = 0$	(5-1)	$Fe - 2e^- \longrightarrow Fe^{2+},$
酸性有氧	$O_2 + 4H^+ + 4e^- \longrightarrow 2H_2O, E^{\ominus}(O_2/H_2O) = 1.23\ V$	(5-2)	$E^{\ominus} = -0.44\ V\ (5-5)$
	$O_2 + 2H^+ + 2e^- \longrightarrow H_2O_2, E^{\ominus}(O_2/H_2O_2) = 0.68\ V$	(5-3)	$Fe^{2+} - e^- \longrightarrow Fe^{3+},$
中性或碱性有氧	$O_2 + 2H_2O + 4e^- \longrightarrow 4OH^-, E^{\ominus}(O_2/OH^-) = 0.40\ V$	(5-4)	$E^{\ominus} = 0.77\ V\quad (5-6)$

5.1.1.1　氧化还原作用

（1）还原作用

① Fe 和 Fe^{2+} 的还原作用

铁是活泼金属，标准电极电位 $E^{\ominus}(Fe^{2+}/Fe) = -0.44\ V$，具有较强还原能力，可将金属活动性顺序表中排于其后的金属置换出来而沉积在铁的表面，还可将氧化性较强的离子或化合物还原。Fe^{2+} 也具有还原性，$E^{\ominus}(Fe^{3+}/Fe^{2+}) = 0.77\ V$，因而当水中有强氧化剂存在时，$Fe^{2+}$ 可进一步氧化成 Fe^{3+}。例如铁可还原硝酸盐：

$$NO_3^- + 4Fe + 7H^+ \longrightarrow NH_4^+ + 4Fe^{2+} + 3OH^- \tag{5-7}$$

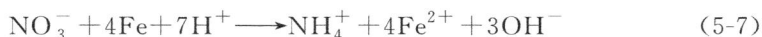

② 氢的还原作用

铁在偏酸性水溶液中能够发生如下反应：

$$Fe + 2H^+ \Longrightarrow Fe^{2+} + [H] \tag{5-8}$$

电极反应中得到的新生态氢 [H] 具有很高的活性，能使偶氮基断裂而破坏发色基团、使大分子降解为小分子、硝基化合物还原为氨基化合物等。

（2）氧化作用

酸性充氧条件下内电解电极反应可产生 H_2O_2，可与 Fe^{2+} 形成芬顿试剂。然而，由于 H_2O_2 的产量极低，故其产生的芬顿氧化作用很微弱。

（3）局部高电位的氧化还原作用

Ying 等[4] 发现微电解颗粒间由于群效应，存在局部高电位，可以降解难降解有机物。

5.1.1.2　混凝作用

吸附混凝作用包括电极材料和反应产物对污染物的吸附混凝。

（1）铁离子的混凝作用

在酸性条件下，用铁屑处理废水时，会产生 Fe^{2+} 和 Fe^{3+}。将废水溶液 pH 调至碱性会形成 $Fe(OH)_2$ 和 $Fe(OH)_3$，反应式为：

$$Fe^{2+} + 2OH^- \longrightarrow Fe(OH)_2 \tag{5-9}$$

$$4Fe^{2+} + 10H_2O + O_2 \longrightarrow 4Fe(OH)_3 + 8H^+ \tag{5-10}$$

生成的 $Fe(OH)_2$ 和 $Fe(OH)_3$ 的吸附能力高于一般药剂水解得到的 $Fe(OH)_3$ 的吸附能力。因此，废水中原有的悬浮物、胶体、通过内电解反应产生的不溶物和形成色度的不溶性染料均可被其吸附凝聚。

（2）铁屑和活性炭的吸附作用

阳极使用的材料一般为铸铁屑，具有多孔结构和比较大的比表面积，其表面活性较强，能吸附一些污染物质。当额外投加活性炭作为阴极材料时，活性炭也会吸附废水中的污染物质。零价铁表面的氧化膜会阻断零价铁向外传输电子，抑制零价铁的活性；但是氧化膜能够吸附污染物和 Fe^{2+}。

（3）微电场附集效应

在铁碳微电解反应体系中，阴阳两极间可形成微电场。在微电场作用下，废水中分散的带电粒子、胶体颗粒、极性分子及细小污染物等会发生电泳，向带相反电荷的电极方向移动并附集在电极上，形成大颗粒后沉淀。

在电场的作用下，胶体粒子的电泳速度可由下式求出[5]：

$$v = K\zeta DE 4\pi\eta \tag{5-11}$$

式中，v 为胶体粒子的电泳速度，cm/s；ζ 为 Zeta 电位，V；D 为分散介质的介电常数；E 为电场强度，V/cm；η 为分散介质的黏度，Pa·s；K 为系数。

将电位差为 1.2 V 的废铁屑和焦炭粒浸泡在电位为 0.30 mV 的废水溶液中，粒料间的分离距离为 0.10 cm，可以得到 5×10^{-3} cm/s 的分离速度，20 s 就可完成电泳沉积过程[6]。

5.1.1.3 沉淀作用和微生物协同作用

电池反应产物 Fe^{2+} 和 Fe^{3+} 也能通过沉淀反应去除某些无机物，如与 PO_4^{3-}、S^{2-}、CN^- 等反应生成 $FePO_4 \cdot 2H_2O$、FeS、$Fe_3[Fe(CN)_6]_2$、$Fe_4[Fe(CN)_6]_3$ 等沉淀而被去除[6]。对于含有重金属的废水，常通过投加二价和三价铁盐的方法，使重金属离子与铁离子形成稳定的铁氧共沉淀物而去除。内电解反应过程中生成的铁离子也能去除反应溶液中的重金属。

零价铁还能对微生物群落产生影响从而达到对污染物协同去除的目的。其作用包括：为微生物群落反硝化过程直接提供电子供体；促进功能微生物群落丰度的提升与相关功能酶的增加。

5.1.2　反应活性和电子选择性

5.1.2.1　反应活性

铁屑钝化、溶液 pH 增加、填料的堵塞和结块都会降低铁屑的反应活性。零价铁钝化的原因是在铁表面生成了一层不溶性氧化膜或腐蚀产物膜以及一些污染物的吸附膜或生物膜。在中性及碱性条件下充氧，铁屑表面容易形成氧化物膜而钝化。多孔介质和反应器的堵塞原因可分为 3 种类型：悬浮物和大颗粒引起的物理堵塞、化合物沉淀的累积而造成的化学堵塞和生物生长造成的生物堵塞。铁屑处理装置经过一段时间的运行后易结块，出现沟流等现象，处理效率降低。这是因为随着处理时间的增加，铁屑的粒径逐渐减小，易被压碎成粉末状，再加上污泥在铁炭表面堆积，从而导致结块。特别是反应床较高时，底部的铁屑压实作用过大、易结块。

防止铁屑钝化、填料堵塞和结块以及提高铁屑反应活性的方法如下[7-9]。

① 从零价铁本身考虑，对零价铁可采用预处理、减小零价铁尺寸、表面改性、修饰或负载等方法进行处理。使用酸洗、H_2 还原和超声等预处理去除零价铁的原始钝化层。调节进水 pH 值在酸性范围内，增加进水中氧的含量以及混入一种或几种含碳粒料（如石墨、焦炭、活性炭、煤渣、烟道灰等），能减缓铁屑表面钝化。减小铁颗粒的粒径，增大比表面积，例如合成纳米零价铁，可以提高零价铁反应活性。使用包覆系统［淀粉、壳聚糖、羧甲基纤维素（CMC）、聚乙烯吡咯烷酮（PVP）及聚丙烯酸（PAA）等］和负载系统（凹凸棒石黏土、硅藻土、膨润土、蒙脱土、二氧化硅、碳基材料、石墨烯、碳纳米管、沸石、铁氧化物等），可增强材料的结构稳定性，减少团聚。通过添加造孔剂或者改良填料可使填料形成疏松多孔的结构，提高填料的比表面积，防止填料堵塞板结。

② 在零价铁的表面沉积一些金属元素（如 Pd、Pt、Ag、Ni、Cu 等）形成二元金属体系。一方面可增大微电池的电位差，另一方面可作为氢催化剂，增强零价铁的还原性。因此，双金属法又被称为"催化铁内电解法"。双金属或三金属体系均是核壳结构（零价铁为核），该结构还可以减缓零价铁表面钝化。相比于单独的零价铁，双金属体系的反应速度较快，腐蚀产物在颗粒表面沉积速度较慢，且适用 pH 范围宽。

③ 硫化改性是指在零价铁表面形成一层硫化物，不仅能抑制零价铁的团聚和氧化，还能加快零价铁去除污染物的速率、抑制零价铁与非目标污染物的副反应、增大零价铁的 pH 值范围。

④ 活化老化零价铁，如采用压缩空气、水反冲洗再生（必要时可用稀酸冲洗或浸泡后再用清水冲洗）、电化学活化法、投加 Fe^{2+} 或 Mg^{2+}、外加弱磁场和细菌介导再生。

⑤ 通过外加超声、紫外-可见光、微波和弱磁场等物理方法或在反应体系中额外加入强氧化剂、表面活性剂以强化零价铁除污染物效能。

⑥ 更换铁炭填料。随着处理时间的增加，炭粒作为阴极不消耗，铁屑则不断被消耗，因此必须定期补充铁屑。如果向池中直接投加铁屑，则新铁屑和炭粒不能充分混合。较好的方法是将填料全部清出，重新装入混合好的新填料，但这一过程不但工作量非常大，同时又需要较大的场地。

虽然上述技术手段在一定程度上能够提高零价铁去除污染物的反应活性，但用于实际废水处理仍较困难。如：酸洗预处理成本高，产生的大量含金属离子废液难处理；H_2 预处理操作复杂；纳米零价铁颗粒易团聚，存在潜在的生物毒性；超声、紫外-可见光、微波、磁场等方法需要消耗额外的能量；双金属法的缺点是与零价铁相结合的大多为金属活动性顺序在其之后的金属，且大都为重金属。

5.1.2.2　电子选择性

Liu 等[10-11] 提出了零价铁的电子选择性这一指标，并首次提出了电子效率（EE）的概念，即零价铁在去除污染物的过程中用于还原污染物的电子量（N_e）与零价铁提供的总电子量（N_t）的比值，用于量化评估零价铁的电子选择性。具体计算公式如下：

$$EE = \frac{N_e}{N_t} \qquad (5\text{-}12)$$

零价铁给出的电子除了传递给目标污染物外，水体中的其他氧化性物质（如 H_2O、O_2 和 H^+ 等）也会争夺电子，降低零价铁的电子效率。例如，Fan 等[12] 发现 95 ％以上的纳米零价铁是由水中氧化剂消耗的（图 5-2）。在没有硫化时，零价铁腐蚀存在两种机理，即氢解与电子转移，随着 S/Fe（摩尔比，下同）的增加，氢解反应慢慢被抑制，当 FeS 完全覆盖零价铁表面后，氢解完全被抑制。

硫化对零价铁去除 Se（Ⅵ）的电子效率的提升倍数集中于 6.1～9.5；投加 Fe^{2+}、Ca^{2+}、Mg^{2+} 对去除 Se（Ⅵ）的电子效率的提升倍数分别为 1.4～19.2、1.1～1.3、0.8～1.5，Mg^{2+} 虽然提高了零价铁的反应活性，但是对电子效率的提升较小，甚至产生抑制作用；H_2O_2 和 Fe^{2+} 对去除 Se（Ⅵ）的去除效率提升倍数分别为 2.2～9.8、3.6～4.2。由此可见，Fe^{2+} 提升零价铁除污电子效率的效果显著，这与去除效率方面的结论相同。这是因为零价铁给出

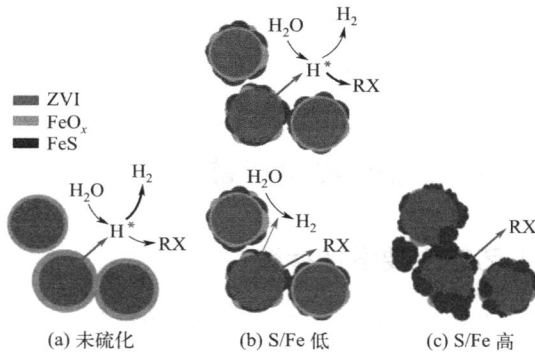

图 5-2 S/Fe 摩尔比对有机物降解动力学和选择性的影响[13]

H* 为活性氢

的电子更多地传递给目标污染物，提高了电子效率，减少了副反应的发生，从而提高了污染物的去除容量[7]。

溶解氧作为一种高活性氧化剂和电子受体，可能会对铁的腐蚀、电子转移、微生物活性、污染物去除产生重大影响。对于通过吸附共沉淀或者氧化过程去除的污染物，溶解氧可促进零价铁腐蚀产物的生成或自身参与氧化反应，因此通常起到促进作用。然而，对于涉及还原过程的污染物去除而言，溶解氧的存在会竞争零价铁给出的电子，腐蚀产物形成并沉积在零价铁表面，抑制零价铁还原去除污染物。溶解氧也是影响硫化纳米零价铁水处理的重要因素之一[14]。Tang 等[15] 报道了硫化纳米零价铁在有氧和缺氧条件下去除对硝基酚（PNP）是两种不同的作用机制（图 5-3）。在缺氧条件下，溶液中形成的氢自

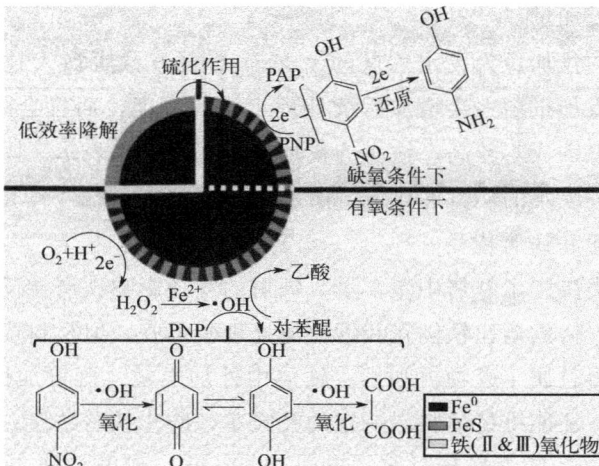

图 5-3 硫化纳米零价铁在有氧和缺氧体系中降解对硝基酚（PNP）的反应机制[15]

由基（·H）会将 PNP 还原成对氨基苯酚；在有氧条件下，溶液中会产生大量的过氧化氢（H_2O_2）和羟基自由基（·OH）而将 PNP 氧化成乙酸。

5.2 内电解工艺与内电解反应器

5.2.1 内电解工艺的主要设计参数

内电解的一般工艺流程如图 5-4 所示。影响内电解工艺处理废水效果的因素主要有铁炭投加量、pH、铁炭比、铁屑粒径、曝气量、停留时间及铁屑活化时间等。

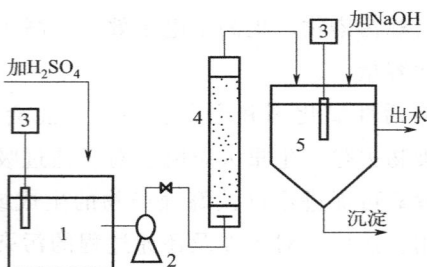

图 5-4 内电解的一般工艺流程[16]
1—水调节池；2—计量泵；3—pH 计；4—内电解反应柱；5—沉淀槽

5.2.1.1 铁炭自身因素

（1）铁炭投加量

铁炭适宜的投加量为废水总量的 4 %～10 %。铁炭加入越多，废水处理效果越好，但投加量增大会增加后续处理工序的难度，而且会降低经济效益。特别是纳米零价铁成本较高。铁炭的投加量常用固液比表示。固液比是铁炭的总质量与所处理废水的质量的比值（废水的密度按 1 g/cm^3 计算）。

（2）铁炭比和铁屑粒径

铁屑的种类决定了铁屑中炭含量，铁屑的粒径影响铁屑在反应过程中与废水的接触面积。铸铁屑比铁刨花和钢铁屑处理效果好，但材料成本高，而铁刨花和钢铁屑易得且属于废物再利用。铁屑中外加炭粒，既可加快电化学反应、提高处理效果，还能维持填料层一定的孔隙率，防止铁屑结块；铁炭体积比一般为（2～1）:1。但含炭量过多，Fe^0 占比降低，则更多地表现为炭的吸附作用。

零价铁按粒径划分主要包括颗粒铁、微米铁和纳米铁。零价铁的粒径越小，比表面积和反应活性越大。但是纳米零价铁容易团聚，对目标污染物的选择性较差，且具有较高的微生物毒性。

（3）铁屑活化时间

由于铁屑表面存在氧化膜钝化层，因此在使用之前应对铁屑表面进行活化。用 3 %的稀硫酸或稀盐酸进行活化时，当反应进行 20～30 min 后，反应基本稳定。

5.2.1.2　其他因素

（1）pH 值

pH 值影响 Fe^{2+} 的水解、氧化、配位和 ［H］的产生以及零价铁表面的氧化层。在较低 pH 下，零价铁表面氧化层的溶解会促进电子转移。在 pH 为 3～4 的条件下，微电池的电位差较大，有利于氧化还原反应。此外，对于含氯有机污染物，由于脱氯反应过程中需要消耗大量 H^+，因此较低 pH 有利于脱氯反应。但是 pH 值如果过低，不仅需要消耗大量的酸和对铁屑的腐蚀速度过快，而且在随后进行的沉淀工序中会增加碱的用量。过量的 H^+ 会进一步与 Fe、$Fe(OH)_2$ 反应，破坏絮凝体，并产生多余的有色 Fe^{2+}。

（2）曝气量

曝气可增加阴极电极电势，曝气形成的水流紊动对铁屑表面的冲刷作用，加速了铁的溶解和 Fe^{2+}、Fe^{3+}、［H］的产生以及含氧高活性基团（如 H_2O_2，·OH，O_2^- 等）的产生。同时，搅拌/曝气还增加了对铁屑的搅动，减少了结块和钝化的可能性。Fe^{3+} 在 pH 大于 6 时能完全沉淀，曝气将显著提高 Fe^{3+} 的絮凝作用。但曝气量过大会减少废水/铁屑和铁/炭的接触。同时，溶解氧会和污染物竞争电子，降低零价铁的还原能力[17]。

（3）无机盐

铁屑内电解过程基本无额外投加无机盐作为支持电解质的必要。工业废水中存在的各种阳离子，尤其是二价金属阳离子，如 Fe^{2+}、Co^{2+}、Mn^{2+}、Cu^{2+}、Pb^{2+}、Zn^{2+} 和 Ni^{2+} 等，具有改善零价铁性能的能力[7]。

（4）停留时间

不同废水所需的停留时间差异较大，短则 10～15 min，长则达 7～8 h。停留时间越长，氧化还原等作用进行得越彻底。但是，如果停留时间过长，铁的消耗量和出水中铁含量将显著增加，影响出水色度。在曝气的情况下，废水中的氧含量会增加，导致 OH^- 量增加，pH 值升高，［H］的生成量减少，还原反应会减弱。

（5）温度和进水浓度的影响

微电解反应通常在进水水温下进行；提高水温会改善某些废水的微电解处理效果。提高温度可以降低纳米零价铁脱氯的活化能。但是，温度过高会使纳米零价铁钝化。不同废水的进水浓度与处理效果之间的差异很大，有的废水低浓度时处理效果好，有的则相反。

5.2.2　内电解处理方法的优点及存在的问题

5.2.2.1　内电解法的优点

内电解法大多采用铁屑及活性炭为填料，造价低，来源广泛，符合"以废治废"的理念。内电解法占地面积小，系统构造简单，操作简便，使用寿命长，运行费用低。内电解法不仅可以处理有机污染物，对重金属离子也有较好的处理效果，应用范围比较广泛；作为预处理可以提高废水的可生物降解性。

5.2.2.2　内电解法存在的问题

① pH 问题。反应体系需要较低的 pH，而许多废水是非酸性的，并且由于反应过程中 H^+ 的消耗而导致溶液 pH 升高，对 pH 进行调整会导致处理成本增大。在酸性条件下溶出的铁量大，加碱中和时产生沉淀物多，增加了污泥量。目前一般将废渣送至炼铁厂处置或掺合制作建筑材料或掩埋处理。

② 铁屑处理废水通常需要大量曝气，影响了对有机物的还原效果，且能耗高。

③ 出水返色问题。由于铁屑被氧化生成 Fe^{2+} 和 Fe^{3+}，它们的水解产物 $Fe(OH)_2$ 和 $Fe(OH)_3$ 是造成返色现象的主要原因，并且未完全去除的 Fe^{2+} 会在一定程度上加剧这种返色现象。

④ 零价铁容易钝化或失去活性，活性炭易因吸附饱和而丧失吸附污染物的能力。

⑤ 因铁屑结块和絮凝床堵塞而需定期反冲。由于铁屑密度较大，需要较大的冲洗强度。

⑥ 缺乏有效的回收铁的手段。零价铁使用后需从污染水体中分离。目前所使用的方法包括人工分离法和磁分离回收法等，人工分离法难度大、效率低，而磁分离回收法则面临较高的经济成本。

5.2.3　内电解反应器的改进

最早的铁屑内电解固定床反应器，也称铁屑过滤床，构造简单，造价低，加入铁屑方便，但是铁屑易钝化和结块，且反应床较高时，底部的铁屑压实作用过大，结块严重。为防止填料堵塞、板结，往往在反应器底部设置反冲洗装置。针对以上缺点，陆续出现了曝气式、转鼓式、滚筒式和膨松床式内电解反应器（表5-2）。

表 5-2　铁屑内电解固定床的改进形式及其对比[17]

改进形式	反应器结构及运行原理	优点	缺点
曝气式	铁炭填料固定在密封式床体中间，上部有加料口和排气阀，进水、出水和曝气管设在床体下部	曝气可以缓解铁屑板结和减少表面附着的氧化物；减少日常维护费用	能减缓但无法根除板结；还原效果变差；污泥量增加
转鼓式	由反应池和转鼓组成，转鼓转动带动铁炭滚动，废水和滚动的铁炭反应	反应充分；有效地解决了反应器堵塞和铁屑易结垢的问题	动力消耗大；占地大
滚筒式	水平放置的圆柱形滚筒装置，滚筒由可以旋转的滚轮托起	反应充分；有效地解决了反应器堵塞和铁屑易结垢的问题	动力消耗大；处理水量小；氢气累积过多而时有爆炸发生
膨松床	筒体反应器下部进水，上部出水。筒体上下方向用孔筛板分割成多个铁炭混合床，混合床内设有搅拌浆，出水口设有三相分离器和加药口，下部设有曝气装置和反冲洗水泵	减少了床体板结、堵塞、短流、死区；反冲洗效果好；有三相分离器装置；废水停留时间增加	填料仍会板结；动力消耗大；反应器设计复杂
流化床	流化床的水力条件决定反应的流化程度	反应充分，可避免反应器堵塞、铁屑板结、反应死角和水流短路的现象	铁屑和炭粉颗粒容易流失；反应过程中铁炭颗粒难以充分流化

固定床内电解反应器的构造见图5-5。反应器的设计可从以下几方面入手。根据水质设计停留时间、表面负荷等参数，并以此确定结构尺寸；为防止铁炭床板结设置反冲洗系统，预留设备检修入口；设计满足均匀出水的收集系统；根据曝气量、空气流速等设计曝气管道系统。根据工程的需要还可增设pH调节装置、回流系统、铁泥混凝沉淀和自动控制系统等。

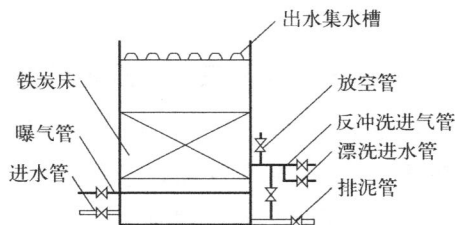

图 5-5　固定床内电解反应器构造图[18]

5.3　内电解过程的强化

5.3.1　填料的改进

内电解填料的改进技术主要有：①一元填料的改性，主要集中在对铁屑的改性；②二元和三元填料的开发。

根据是否采用高温烧结技术可将零价铁填料分为免烧型和烧结型两种。免烧型填料是将铁屑直接作为微电解填料。烧结型填料采用高温烧结将铁和炭融合为一体。制备过程是将铁屑或铁粉、活性炭及结合剂（如黏土）等烘干后粉碎，加入催化剂和造孔剂并均匀混合，通过造粒机制成一定规格的形状，经干燥后，在一定温度下无氧烧制一定时间，然后经冷却即可制得。烧结型填料可有效克服铁炭比失衡的问题[19]。

内电解常用的强化剂包括负载材料、造孔剂和抗压剂。负载材料可以减少零价铁尤其是纳米零价铁的团聚，有些负载材料可作为活化氧化剂。负载零价铁的材料主要有凹凸棒土、膨润土、高岭土、硅藻土、活性炭、生物炭、树脂炭、离子交换树脂、还原氧化石墨烯、沸石和介孔二氧化硅 SBA-15 等。造孔剂如铵盐在高温下可分解出气体，随气体逸出而在填料中留下孔道。扩大填料的平均孔径可以减少填料微孔堵塞。提高填料的抗压性能可减少填料的磨损，避免填料层在反应器内板结和坍塌。黏土等可提高填料的抗压性能，但存在污泥产量大的缺点。所以，可在铁炭填料中添加增强铁炭球刚性的物质，例如添加石墨烯、四硼酸钠等[20]。

内电解填料最简单的形状是圆饼状和棒状。为了解决传统填料存在的钝化板结、污泥量大及堆积密度小等问题，近年来出现了多种不同形态的微电解填料（图 5-6）。

5.3.2　纳米零价铁

5.3.2.1　纳米零价铁的核壳结构及其与常规零价铁的区别

纳米零价铁是指粒径在 $1 \sim 100$ nm 之间的 Fe^0 粒子。纳米零价铁为"核-壳"结构，其核为单质铁，壳层为铁氧化物，厚度为几 nm（图 5-7）。壳层铁氧化物不但能够作为污染物的活性位点，同时由于具有缺陷及导电性等特性，可提供电子转移通道，使污染物被还原。相比大粒径的零价铁，纳米零价铁具

(a) 圆饼状　　　　　(b) 棒状　　　　　(c) M形

(d) 锯齿形　　　　　(e) 插片式　　　　　(f) 瓦片形

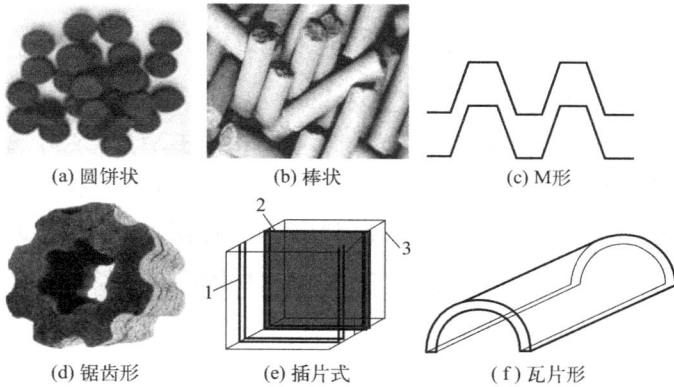

图 5-6　不同形状的填料[19-20]

有比表面积大（10～70 m^2/g）、反应活性高和传输性强的特点，因此纳米零价铁去除的污染物种类更多（图 5-8）。

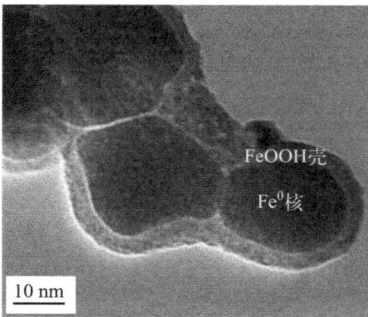

图 5-7　纳米零价铁的透射
电子显微镜图[21]

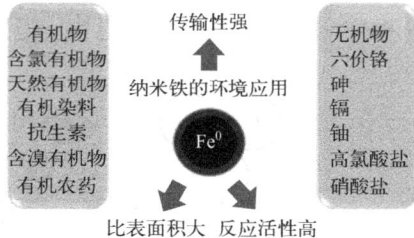

图 5-8　纳米零价铁的环境应用[22]

　　纳米零价铁可催化 H_2O_2 产生 ·OH，见式(5-13)。反应产生的 Fe^{3+} 再与纳米零价铁反应或与超氧化氢反应，生成 Fe^{2+}，见式(5-14) 和式(5-15)。若使用常规零价铁，反应［式(5-15)］过程缓慢，Fe^{3+} 会累积，进而使得反应系统对 pH 的变化不敏感。纳米零价铁活化溶解氧和氧化层中 Fe^{2+} 活化分子氧都可以产生 H_2O_2，使单独的纳米零价铁材料也具有弱氧化性，见式(5-16)和式(5-18)。

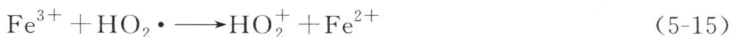

$$Fe^{2+} + H_2O_2 \longrightarrow Fe^{3+} + \cdot OH + OH^- \tag{5-13}$$

$$2Fe^{3+} + Fe \longrightarrow 3Fe^{2+} \tag{5-14}$$

$$Fe^{3+} + HO_2 \cdot \longrightarrow HO_2^+ + Fe^{2+} \tag{5-15}$$

$$Fe^{2+} + O_2 \longrightarrow O_2^{\cdot-} + Fe^{3+} \tag{5-16}$$

$$Fe^{2+} + \cdot O_2^- + 2H^+ \longrightarrow Fe^{3+} + H_2O_2 \tag{5-17}$$

$$Fe^{2+} + HO_2 \cdot + H^+ \longrightarrow H_2O_2 + Fe^{3+} \tag{5-18}$$

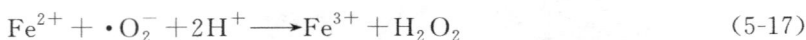

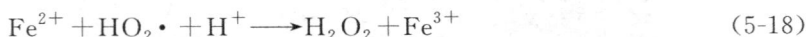

Song 等[23] 在研究纳米零价铁-活性炭去除水中 NO_3^--N 时发现，纳米零价铁比零价铁更具有反应活性。其中阳极 Fe^0 失去电子形成 Fe^{2+}。在阴极，NO_3^--N 被还原为 N_2 和 NH_4^+。与此同时活性炭吸附 NO_3^--N，进一步加快了还原速率。图 5-9 为上述工艺还原 NO_3^--N 的具体反应途径。零价铁作为阳极还原 NO_3^--N 时，其反应式如下：

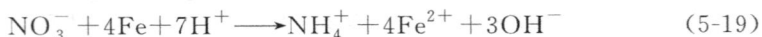

$$NO_3^- + 4Fe + 7H^+ \longrightarrow NH_4^+ + 4Fe^{2+} + 3OH^- \tag{5-19}$$

零价铁-可渗透反应墙 [图 5-10(a)] 的适用深度通常只有 30～40 m，无法处理更深层的污染。纳米零价铁尺寸比含水层间隙小得多，易于在水体中迁移，而且纳米级颗粒可以分散在悬浮液中，以类似胶体的形式被注入到目标位置和深度，如图 5-10(b) 所示。

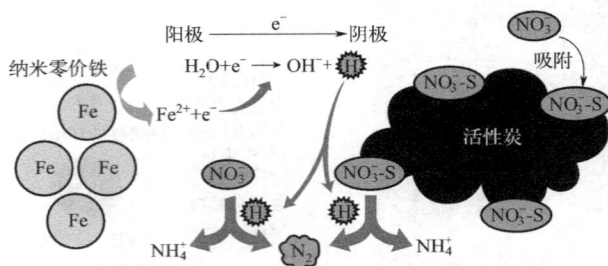

图 5-9　纳米零价铁-活性炭微电解中 NO_3^--N 的转换[23]

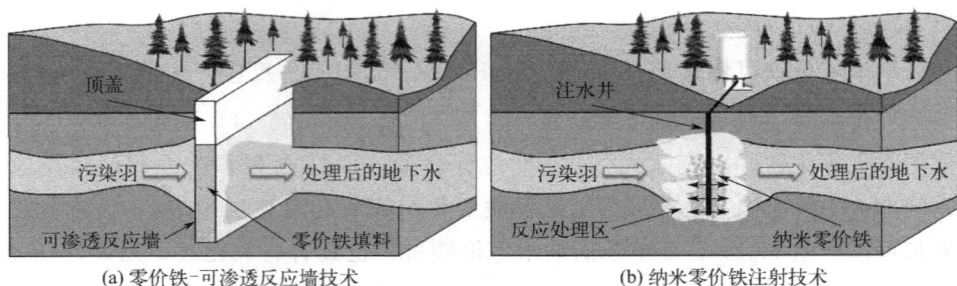

(a) 零价铁-可渗透反应墙技术　　　　(b) 纳米零价铁注射技术

图 5-10　零价铁与纳米零价铁处理受污染地下水时的典型使用场景[24]

由于纳米效应和自身磁性，纳米零价铁在制备和使用过程中存在易团聚、表面易氧化钝化、易与非目标污染物发生反应、活性 pH 值范围窄、反应完成后残留的超细粉末难以完全回收和有潜在的生物毒性等缺点。此外，纳米零价铁的生产成本高，尤其是在处理大批量高浓度的有机废水时，纳米零价铁成本比生物法高出 10 倍之多。

5.3.2.2　纳米零价铁的工作原理

　　纳米零价铁可以通过氧化还原、吸附、离子交换、配位、沉淀等机制去除污染物，如图 5-11 所示。其中，还原作用和氧化作用是主要的反应机制。图 5-12 给出了纳米零价铁/多孔生物炭（BC）去除有机物机理示意图。

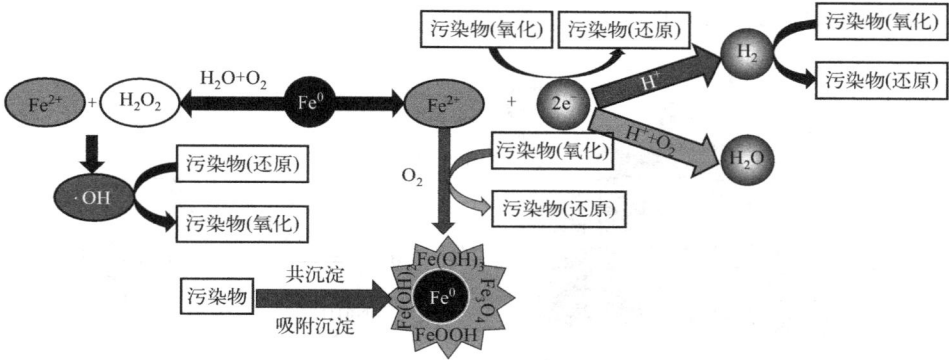

图 5-11　纳米零价铁体系中发生的主要反应和污染物去除机制[25]

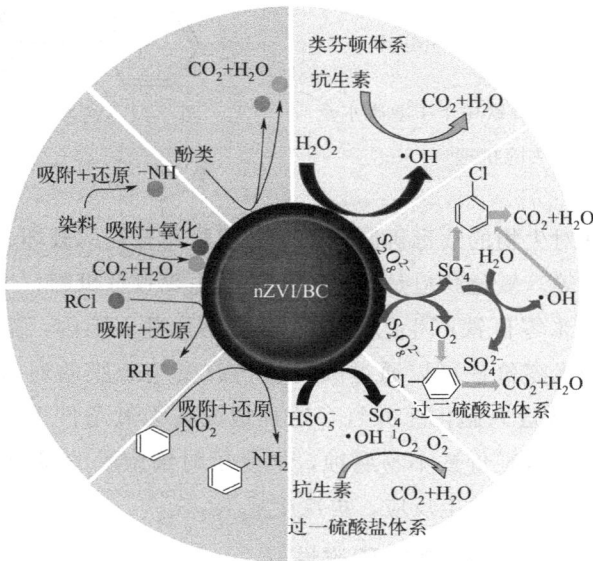

图 5-12　纳米零价铁（nZVI）/多孔生物炭（BC）去除有机物机理示意图[26]

纳米零价铁主要通过吸附、还原和沉淀等作用去除水中的重金属离子（图 5-13）。去除机理以 Cr^{6+} 为例：a. Cr(VI) 被纳米零价铁还原为 Cr^{3+}，Fe^0 被氧化为 Fe^{2+}；b. Fe^0 和溶液中 H^+ 反应，生成 Fe^{2+}，Cr(VI) 被 Fe^{2+} 还原为 Cr^{3+}，Fe^{2+} 被氧化为 Fe^{3+}；c. Cr^{3+} 和 Fe^{3+} 发生共沉淀，形成 Cr-Fe 的氢氧化物，作为最终产物固定在纳米零价铁表面。

在双金属体系中，活性金属将溶液中铁腐蚀产生的氢吸附在其表面并活化利用，加速还原脱卤反应。Fe 反应产生的氢被活性金属（以 Ni 为例）吸附，形成 Ni 与氢的活性结合体 Ni[H]，该活性基团攻击置换 PBDEs 上的溴原子，从而达到脱溴的目的（图 5-14）。

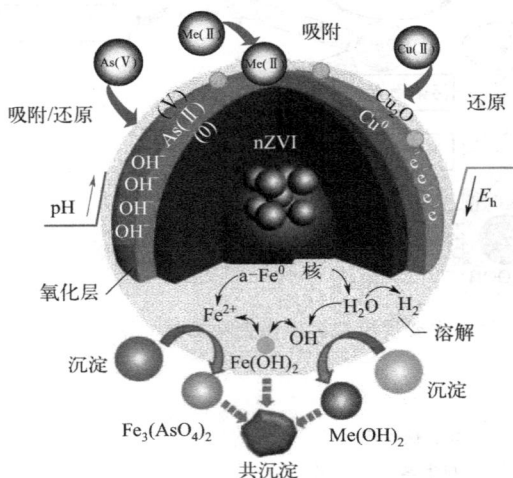

图 5-13　纳米零价铁用于工业废水重金属去除机理[27]

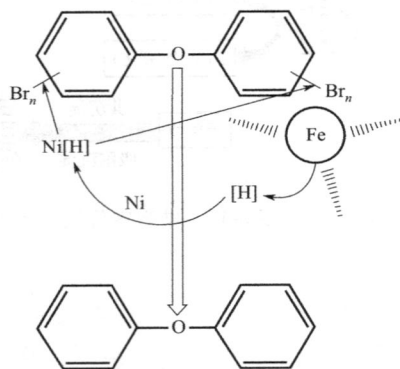

图 5-14　纳米双金属还原脱溴[9]

纳米零价铁对生物的致毒机制包括对细胞膜完整性的破坏、氧化胁迫、蛋白质氧化和变性等。氧化胁迫是纳米零价铁的主要致毒机制，主要包含两方面（图 5-15）：①纳米零价铁产生的活性氧（ROS）进入胞内，造成蛋白质、核酸的损伤。②纳米零价铁可以通过吸附损伤改变细胞膜的通透性，导致胞外 Fe^{2+} 大量跨膜扩散进入胞内。并且，这种情况在无氧条件下更加严重，这是因为无氧条件下纳米零价铁不易腐蚀，加速了对细胞膜的损伤。一旦 Fe^{2+} 进入细胞，可以与线粒体发生反应，再次生成 ROS[28]。

5.3.2.3　纳米零价铁的制备和改性

纳米零价铁的制备方法包括自下而上和自上而下两种（图 5-16）。

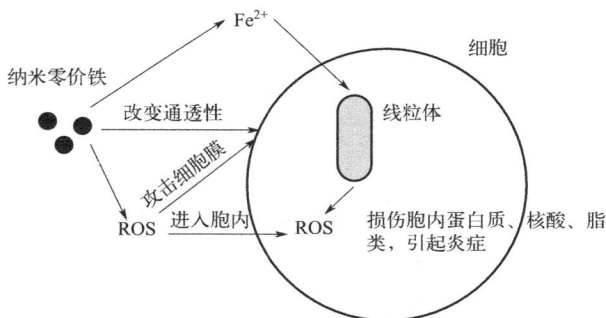

图 5-15　纳米零价铁对细胞的致毒机制[28]

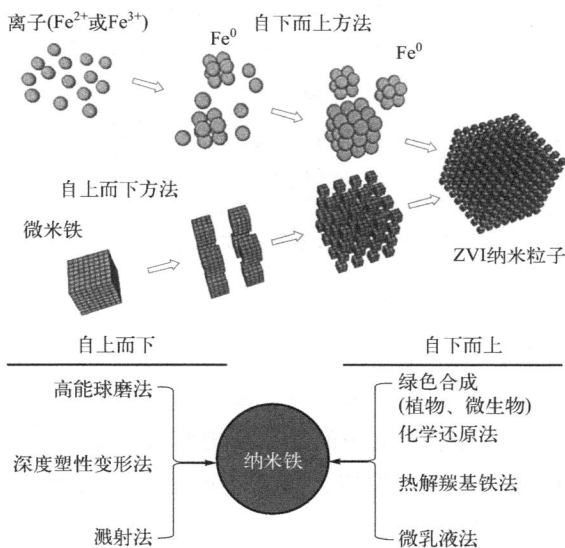

图 5-16　自下而上和自上而下纳米零价铁的制备方法示意图[29-30]

为提高纳米零价铁在介质（土壤、水体）中的分散性、稳定性、反应活性和流动性，纳米零价铁的改性方法大致可分为负载改性、包覆改性、硫化改性、双金属改性（图 5-17）。

5.3.3　物理辅助

（1）微波强化

微波对内电解的强化作用包括：①微波与 Fe^0 发生强烈作用，使得某些表面位点迅速升温，打火放电，诱导产生高能电子辐射、臭氧氧化、紫外光解和非平衡态等离子体等多种反应，具有很高的氧化反应活性；②微波促进内电解反应床上吸附的有机污染物解吸、脱附，加速铁屑表面及孔隙中污染物的降

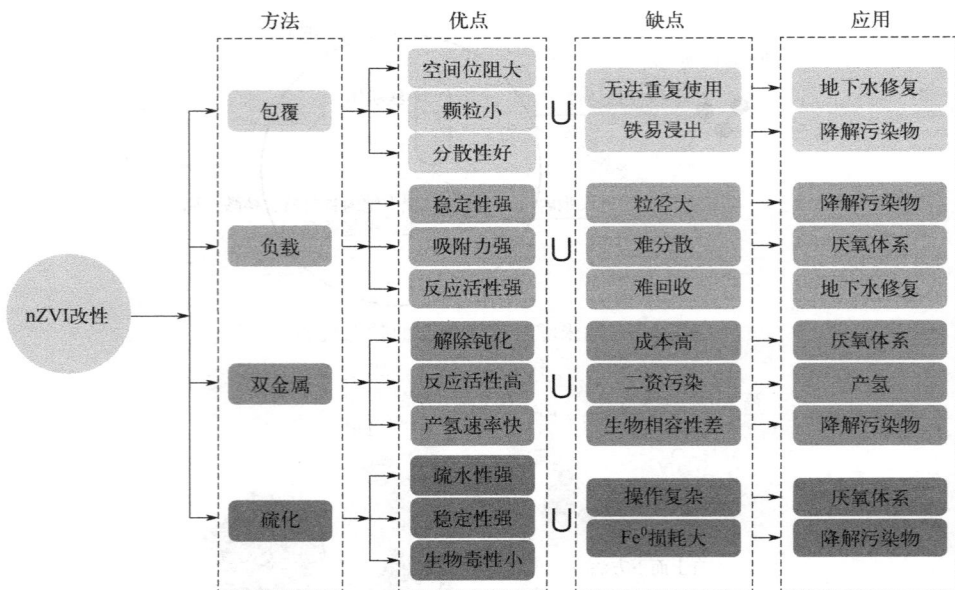

图 5-17　纳米零价铁改性方式[31]

解；③促进活性炭和铁屑的再生[17]。

（2）超声波强化

超声波的主要作用是：①空化作用。通过"声空化"过程，提高化学反应速率。例如，使 H_2O_2 等氧化剂中的 O—O 键断裂，能够大幅度提高·OH 的生成速率。②振荡破碎和搅拌作用。超声波可加强铁炭颗粒间的相互碰撞作用，使活性炭颗粒被粉碎成细小颗粒，从而增大比表面积；同时，超声波可推动溶液在反应器中均匀分布。③再生作用。超声波可以清除零价铁表面的沉积物以及使活性炭吸附的有机分子降解、释放，可在一定程度上再生零价铁和活性炭。④通过改变 pH 值、溶解氧等提高内电解的处理效率。但是，超声波存在经济成本高、铁屑和活性炭被超声波粉碎后造成流失等问题[17]。

（3）磁场辅助

一方面，磁场力可以产生对流效应从而缩小扩散层。另一方面，零价铁是一种铁磁性物质，能够被外部施加的磁场磁化产生感应磁场，不均匀感应磁场会产生磁场梯度，促进顺磁性物质（如 Fe^{2+}）向磁感应强度大的地方迁移，从而使零价铁发生不均匀腐蚀，延缓其表面的钝化。

（4）紫外、可见光辅助

紫外辐射既可以促进零价铁释放 Fe^{2+} 和电子，还可以直接活化 H_2O_2 等氧化剂，使其中的 O—O 键断裂，产生 ·OH。同时，紫外辐射 H_2O 还可以产生 $HO_2·$，$HO_2·$ 是一种极其不稳定的自由基，它可以进一步转化为 H_2O_2[式(5-18)]。采用可见光辐射也可起到辅助作用。

5.3.4　硫化零价铁

5.3.4.1　硫化零价铁去除污染物的反应机理

与零价铁相比，硫化零价铁（S-ZVI）的比表面积增大，氧化和团聚现象有一定程度的减小，其反应活性、电子选择性和电子传递效率、pH 适用范围以及使用寿命也得到了提高。硫化零价铁在酸性条件下较稳定，在碱性条件下反应活性更强，pH 适用范围较广。其作用机制主要包括：①零价铁表面的 FeS 可增加表面粗糙度和比表面积，提供更多反应位点，增强吸附能力并抑制零价铁团聚。②壳层的 FeS 相较于铁氧化物具有更强的导电性能。③硫化提高了零价铁的疏水性、电子选择性和还原性。零价铁上的 FeS 能够提高零价铁表面疏水性，抑制 Fe^0 与水的腐蚀反应；硫化阻断了零价铁表面的 H 吸附位点，与疏水性共同提高了零价铁的电子选择性和还原性。提高疏水性使其易与疏水性强的有机污染物反应。FeS 可直接参与还原去除污染物。④硫化可提供更多的活性物质。硫化层加快 Fe^0 释放活化剂 Fe^{2+}，同时防止 Fe^{2+} 生成铁氧化物沉淀。零价铁在硫化过程中会产生多种硫物质，包括 S^{2-}、S_n^{2-}、SO_3^{2-} 和 SO_4^{2-} 等，某些硫物质可激活氧化剂生成自由基。同时在类芬顿体系中，硫化零价铁可以通过单电子转移产生更多的 ·OH。⑤金属离子可以与 S^{2-} 通过形成不溶性金属硫化物沉淀而去除，硫化零价铁对重金属的稳定化和防止再氧化也有促进作用[8,32]。

金属离子（如 Cr^{6+}、Cd^{2+} 和 Pb^{2+} 等）能够与硫反应生成低溶解度的金属硫化物而发生共沉淀。以 Cr（Ⅵ）为例，Cr（Ⅵ）首先吸附到硫化纳米零价铁颗粒上，再通过表面 Fe^0、Fe^{2+} 和反应性硫化物物种还原为 Cr（Ⅲ），最后以铬铁（羟基）氧化物的形式固定在颗粒表面，见图 5-18 和式（5-20）和式（5-21）。类似地，和纳米零价铁相比，硫化纳米零价铁对 As（Ⅲ）和 As（Ⅴ）的去除机制会发生了变化，由吸附、还原作用转变为吸附、还原、氧化、沉淀作用。

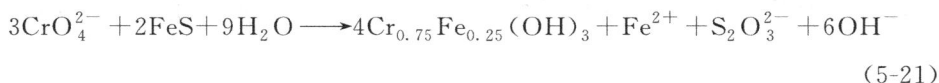

$$3Fe^{2+} + Cr^{6+} \longrightarrow 3Fe^{3+} + Cr^{3+} \tag{5-20}$$

$$3CrO_4^{2-} + 2FeS + 9H_2O \longrightarrow 4Cr_{0.75}Fe_{0.25}(OH)_3 + Fe^{2+} + S_2O_3^{2-} + 6OH^- \tag{5-21}$$

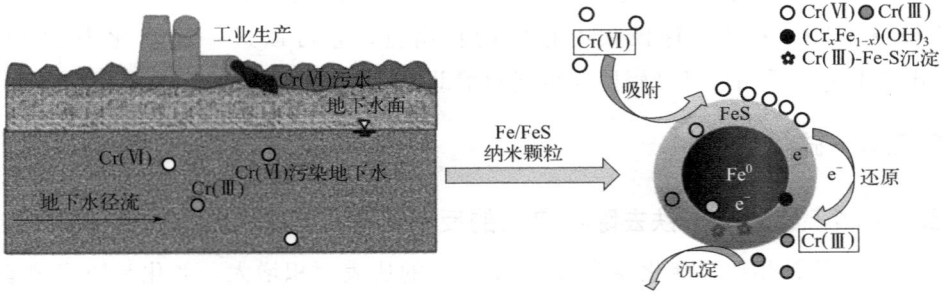

图 5-18 硫化零价铁去除 Cr(Ⅵ) 的机理[33]

硫化零价铁水处理的影响因素主要包括合成方法、S/Fe 比、硫化零价铁投加量、反应溶液 pH、溶解氧、共存离子和腐殖酸等。硫化零价铁的合成方法主要是化学合成法，物理方法相对较少。Na_2S、$Na_2S_2O_3$、$Na_2S_2O_4$ 是三种常用的硫化试剂。随着 S/Fe 比增加，污染物去除率往往呈现先升后降趋势。这是因为提高 S/Fe 比有利于提高污染物去除率，但过度硫化会导致零价铁（主要电子供体）含量降低。而且，当硫化试剂过量时，会在纳米零价铁表面形成大量的亚硫酸盐和硫酸盐，抑制零价铁电子向目标污染物转移。

5.3.4.2 硫化零价铁/高级氧化体系去除污染物的机理

硫化零价铁/高级氧化体系对水中污染物的去除机理如图 5-19 所示，除硫化零价铁本身的吸附、还原作用外，还包括硫化激活氧化剂。硫化零价铁/O_2 和硫化零价铁/H_2O_2 的主要活性物质包括 ·OH、$O_2^- ·$ 和 Fe(Ⅳ)，硫化零价铁/PS 的主要活性物质包括 ·OH、$SO_4^{-·}$ 和 Fe(Ⅳ)，其中 Fe(Ⅳ) 贡献量相对较少。Fe(Ⅳ) 反应性比 ·OH 低，但选择性更强，并具有不同的形式，如氧化物和羟基配合物以及与有机或无机配体形成的配合物。此外，硫化可在 O_2 存在时改变电子传递途径。在硫化纳米零价铁/O_2 体系中，Fe^0 的腐蚀主要通过四电子转移反应（图 5-20）进行，Fe^0 首先与 O_2 反应生成中间产物 H_2O_2，产生的 H_2O_2 大部分被 Fe^0 还原成 H_2O，一小部分 H_2O_2 被 Fe^{2+} 激活生成活性氧化剂 ·OH 或 Fe(Ⅳ)，这是由于 H_2O_2 与 Fe^0 的反应速率比与 Fe^{2+} 的反应速率快。在硫化纳米零价铁/O_2 体系中，Fe^{2+} 活化 H_2O_2 的单电子转移成为主要途径 ［见式(5-21)］，同时 Fe^{2+} 被氧化产生大量 $O_2^- ·$。因此，减少 Fe^0 与 H_2O_2 反应或增加 Fe^{2+} 对 H_2O_2 的活化可提高活性物质产量[34]。

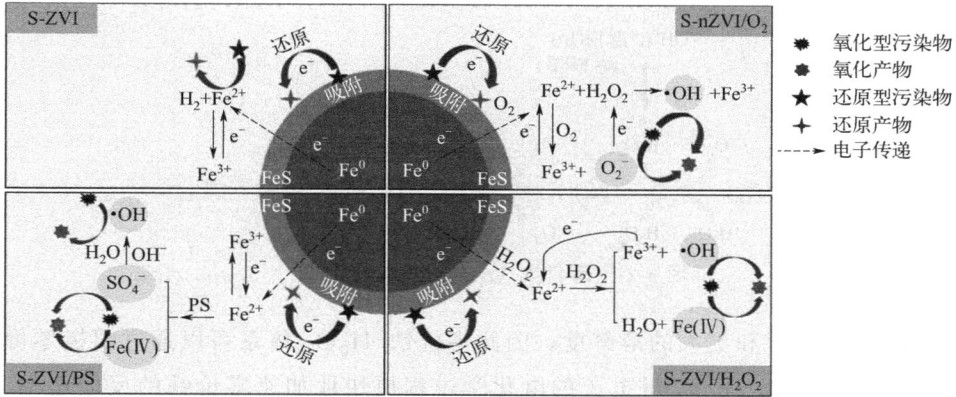

图 5-19　硫化零价铁和硫化零价铁/高级氧化技术对水中污染物的去除机理[34]

PS 为过硫酸盐

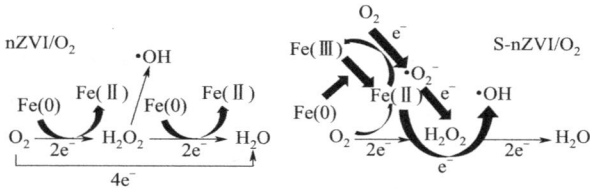

图 5-20　纳米零价铁/O_2 和硫化纳米零价铁/O_2 体系中的电子转移途径[35]

5.4　内电解与其他技术联用

5.4.1　零价铁/氧化剂高级氧化体系

（1）零价铁/氧气体系[36]

一般认为，在有氧条件下，零价铁表面会钝化导致零价铁还原能力下降。然而，在有氧环境中，零价铁会与 O_2 反应产生一系列的活性氧（ROS），如 H_2O_2、·OH 等，用于污染物的氧化降解。零价铁/O_2 体系产生 H_2O_2 的过程主要存在两种电子迁移机制，如图 5-21 所示。一种是零价铁可通过双电子传输，与 O_2 反应直接生成 H_2O_2；另一种是零价铁失电子产生的 Fe^{2+} 可以与 O_2 发生一系列的单电子传输反应，从而生成 H_2O_2。产生的 H_2O_2 与 Fe^{2+} 构成芬顿体系，产生 ·OH。

（2）零价铁/过氧化氢体系

零价铁/过氧化氢体系即内电解法与芬顿氧化的组合。相比于 O_2，H_2O_2

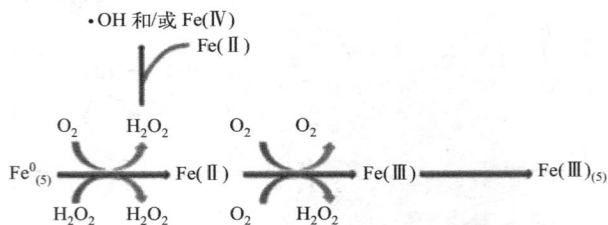

图 5-21 零价铁/O_2 体系反应机理图[25]

具有更高的 $E^{\ominus}$ 和更大的溶解度，因此零价铁/H_2O_2 体系可以通过阳极零价铁失电子和阴极 H_2O_2 得电子的电化学过程更快地加速零价铁的反应速率，加快 Fe^{2+} 的释放和电子的迁移。

微电解-芬顿氧化技术能够克服单独应用芬顿氧化时，Fe^{2+} 和 H_2O_2 消耗量大的问题。微电解处理后的废水中含有一定量的 Fe^{2+}，加入适量的 H_2O_2 即可产生芬顿试剂，从而减少药剂消耗，同时还能生成有吸附、絮凝沉淀作用的 Fe^{3+}。另外，零价铁与 O_2 作用产生 H_2O_2 的效率极低，外加 H_2O_2 可以促进微电解反应。零价铁-芬顿组合工艺的处理成本比常规芬顿法低很多。但是，铁碳微电解＋芬顿氧化技术中对各工段的 pH 值要求严格、酸碱耗量大、调节烦琐。

对于微电解-芬顿耦合处理废水，常见的有以下几种运行方式[37]：①芬顿后置运行（图 5-22）。微电解反应器的出水可为芬顿氧化提供酸性环境和催化剂 Fe^{2+}，调节经过微电解处理后的废水的 pH，然后投加 H_2O_2 溶液，与 Fe^{2+} 构成芬顿试剂。此时微电解反应和芬顿反应均可在其所需的最佳反应条件下运行。②铁碳微电解-芬顿耦合运行。在微电解反应的同时加入 H_2O_2 溶液。H_2O_2 溶液的投加方式有反应开始一次性投加和批次投加两种。对于反应

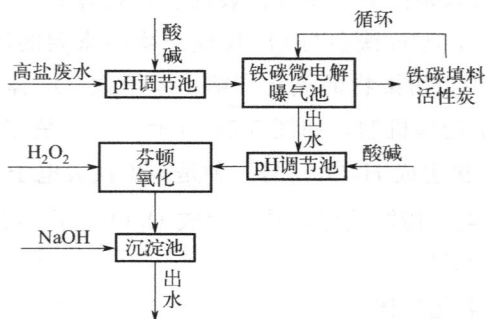

图 5-22 芬顿后置运行的微电解-芬顿组合工艺流程图[38]

开始一次性投加这种方式，过量的 H_2O_2 会与产生的 $\cdot OH$ 发生无效的分解反应生成氧气。批次投加是隔一段时间投加一次，对于这种方式，反应开始时投加少量的 H_2O_2，既不会钝化太多的铁屑，也能及时地与 Fe^{2+} 作用生成 $\cdot OH$；反应一段时间后再补加 H_2O_2，剩余的 Fe^{2+} 将 H_2O_2 催化分解成 $\cdot OH$，达到最佳处理效果。③芬顿前置运行。微电解反应中存在一些不能解决的问题，如反应时间长、处理后水质颜色差等，而芬顿预处理后能够缩短微电解的反应时间，提高反应速率[37]。

（3）零价铁/其他氧化剂体系

零价铁是活化过硫酸盐的一种有效手段。零价铁/$S_2O_8^{2-}$ 体系处理难降解有机物的反应速率很慢，据报道反应时间通常在 6 h～6 d。Fe/C 微电解耦合过硫酸盐氧化体系处理速度要快得多。这可能与活性炭（AC）自身较好的吸附作用以及活性炭表面的活性位点活化过硫酸盐有关（图 5-23）。

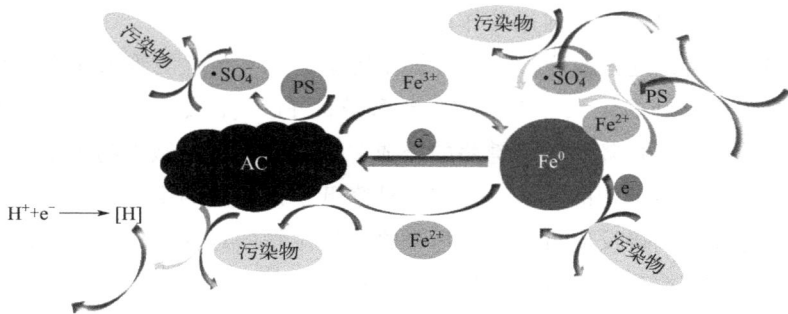

图 5-23　Fe/C 微电解活化过硫酸盐体系降解有机污染物的机理[39]

PS 为过硫酸盐；AC 为活性炭

除 H_2O_2 和过硫酸盐外，目前用来腐蚀和活化零价铁的强氧化剂还有高锰酸钾（$KMnO_4$）、重铬酸钾（$K_2Cr_2O_7$）、次氯酸钠（$NaClO$）等，这些强氧化剂也具有较高的 $E^{\ominus}$ 和较大的溶解度。

5.4.2　零价铁内电解与生物处理工艺联合

5.4.2.1　零价铁与微生物的交互作用

零价铁-微生物耦合技术对于污染物的降解效率普遍高于单一的零价铁技术和微生物技术。零价铁与微生物之间的交互作用能够解决零价铁表面钝化和微生物缺少电子供体的问题，但同时也会以某些方式彼此抑制。零价铁与微生物的交互作用如图 5-24 所示。

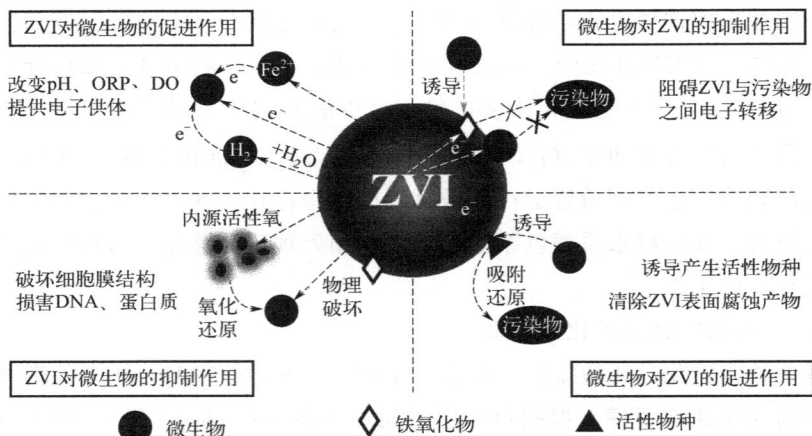

图 5-24　零价铁与微生物之间的交互作用[40]

零价铁（ZVI）与微生物的交互作用有以下 4 点[40]：

（1）零价铁对微生物促进的作用

①零价铁可以通过改变 pH 值、氧化还原电位、溶解氧等水化学条件而为微生物提供更有利的生长环境。零价铁释放的 Fe^{2+} 是微生物生长代谢所需微量元素，参与污染物降解的关键酶的合成。②零价铁可为微生物提供电子供体以促进微生物对污染物的降解。③零价铁降低了污染物的生物毒性。零价铁与污染物的直接和间接反应可以降低污染物对微生物的毒性。④加快污泥颗粒化进程，污泥的颗粒化可以减少微生物被冲刷。

（2）零价铁对微生物抑制的作用

零价铁与微生物直接接触会破坏微生物细胞膜结构；同时零价铁生成的内源性活性氧会引起细胞的氧化励迫反应，使细胞蛋白质和核酸变性。长期运行后，零价铁破坏微生物细胞膜结构，反应产生的铁氧化物沉淀在细胞表面阻碍营养物质的运输。

（3）微生物对零价铁促进的作用

一些微生物的存在能够清除零价铁表面的腐蚀产物。

（4）微生物对零价铁抑制的作用

微生物会阻碍零价铁与污染物之间的电子转移。首先，微生物吸附在零价铁表面减少了活性位点；其次，一些微生物的存在可能会加剧零价铁的钝化。

5.4.2.2　零价铁-微生物耦合体系去除污染物的机制

（1）耦合体系对氯代烃的降解机制

零价铁-微生物耦合体系主要有三种途径降解氯代脂肪烃（CAHs）（图 5-25）：

①零价铁作为还原剂与 CAHs 发生氧化还原反应，实现对 CAHs 的脱氯过程。②微生物利用零价铁腐蚀产生的 H_2 或水中简单的有机物（如乙酸）作为电子供体，与作为电子受体的 CAHs 发生氧化还原反应，从而实现 CAHs 的还原脱氯。③零价铁将 CAHs 降解为简单的中间化合物后，微生物进一步将污染物降解。此外，一些微生物还可以通过共代谢的方式实现对 CAHs 的降解。以典型 CAHs 三氯乙烷为例，其可分别通过化学路径和生物路径进行还原，但产物有所不同。

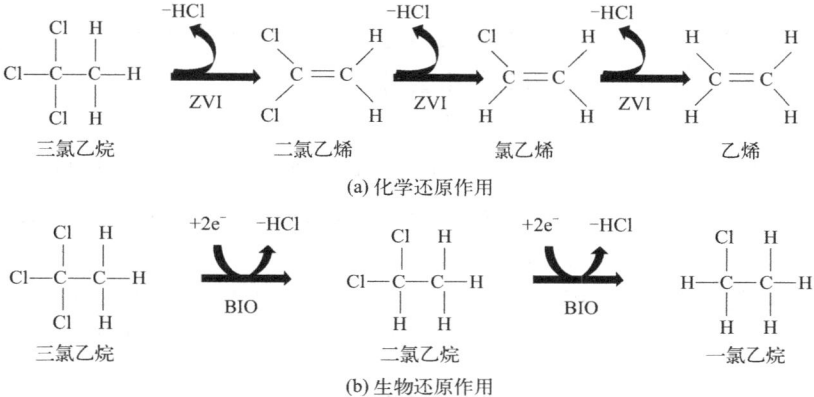

图 5-25　零价铁-微生物耦合体系对三氯乙烷的降解机制[41]

（2）耦合体系对重金属的去除机制

如图 5-26 所示，零价铁-微生物耦合体系对重金属的去除机制主要包括：①零价铁还原。Fe^0 和 Fe^{2+} 还原一些重金属［例如 $Cu(II)$、$Cr(VI)$、$Cd(II)$、$Pb(II)$ 等］，并进一步与 Fe^0 和水或氧反应生成的 OH^- 以及铁氧化物结合形

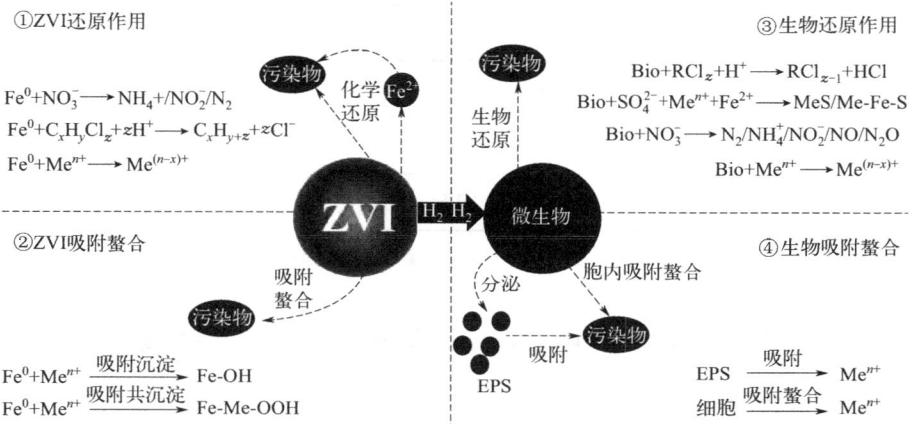

图 5-26　零价铁（ZVI）-微生物体系对污染物的降解机制[40]

成低溶性或不溶性的沉淀。②零价铁吸附螯合。微生物可以将 Fe^0 的腐蚀产物转化为绿绣、磁铁矿、针铁矿等具有一定吸附能力的物质，能够吸附重金属并将其包覆在 Fe^0 表面的氧化膜中形成不溶性沉淀。③生物还原。微生物（例如产甲烷菌、硫酸盐还原菌、产乙酸菌等）能够以 H_2 作为电子供体将重金属直接还原为低毒性的价态，或者微生物的代谢产物（例如铁还原菌的还原产物二价铁）也可将高价态的重金属间接还原。同时，硫酸盐还原菌，可以将水中的硫酸盐还原为 H_2S、HS^-、S^{2-} 等阴离子，并与重金属离子形成沉淀。④生物吸附。微生物细胞内的多肽、蛋白质等能够与重金属离子相结合，进而沉淀在细胞内部或通过分泌胞外聚合物与重金属螯合。

（3）零价铁对有机固废厌氧消化性能的影响

厌氧消化是兼性厌氧菌和厌氧菌在厌氧条件下将污泥中的有机质分解为 CH_4、CO_2、无机营养物质和腐殖质等简单化合物并且产生能量的过程。如图 5-27 所示，厌氧消化主要包括水解、酸化、产酸、产甲烷 4 个阶段。其中，酸化和产甲烷阶段的产物挥发性脂肪酸和 CH_4 是重要的能源。Fe^0 可影响挥发性脂肪酸的产量和组成以及甲烷的产生，进而影响有机固废厌氧消化性能（图 5-28）。

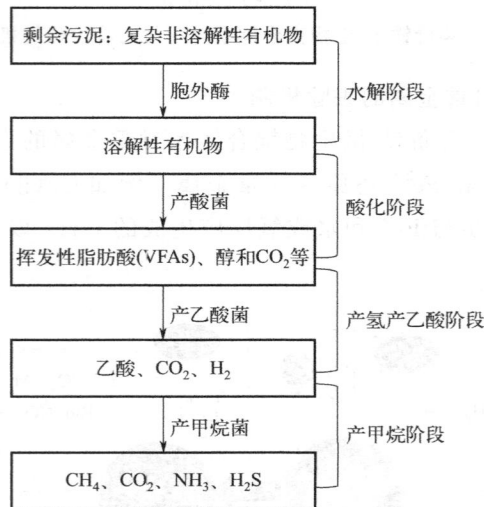

图 5-27 剩余污泥厌氧消化过程[42]

5.4.3 内电解与电解、中和沉淀、臭氧、光催化等的耦合

（1）电解与内电解的耦合

电解法和内电解法之间存在着很强的互补性。电解法产生的电场可以增强

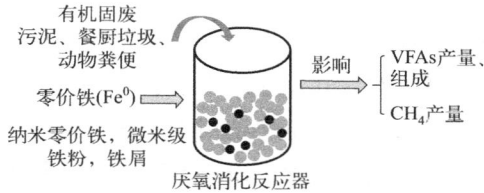

图 5-28 零价铁对有机固废厌氧消化性能的影响[43]

VFAs 为挥发性脂肪酸

内电解法的电极电位差；而内电解法形成的微电池可以分担电解法的处理负荷，而且内电解法对色度的去除十分有效。例如，Xie 等[44] 采用外加电流协助微电解反应器处理焦化废水，装置如图 5-29 所示。实验对比了单独微电解与外加电流微电解，发现后者具有较为显著的协同去除 COD 的作用。该工艺对酚类化合物的降解具有强化作用，同时活性炭的失活以及孔道堵塞问题可被有效控制，在中性条件下处理效率最高，展现了一定的 pH 缓冲能力。

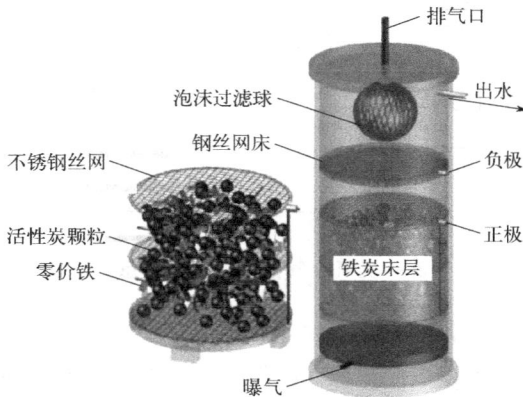

图 5-29 外加电流协助微电解反应器示意图[44]

（2）内电解与中和沉淀的耦合

通常，采用铁屑内电解法处理富含重金属的废水难以达到排放标准时，可向铁屑内电解出水中投加 NaOH 或 $Ca(OH)_2$，使残余铁、铬、铜及镍等金属离子生成氢氧化物絮体沉淀，这类絮体可吸附共沉淀内电解出水中的残留污染物[17]。

（3）内电解与臭氧的耦合

臭氧氧化法是利用臭氧水溶液产生的·OH 和单原子氧 ［O］等活性物质处理废水，而内电解产生的 Fe^{2+} 和 Fe^{3+} 可与这些活性物质组成芬顿试剂，二者具有协同作用。

臭氧氧化具有较高的脱色能力，但是有机物去除不彻底。臭氧氧化处理印染废水在碱性环境下效率更高，在反应过程中 pH 逐渐下降。微电解脱色能力较差，但对有机物去除能力强。微电解适用于酸性条件，反应中 pH 升高。两者结合可提高对印染废水的处理能力。Zhang 等[45] 采用臭氧曝气微电解处理偶氮染料 RR2 废水，其装置如图 5-30 所示。在 pH＝9 的条件下运行，废水色度可完全去除，总有机碳（TOC）去除率可达 82 %，此工艺可在较大的 pH 范围内操作。

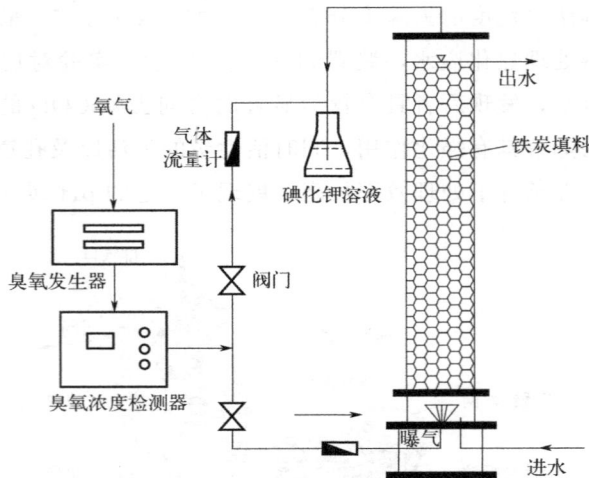

图 5-30 臭氧曝气微电解工艺示意图[45]

（4）内电解与光催化的耦合

张智宏等[46] 采用铁屑内电解-光催化氧化法处理印染废水和合成染料废水，印染废水、合成染料废水的脱色率分别达 91 %、85 %，对 COD 的去除率也分别达 83 % 和 54 %。

5.5　内电解的应用

5.5.1　处理无机污染物

（1）还原硝酸盐

零价铁还原硝酸盐的机理见图 5-31。该反应包含 4 个过程：硝酸盐的化学还原；在有氧条件下 Fe(Ⅱ) 被氧化为 Fe(Ⅲ)；零价铁表面的催化产氢反应；

硝酸盐的物理吸附。

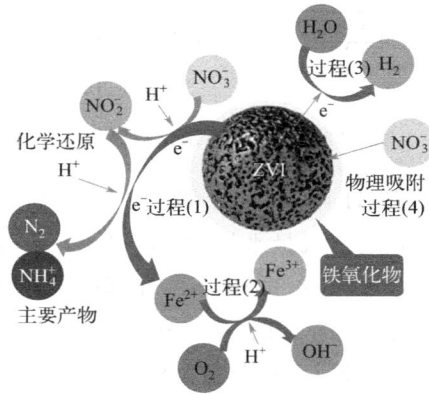

图 5-31　零价铁还原硝酸盐机理[47]

（2）去除金属离子

对于电极电位大于 $E^{\ominus}$（Fe^{2+}/Fe）（-0.44 V）的重金属离子，比如 Au^{3+}、Cr^{6+}、Hg^{2+}、Ag^+、Cu^{2+}、Pb^{2+} 等，零价铁主要是采用直接还原的方式将其去除。对于电极电位小于 -0.44 V 的金属离子，如 Ba^{2+}、Zn^{2+} 等，零价铁主要通过吸附作用将其去除。对于电极电位约等于 -0.44 V 的金属离子，如 Cd^{2+}、Co^{2+}，一般通过吸附共沉淀去除[48]。

在酸性条件下，$E^{\ominus}$（$Cr_2O_7^{2-}/Cr^{3+}$）$=1.36$ V，$Cr(Ⅵ)$ 的氧化能力较强。因此，铁屑会将毒性较强的 $Cr(Ⅵ)$ 还原为毒性较弱的 $Cr(Ⅲ)$。

$$2Fe + Cr_2O_7^{2-} + 14H^+ \longrightarrow 2Fe^{3+} + 2Cr^{3+} + 7H_2O \tag{5-22}$$

$Cr(Ⅵ)$ 也可以被 Fe^{2+} 还原为 $Cr(Ⅲ)$，再絮凝沉淀而去除。

$$CrO_4^{2-} + 8H^+ + 3Fe^{2+} \longrightarrow Cr^{3+} + 3Fe^{3+} + 4H_2O \tag{5-23}$$

宋召胜等[49] 将铁炭微电解技术用于邹平市某加工厂电镀废水的处理。该厂电镀生产以镀锌为主，日排废水 10～15 t，Cr^{6+} 浓度 12.5～23.4 mg/L。微电解反应池为 1.2 m×2.5 m，有效水深 1.8 m，共有 2 个反应池（1 个备用）。池底布设水系统，采用升流式反应，反应时间 30～40 min，沉淀时间 4～5 h。其流程见图 5-32。Cr^{6+} 和总铬的去除率均高达 99.99 %，处理后的电镀废水达到国家排放标准。

工程规模上纳米零价铁技术也已经应用于江西贵溪某铜矿含铜含砷冶炼生产废水的处理。该废水酸性强（pH=1）、盐度高（约 15 %）、重金属浓度高，其中 $Cu(Ⅱ)$ 和 $As(Ⅴ)$ 的浓度高达 8000 mg/L 和 2000 mg/L。废水首先经石

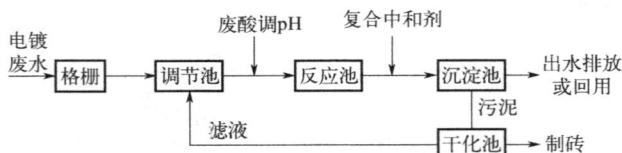

图 5-32 内电解废水处理流程[49]

灰中和沉淀预处理，再经 pH 调节（pH 调至 6～7）后作为内电解工艺进水。内电解工艺中（图 5-33），进水流量平均为 30 m^3/h，各级反应区 HRT 为 2 h，纳米零价铁平均投加量为 0.4～0.5 kg/m^3。该系统平稳运行 3 年以上，废水中砷、铜平均浓度分别从预处理后的 110 mg/L、103 mg/L 降至 0.29 mg/L、0.16 mg/L；纳米零价铁除砷、除铜负荷分别达 245 mg/g 和 226 mg/g，总体重金属去除负荷超过 500 mg/g。该工程中的剩余污泥检测到较多的 As、Cu、Fe、Na、O、C 和少量 Pb 的存在。其中铜的含量达到 10 %、砷为 8 %，值得进一步回收。最终产物的形态主要为单质铜（Cu）、氧化亚铜（Cu_2O）、$Fe_3(AsO_4)_2$ 和 Fe_3O_4。对于含金冶炼废水，也在工程应用规模上证明了纳米零价铁可以从重金属冶炼废水中进行金的回收[50]。

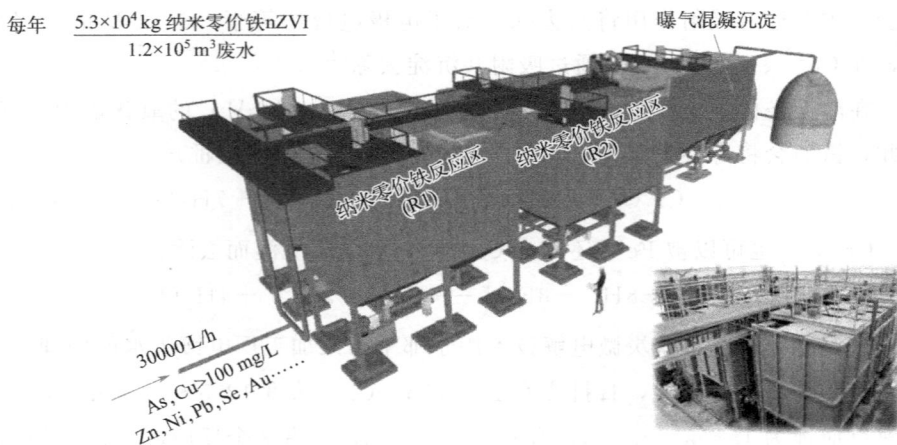

图 5-33 纳米零价铁应用于含铜含砷冶炼废水处理工程示意图[50-51]

5.5.2 处理有机污染物

（1）处理染料废水

周红艺等[52]利用零价铁处理染料废水，其色度去除率达 95.37 %，化学需氧量（COD）去除率为 41.0 %，pH 值上升。生化需氧量（BOD/COD）由处理前的 0.35 mg/L 提高到 0.55 mg/L。

（2）处理石油化工废水

石油化工废水中含有大量的芳香族硝基化合物，采用内电解处理石油化工废水时，芳香族硝基化合物被铁屑还原。铁屑被氧化后生成的 $Fe(OH)_3$ 絮状胶体具有较强的吸附和絮凝作用，能沉淀去除废水中的油类。利用油珠具有负的电动电位，可以在外电场作用下迁移的特性，使油珠很快完成电泳沉积和聚结，除油率为 70 %～80 %，高于其他除油方法。

5.5.3 可渗透反应铁墙和零价铁原位反应带修复技术

（1）地下水修复中的可渗透反应铁墙

可渗透反应铁墙技术治理污染地下水的原理见图 5-34。可渗透反应墙与地下水流方向垂直，以保证污染物与反应介质能充分反应。可渗透反应墙技术通过在地下水污染羽下游建造由反应介质组成的反应格栅，经反应介质吸附、沉淀、氧化还原和生物降解等作用，可去除地下水中的污染物。

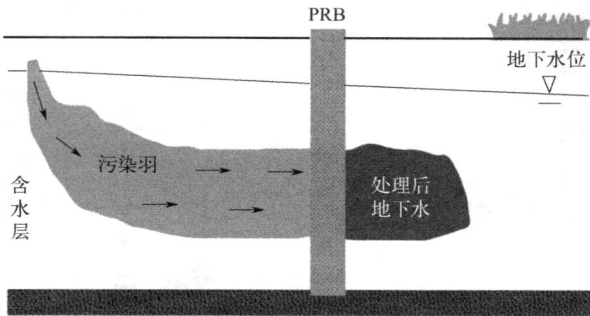

图 5-34　可渗透反应铁墙技术治理污染地下水的示意图[53]

PRB 为可渗透反应墙

可渗透反应墙技术的核心是其反应介质。截至 2007 年，在世界范围内运行的可渗透反应墙大约有 200 多个，其中有 120 个可渗透反应墙采用零价铁作为反应活性介质。成功运行的可渗透反应墙的使用寿命可长达十几年，但大多数可渗透反应墙不到 10 年，有的可渗透反应墙在 1～5 年内就出现堵塞和失活问题，而污染物的寿命可能长达数十年或更长时间。其中，反应材料的钝化和堵塞是引起性能下降的主要原因[54]。在可渗透反应墙的应用中，纳米零价铁具有粒径小、比表面积大、与污染物反应能力强、易于注入修复场地等优点，但也具有快速聚集和沉降、可能与地下水中的一些天然成分发生反应、最大使用寿命仅为 1～2 年、影响微生物群落的结构和功能组成等缺点。

（2）零价铁原位反应带修复技术

零价铁（ZVI）原位反应带（IRZ）修复技术采用微米铁或纳米零价铁等小粒径零价铁，与水（包括加入其中的稳定剂）混合形成零价铁的悬浮浆液，在重力或者加压作用下将其直接通过钻孔注入目标含水层中，并在地下水流的作用下迁移至目标污染区域（污染源区或者污染物），从而达到修复地下水的目的。图 5-35 为零价铁原位反应带修复技术的工程示意。

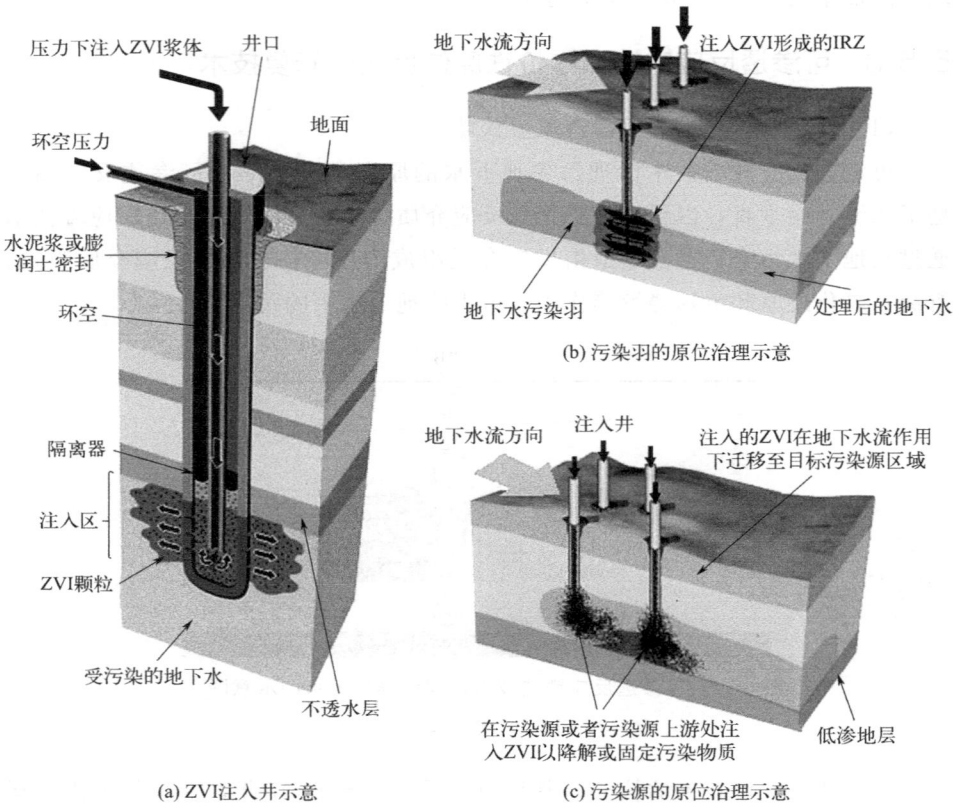

（a）ZVI注入井示意　　　　（b）污染羽的原位治理示意　　　　（c）污染源的原位治理示意

图 5-35　原位反应带地下水修复技术工程示意[55]

5.5.4　土壤修复

纳米零价铁通过吸附、还原或共沉淀作用，固化土壤重金属，减小土壤重金属活性或生物有效性，消除或降低土壤重金属污染风险。如 Singh 等[56] 用纳米零价铁修复铬污染土壤，结果表明，5 g/L 的纳米零价铁经 50 d 修复后，$Cr(Ⅵ)$ 去除率达到 99 ％；Cao 等[57] 用纳米零价铁修复铬矿渣，研究结果表明，1 g nZVI 能还原 69.3～72.7 mg Cr(Ⅵ)。

除了纳米零价铁在水处理中的共性问题外，纳米零价铁在土壤修复中还存在以下问题：a. 纳米零价铁团聚后，其粒径较大，不易穿过土壤孔隙进行修复，进而流动性变差。b. 纳米零价铁修复污染的土壤，会造成土壤板结且释放过量铁离子引起二次污染等，不利于土壤的再利用及植物的再生长。c. 纳米颗粒在疏松的介质中传递比较快，在非疏松的介质中传递很慢。将纳米零价铁与有机肥或炭基材料（活性炭、生物炭等）联合使用可克服土壤板结难题。这是因为有机肥或炭基材料可改善土壤结构、提高土壤肥力，且有机肥或炭基材料成本低廉，来源广泛。

2020 年，Nunez 等[58] 将羧甲基纤维素（CMC）稳定的 S-纳米零价铁用于受氯化物溶剂污染的地下水及周边土壤的原位修复（见图 5-36）。CMC-S-纳米零价铁通过注入井在重力作用下注入砂质含水层中。CMC-S-纳米零价铁刚注入地下水时，挥发性氯化有机物浓度迅速下降。长期降解过程中颗粒脱氯能力维持稳定，处理后的周边土壤区域挥发性氯化有机物浓度也显著下降。这项研究是从实验室到大规模应用的首次试点。

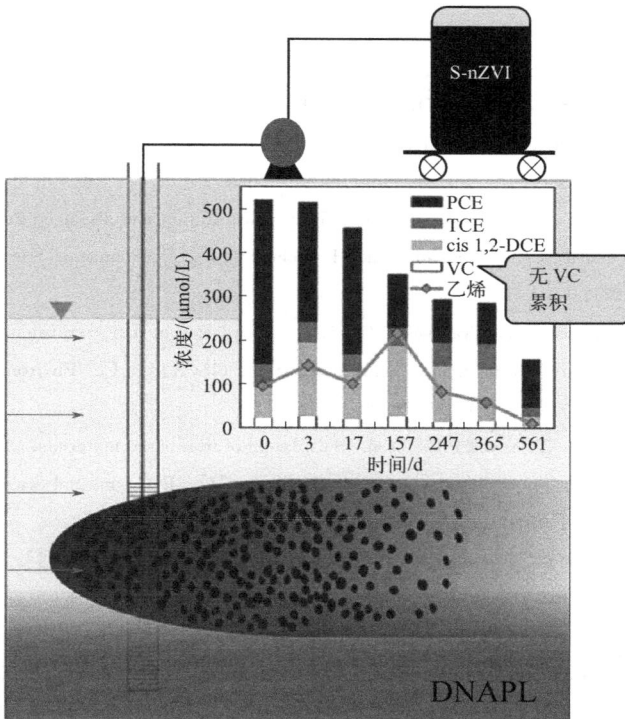

图 5-36　S-纳米零价铁用于原位地下水修复的实地研究[58]

参考文献

[1] 唐朝春，段先月，陈惠民，等. 零价铁在废水处理中应用的研究进展 [J]. 化工环保，2017，37 (1)：13-18.

[2] 王文荟，季闻翔，赵杰，等. 铁碳微电解基质在人工湿地中的作用机理及研究现状 [J]. 环境化学，2023，42 (4)：1196-1208.

[3] 程言妍，成伟东. Fe/C 微电解技术处理工业废水研究进展 [J]. 化学与生物工程，2020，37 (3)：15-18，24.

[4] Ying D W，Xu X Y，Li K，et al. Design of a novel sequencing batch internal micro-electrolysis reactor for treating mature landfill leachate [J]. Chemical Engineering Research and Design，2012，90 (12)：2278-2286.

[5] Strickler A，Kaplan A，Vigh E. Continuous microfractionation of particle mixtures by electropho-resis [J]. Microchemical Journal，1966，10 (1-4)：529-544.

[6] 周培国，傅大放. 微电解工艺研究进展 [J]. 环境污染治理技术与设备，2001 (04)：18-24.

[7] 张锦辉，张晋华，梁继伟，等. 零价铁去除水中 (类) 金属 (含氧) 离子技术发展的黄金十年 (2011—2021) [J]. 化学进展，2022，34 (5)：1218-1228.

[8] 顾凯丽，李浩贞，张晋华，等. 硫化零价铁去除水中污染物的效能及交互机制 [J]. 化学进展，2021，33 (10)：1812-1822.

[9] 韩文亮，陈海明，陈兴童. 改性零价铁降解多溴二苯醚的研究进展 [J]. 环境化学，2017，36 (7)：1474-1483.

[10] Liu Y，Majetich S A，Tilton R D，et al. TCE dechlorination rates，pathways，and efficiency of nanoscale iron particles with different properties [J]. Environmental Science & Technology，2005，39 (5)：1338-1345.

[11] Liu Y，Phenrat T，Lowry G V. Effect of TCE concentration and dissolved groundwater solutes on NZVI-promoted TCE dechlorination and H_2 evolution [J]. Environmental Science & Technology，2007，41 (22)：7881-7887.

[12] Fan D M，Johnson G O，Tratnyek P G，et al. Sulfidation of nano zerovalent iron (nZVI) for improved selectivity during in-situ chemical reduction (ISCR) [J]. Environmental Science & Technology，2016，50 (17)：9558-9565.

[13] Fan D M，Lan Y，Tratnyek P G，et al. Sulfidation of iron-based materials：A review of proces-ses and implications for water treatment and remediation [J]. Environmental Science & Technology，2017，51 (22)：13070-13085.

[14] 刘清，刘欢，招国栋，等. 硫化纳米零价铁在水环境修复中的研究进展 [J]. 应用化工，2021，50 (5)：1330-1334，1340.

[15] Tang J，Tang L，Feng H P，et al. pH-dependent degradation of p-nitrophenol by sulfidated nanoscale zerovalent iron under aerobic or anoxic conditions [J]. Journal of Hazardous Materials，2016，320：581-590.

[16] 雍文彬，孙彦富，陈震华，等. 铁屑微电解法处理农药废水的研究 [J]. 环境污染治理技术与

设备，2002 (3)：86-87，64.

[17] 鞠峰，胡勇有. 铁屑内电解技术的强化方式及改进措施研究进展 [J]. 环境科学学报，2011，31 (12)：2585-2594.

[18] 石晓东，尹福成. 内电解-Fenton 氧化工艺在苯胺废水处理中的应用 [J]. 科技情报开发与经济，2010，20 (16)：172-174.

[19] 宋忠忠，李杰，孙静. 铁碳微电解填料的研究及应用现状 [J]. 绿色科技，2017 (6)：48-50，55.

[20] 苏志敏，韩严和，刘立娜. 铁碳微电解填料改性的研究进展 [J]. 现代化工，2022，42 (5)：35-39.

[21] Yan W，Herzing A A，Kiely C J，et al. Nanoscale zero-valent iron (nZVI)：Aspects of the core-shell structure and reactions with inorganic species in water [J]. Journal of Contaminant Hydrology，2010，118 (3)：96-104.

[22] 王山榕，徐佰青，王永剑，等. 纳米零价铁应用于土壤地下水修复的研究进展 [J]. 当代化工，2021，50 (12)：2952-2957.

[23] SongN，Xu J，Cao Y，et al. Chemical removal and selectivity reduction of nitrate from water by (nano) zero-valent iron/activated carbon micro-electrolysis [J]. Chemosphere，2020，248：125986.

[24] 何川，李灿华，李明晖，等. 纳米零价铁的制备及其可持续性评估 [J]. 工业水处理，2024，44 (1)：44-59.

[25] Guan X，Sun Y，Qin H，et al. The limitations of applying zero-valent iron technology in contaminants sequestration and the corresponding countermeasures：the development in zero-valent iron technology in the last two decades (1994-2014) [J]. Water Research，2015，75：224-248.

[26] 祁宝川，徐志亮，易校石，等. 生物炭负载纳米零价铁的制备及其在环境修复中的研究进展 [J]. 化学通报，2023，86 (7)：815-823.

[27] 王伟. 纳米零价铁处理重金属废水应用研究 [D]. 上海：同济大学，2016.

[28] 张永祥，杜伟，李雅君，等. 纳米零价铁在水处理中的应用研究综述 [J]. 中国环境科学，2022，42 (11)：5163-5178.

[29] Li S，Yan W，Zhang W. Solvent-free production of nanoscale zero-valent iron (nZVI) with precision milling [J]. Green Chemistry，2009，11 (10)：1618.

[30] 金旭，刘方，杜嬡，等. 纳米纤维负载型纳米零价铁基材料在环境修复中的应用研究进展 [J]. 纺织学报，2022，43 (3)：201-209.

[31] 杨竞莹，施万胜，黄振兴，等. 改性纳米零价铁材料制备的研究进展 [J]. 化工进展，2023，42 (6)：2975-2986.

[32] 李盟，唐宝玲，陈胜文，等. 硫化零价铁的制备、表征及其在环境领域的应用进展 [J]. 上海第二工业大学学报，2019，36 (4)：243-255.

[33] Li D，Mao Z，Zhong Y，et al. Reductive transformation of tetrabromobisphenol A by sulfidated nano zerovalent iron [J]. Water Research，2016，103：1-9.

[34] 廖兵，叶秋月，胥雯. 硫化零价铁及其耦合高级氧化技术在水处理中的研究进展 [J]. 环境科学研究，2022，35 (7)：1636-1646.

[35] Su Y M，Jassby D，Song S K，et al. Enhanced oxidative and adsorptive removal of diclofenac in heterogeneous Fenton-like reaction with sulfide modified nanoscale zerovalent iron [J]. Environmental Science & Technology, 2018, 52 (11): 6466-6475.

[36] 杨世迎，任腾飞，张艺萱，等. 水环境中 ZVI/氧化剂体系及其电子迁移作用机制 [J]. 化学进展, 2017, 29 (4): 388-399.

[37] 畅飞，刘艳妮，赵丹，等. 微电解-Fenton 耦合处理废水的反应机理与研究进展 [J]. 西安文理学院学报（自然科学版）, 2014, 17 (1): 17-20, 43.

[38] 周海飞，王玉萍. 微电解-芬顿组合工艺去除冶炼废水中的有机物 [J]. 应用化工, 2022, 51 (2): 334-339.

[39] 肖鹏飞，安璐，韩爽. 炭质材料在活化过硫酸盐高级氧化技术中的应用进展 [J]. 化工进展, 2020, 39 (8): 3293-3306.

[40] 袁梦姣，王晓慧，赵芳，等. 零价铁与微生物耦合修复地下水的研究进展 [J]. 中国环境科学, 2021, 41 (3): 1119-1131.

[41] Yang J, Meng L, Guo L. In situ remediation of chlorinated solventcontaminated groundwater using ZVI/organic carbon amendment in China: Field pilot test and full-scale application [J]. Environmental Science and Pollution Research, 2018, 25 (6): 5051-5062.

[42] 冯应鸿. 零价铁强化剩余污泥厌氧消化的研究 [D]. 大连：大连理工大学, 2014.

[43] 储思琴，马佳莹，徐玉璐，等. 零价铁在有机固废厌氧消化过程中的应用研究进展 [J]. 环境工程, 2021, 39 (8): 141-149.

[44] Xie R, Wu M, Qu G, et al. Treatment of coking wastewater by a novel electric assisted micro-electrolysis filter [J]. Journal of Environmental Sciences, 2018, 66: 165-172.

[45] Zhang X, Dong W, Sun F, et al. Degradation efficiency and mechanism of azo dye RR2 by a novel ozone aerated internal micro-electrolysis filter [J]. Journal of Hazardous Materials, 2014, 276 (9): 77.

[46] 张智宏，宋封琦. 铁屑过滤-光催化氧化处理染料废水 [J]. 江苏石油化工学院学报, 2003 (3): 27-29.

[47] 任爽，王鹏，王亚娥，等. 零价铁材料还原水中硝酸盐的研究进展 [J]. 精细化工, 2022, 39 (10): 2005-2015.

[48] 马健伟，任淑鹏，宋亚瑞，等. 零价铁技术在废水处理领域的应用研究进展 [J]. 化学通报, 2019, 82 (1): 3-11.

[49] 宋召胜，张迎新. 铁屑活性炭综合处理电镀废水 [J]. 电镀与环保, 1998 (06): 31-32.

[50] Li S L, Li J H, Wang W, et al. Recovery of gold from wastewater using nanoscale zero-valent iron [J]. Environmental Science: Nano, 2019, 6 (2): 519-527.

[51] Jana N R, Sau T K, Pal T. Growing small silver particle as redox catalyst [J]. The Journal of Physical Chemistry B, 1999, 103 (1): 115-121.

[52] 周红艺，汪大翚，黄新文. 废铁屑处理难生物降解染料废水 [J]. 环境污染与防治, 2002 (4): 219-221.

[53] 徐慧超，乔华艺，赵勇胜，等. 零价铁基可渗透反应墙技术治理 Cr(Ⅵ) 污染地下水的研究进展 [J]. 安全与环境学报, 2023, 23 (11): 4143-4151.

［54］ 李志建，魏丽，倪恒. 零价铁可渗透反应屏障钝化和堵塞研究进展及案例分析 ［J］. 环境工程，2022，40（2）：206-213，224.

［55］ Crane R A，Scott T B. Nanoscale zero-valent iron：Future prospects for an emerging water treatment technology ［J］. Journal of Hazardous Materials，2012，211：112-125.

［56］ Singh R，Misra V，Singh R P. Removal of Cr（Ⅵ）by nanoscale zero-valent iron（nZVI）from soil contaminated with tannery wastes ［J］. Bulletin of Environmental Contamination and Toxicology，2012，88（2）：210-214.

［57］ Cao J，Zhang W. Stabilization of chromium ore processing residue（COPR）with nanoscale iron particles ［J］. Journal of Hazardous Materials，2006，132（2）：213-219.

［58］ Garcia A N，Boparai H K，Chowdhury A I A，et al. Sulfidated nano zerovalent iron（S-nZVI）for in situ treatment of chlorinated solvents：A field study ［J］. Water Research，2020，174：115594.

第 **6** 章

微生物电化学

微生物广泛分布于土壤、水和空气环境中，承担着有机物的分解或还原，相关反应涉及电子转移与氧化还原，在元素的生物地球化学循环以及物质能量转化过程中发挥着重要作用。微生物电化学技术是一种利用微生物催化降解有机物并将其中的化学能直接转化为电能的水处理技术。微生物电化学系统（MES）有潜力将传统的能源密集型、以处理为重点的工艺系统转化为回收能源、营养物质、水和其他增值产品的综合系统。因此，微生物燃料电池被引入环境领域，应用于废水处理、污泥处置、环境修复、资源回收利用、生物电传感器、生物电合成等方面。

生物电化学技术结合了生物技术和电化学还原/氧化技术的优势，兼顾污染物降解和能源、资源回收。然而，目前微生物电化学系统仍存在废水处理效率低等问题。因此，强化污染物去除的同时提高微生物电化学系统的电子回收率/电流密度是该技术发展的重点和难点。微生物电化学系统未来的研究趋向主要包括：①电场与微生物的相互作用以及二者对污染物的协同降解机制，微生物电化学及其耦合技术对于污染物的协同降解机制，为微生物电化学及其耦合技术的开发利用提供理论依据。②筛选高效的产电菌和有机物降解菌，开发相应的耐电流高效固定微生物处理技术。③优化选择阳极、阴极、导线以及质子膜等材料，提高电子传递效率和能量效率，提高稳定性并降低成本。制备新型的电子传递中间体，促进传递效率。无介体电池中，微生物长时间附着电极会引起电极孔隙堵塞，降低电子传导速率。因此，寻找高效且对生物无毒的电子介体是提高电子传递效率的关键。④反应器构型（含电池组）的优化和完善，电源管理系统优化。目前微生物燃料电池的构型存在运行不稳定、处理能力小等问题，为满足工程化应用，改进构型，选择合适的进水模式，提高其传质效率和输出电压，降低能耗，控制微生物群落生长的 pH、温度和负荷率等变量及多级体系的串并联等。⑤与其他物理、化学和生物等方面的技术结合，实现污染物更高效的降解，或推动燃料电池耦合体系在交叉学科领域中的应用，如在废水处理的同时实现脱盐、产氢、重金属回收等。目前已有的耦合技术有电芬顿、光电催化、人工湿地、膜生物反应器、电解和超声技术等，未来也需要开发出更多的耦合可能性。同样，对耦合系统的操作运行、参数的控制维护还需要不断优化。

6.1 电化学/生物水处理方法的组合形式和实用电池基础知识

6.1.1 电化学/生物水处理方法的组合形式

电化学方法可以作为生物预处理、生物后处理方法，以及电化学/生物一体化反应器的组合单元技术。

（1）电化学作为生物预处理方法

电化学作为预处理方法，使难降解的污染物降解到某一特定阶段，提高其可生化性，再与生物法相结合，从而可以彻底地去除污染物。如处理的污染物含有氮、磷等元素，经电化学预处理后，产生的氮、磷等物质还可以作为后续生物处理的营养源。

（2）电化学作为生物后处理方法

电化学方法作为后处理手段，可以去除经生物处理后水中的难降解残留物，还可以对生物处理出水起到消毒作用。

（3）电化学/生物一体化组合方法

电化学/生物耦合技术强调电化学和生物反应在同一反应器中进行，因此与前述两种组合工艺有所不同。电化学/生物耦合技术不但综合了生物法处理成本低和易于操作、电化学处理难降解污染物效果好的特点，而且可将电化学反应中引起电流效率降低的副反应如产热、析氧、析氢、电迁移等用于生物反应中，因此使电流效率和处理效果提高，同时降低了处理成本。

6.1.2 实用电池基础知识

（1）实用化学电池组成[1]

实用化学电池一般由四个基本部分组成，即电极、电解质、隔膜及外壳。电极是电池的核心部分，由活性物质、导电材料和添加剂组成，有时还包含集

图 6-1　电池的组成部分

流体（图 6-1）。活性物质是能够通过化学变化将化学能转变为电能的物质，导电材料主要起传导电流、支撑活性物质的作用。电池内的电极又分正极和负极。导电材料也常用作集流体，如图 6-2 和图 6-3 所示的铅锑合金栅架和泡沫镍（Ni-MH 电池常用导电材料）；在锌碳电池中用碳棒作为正极集流体，在碱性锌锰电池中用铜针作为负极集流体。外壳也常用作集流体，例如在碱性锌锰电池中是正极集流体，在 Ni-Cd、Ni-MH 电池中则是负极集流体。

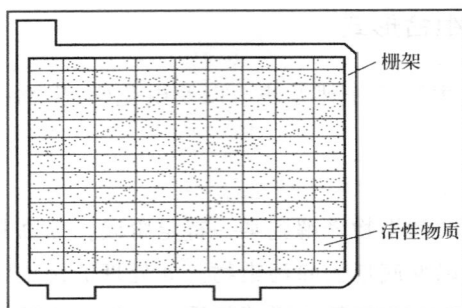

图 6-2　铅酸电池的正负极结构
活性物质涂于铅锑合金栅架上

图 6-3　泡沫镍

（2）化学电源的主要性能指标[1]

①电压。包括开路电压、工作电压、额定电压、中值电压、充电电压等。电池不放电时，电池两电极之间的电位差称为开路电压。电池的开路电压会因电池正、负极与电解液的材料而异，同种材料制造的电池，不管电池的体积有多大，几何结构如何变化，其开路电压基本都是一样的。工作电压是电池输出电流时，电池两电极间的电位差。②比能量、比功率。单位质量或单位体积电池输出的电能、功率称作电池的比能量、比功率。③内阻。电池的内阻是指电流通过电池内部时所受到的阻力（图 6-4）。

（3）电池性能的测试[1]

由于测量导线与电池之间存在接触电阻（图 6-5），因此若电压线与电流线合二为一，那么由于接触电阻导致的电位降在大电流测量时是非常大的。

放电曲线通常有两种形式：电压-放电时间（或放电容量）曲线（图 6-6）；电压-放电电流曲线图（图 6-7）。一般一次电池与二次电池常采用电压-时间曲线，而燃料电池由于是连续电池，短时间内电压随时间变化很小，因此常用电压-电流曲线，进一步可得到功率-电流曲线。

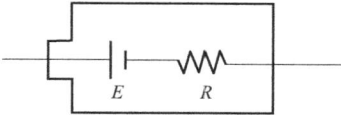

图 6-4　电池可等效为有
内阻的电源

图 6-5　四端子测量示意图
在正负极上引出的电压测量线、
电流测量线都必须分开

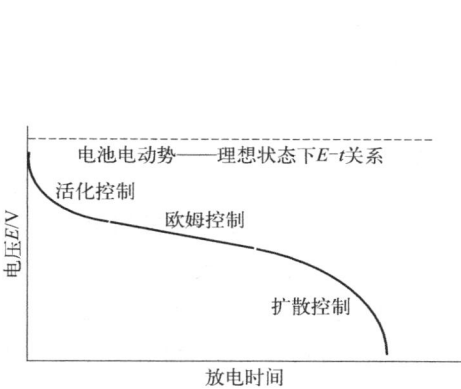

图 6-6　电压-放电时间曲线

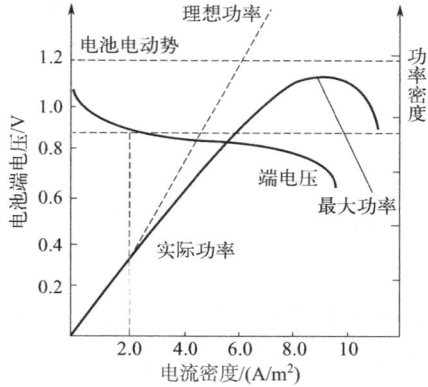

图 6-7　端电压-电流和功率-电流关系

6.2　微生物电化学系统的工作原理、特点及分类

6.2.1　微生物电化学系统的工作原理

微生物电化学系统主要由 4 部分组成，即电极、微生物、基质和外电路。根据电能使用方式不同，微生物电化学系统分为微生物燃料电池和微生物电解池。微生物电化学系统的基本结构及原理如图 6-8 所示。微生物电化学系统的工作原理是附着在阳极上的微生物与溶液中基质（污染物）相互反应产生电子及氧化产物等，产生的电子经外电路传递到阴极，与阴极上的电子受体相结合，生成还原产物。以乙酸盐作为底物为例，式（6-1）和式（6-2）分别表示两电极表面发生的化学反应。当氧气作为阴极电子受体时，存在两种反应方式，

即四电子途径［式(6-2)］和二电子途径［式(6-3)］。

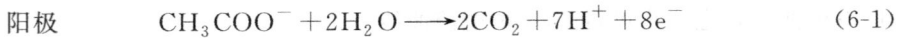

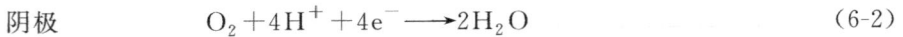

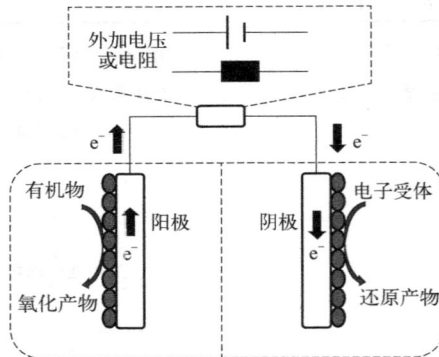

阳极 $\qquad CH_3COO^- + 2H_2O \longrightarrow 2CO_2 + 7H^+ + 8e^-$ (6-1)

阴极 $\qquad O_2 + 4H^+ + 4e^- \longrightarrow 2H_2O$ (6-2)

$\qquad O_2 + 2H^+ + 2e^- \longrightarrow H_2O_2$ (6-3)

图 6-8　微生物电化学系统基本结构及原理[2]

　　微生物电解池中通过外加电压（＞0.2 V）来弥补阳极与阴极间电位差的不足，以引发并加速非自发反应的进行。外加电源对细胞生长、底物消耗、脱氢酶活性和生物高分子的合成具有刺激作用。通过直接（从电极到细菌的电子转移）和间接刺激（通过水电解反应的电子转移）提高基质的利用率。微生物电解池可以对有机物进行有效降解及产氢。

　　电极的电化学状态和腐蚀过程影响着微生物膜的性质和生长状态，而微生物膜的形成、发展和消亡的过程也影响着电极的电化学状态和腐蚀过程，即微生物膜与电极存在着相互作用。

　　生物电化学系统降解污染物的机制可分为以下三类：①生物阳极。这一类型生物电化学系统由生物阳极和非生物阴极组成。在生物阳极附着了产电微生物和污染物降解细菌，污染物作为电子供体和碳源，电场刺激微生物通过分泌酶来快速代谢污染物。铁氰化钾或氧气通常作为非生物阴极的电子受体。②生物阴极。这一类型生物电化学系统通常需要外部能量供应，即为微生物电解池，以保证较低的阴极还原电位，阳极依然为微生物阳极，阴极也接种微生物并添加污染物。污染物在生物阴极的降解机理主要包括直接电化学还原和生物降解反应。③阴极产生自由基。阳极产生的电子通过外电路转移到阴极，阴极处氧气与电子反应生成 H_2O_2，H_2O_2 在紫外线照射或阴极材料的作用下产生自由基，如·OH，自由基氧化并破坏污染物。

按照微生物燃料电池的阴极是否附着微生物可分为化学阴极微生物燃料电池和生物阴极微生物燃料电池。化学阴极微生物燃料电池的阴极室一般以贵金属（如铂）、金属配合物作为催化剂还原氧气生成水，或添加电子介体参与电极反应，如图 6-9(a)、(b) 所示，二者均为化学反应，因此该体系被称为化学阴极微生物燃料电池。生物阴极微生物燃料电池是指阴极室中也有功能微生物，它们能够附着在电极表面形成生物膜，电子由电极传递给微生物并发生相应的生物电化学反应如图 6-9(c)、(d)。与化学阴极相比，生物阴极具有以下优点：a. 不需要添加化学催化剂或人工介体，降低了微生物燃料电池的构建成本；b. 不存在化学催化剂失活现象，可提高微生物燃料电池的长期稳定性；c. 在阴极室生长的微生物也可处理废水，生成有工业价值的产品，实现资源的综合利用。根据电极反应对氧气的需求可以将生物阴极分为两种类型，a. 好氧生物阴极，如电极表面微生物还原氧气生成水 [图 6-9(c)]；b. 厌氧生物阴极，比如厌氧条件下微生物以硝酸盐等作为最终电子接受体将其还原 [图 6-9(d)]。

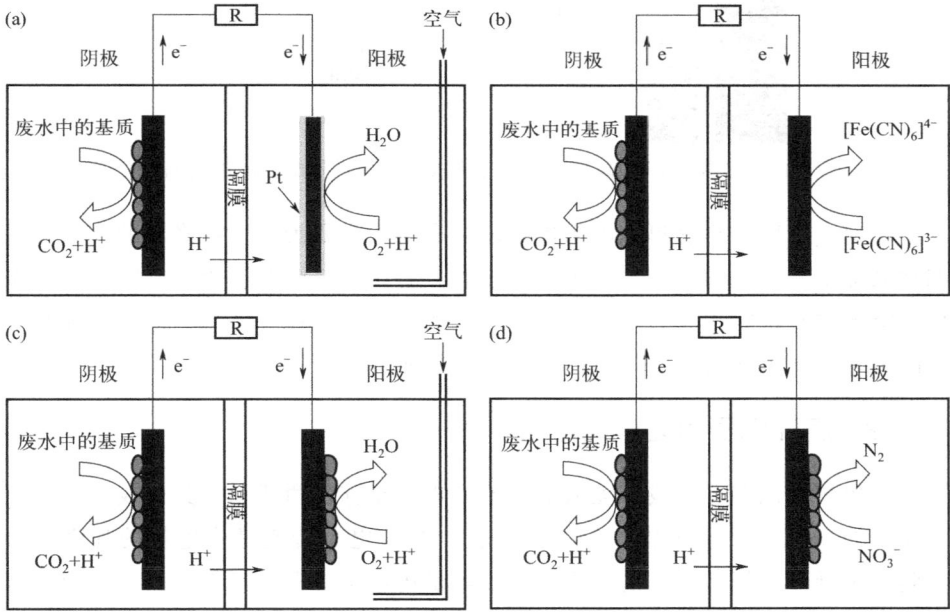

图 6-9　化学阴极微生物燃料电池（a）和（b）和生物阴极微生物燃料电池（c）和（d）的工作原理[3]

传统生物处理法的能耗约为 $1500 \sim 1700 \ kW \cdot h/t$，而废水中所蕴含的能量大约为其能耗的 9.3 倍[4]。然而，现有的微生物燃料电池产电极低，以 O_2

为电子受体时的理论最高电压为 1.2 V，再加上各种过电位的消耗，实际电压更低。大部分废水处理的研究是在阳极室中进行的，废水中所含的有机物主要以碳源和电子供体的形式被阳极微生物所利用，其总能量的消耗途径主要包括未被氧化的能量、微生物的合成与代谢、阴极的活化电势、电阻和扩散消耗以及阴极再生，整个阳极系统有 22 %～30 %被转化为电能[5]，如图 6-10 所示。目前，微生物燃料电池的最高产电功率达到 4700～6400 mW/m²，与化学电池相比仍然低几个数量级[6]。虽然无法将微生物燃料电池作为电源直接使用，但是可用于生态环境修复、污染物降解。

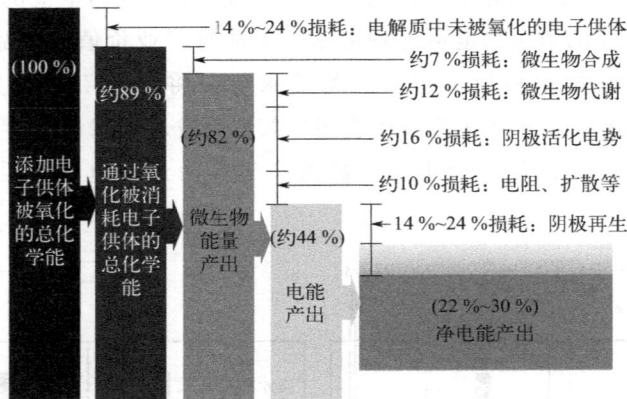

图 6-10　外阻为 200 Ω，Ag_2O/Ag 阴极微生物燃料电池的能量回收[5]

　　目前，在微生物燃料电池阳极处理的有机物主要为易生物降解的废水，例如食品加工废水、酿酒废水、市政污水等；对于难降解的有机污染物，需要添加易降解的有机物作为共基质，即在共代谢的条件下被降解。另外，含硫废水中的硫离子也可作为电子供体被产电微生物所利用[4]。

6.2.2　胞外电子传递机制

　　微生物可以在有氧或者无氧的条件下进行新陈代谢活动，其中线粒体是产生能量的主要场所，被称为"动力车间"。胞外电子传递是将生物的呼吸链从细胞质膜延伸至细胞膜上的过程。胞外电子传递是指电子经细胞膜由胞内向胞外终端电子受体传递的过程。具有胞外电子传递能力的微生物称为电化学活性微生物。胞外电子传递有两种机制[7]：①直接电子传递，通过细胞膜表面的蛋白酶或者纳米导线等进行传递；②间接电子传递，通过电子穿梭体进行传递，穿梭体可以是人为添加的有机或者无机物质，也可以由细菌产生（图 6-11）。

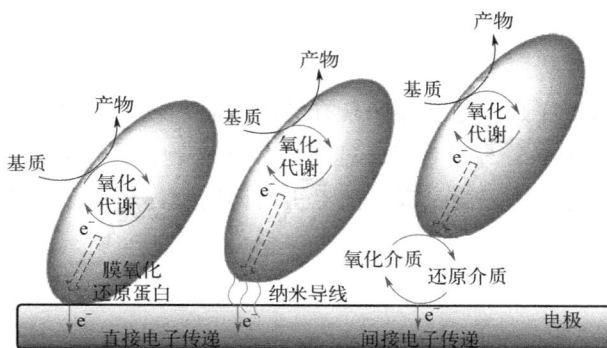

图 6-11　产电微生物与电极之间的电子传递机制[8]

（1）直接接触传递[7]

一些电化学活性微生物具有高效的直接电子传递效率，如地杆菌科和希瓦氏菌属，它们通过膜上的转运蛋白，将电子从细胞内部传递到外膜上的固体电子受体上（图 6-12）。其中，细胞色素 C、多血红素蛋白是目前常见的电子传递蛋白，因而影响直接电子传递过程的主要限制因素就是细菌与电极的接触情况。革兰氏阳性菌通过磷壁酸形成生物膜并参与直接电子传递，磷壁酸具有黏

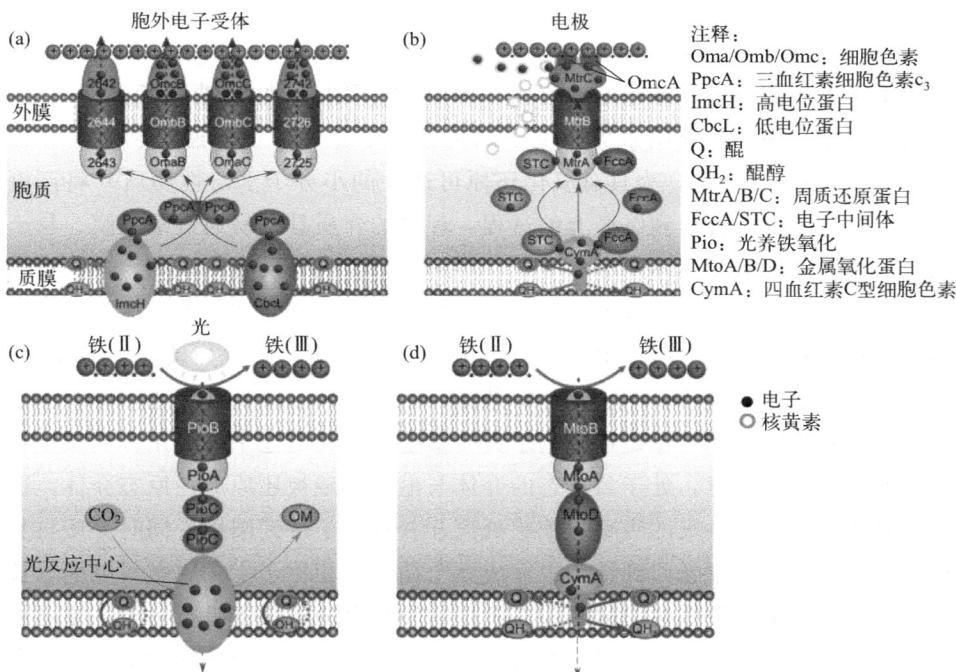

注释：
Oma/Omb/Omc：细胞色素
PpcA：三血红素细胞色素 c_3
ImcH：高电位蛋白
CbcL：低电位蛋白
Q：醌
QH_2：醌醇
MtrA/B/C：周质还原蛋白
FccA/STC：电子中间体
Pio：光养铁氧化
MtoA/B/D：金属氧化蛋白
CymA：四血红素C型细胞色素

● 电子
○ 核黄素

图 6-12　胞外电子传递路径[9-10]

（a）硫还原地杆菌；（b）希瓦氏菌；（c）沼泽红假单胞菌；（d）铁氧化革兰氏阴性菌

附细菌于电极表面的功能，因而可以使膜蛋白与电极直接接触。

（2）纳米导线传递

微生物纳米导线是细胞膜外侧具有导电性能、直径在纳米级别、长度可达数十微米的鞭毛或菌毛。鞭毛可通过摆动控制细胞运动。图 6-13 为细菌表面菌毛结构及菌毛传递电子的过程，菌毛蛋白协助胞内电子穿过细胞外膜并到达电极表面。

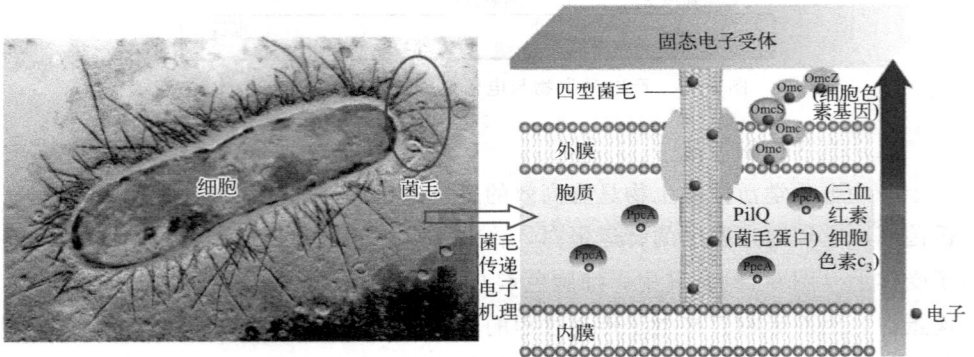

图 6-13　纳米导线微观结构[9,11]

（3）间接电子传递[7]

由于大多数微生物细胞的外层由不导电的脂质膜、肽聚糖及脂多糖组成，因此，需要添加一些介质来促进电子的传递。中介体转运传递指利用中介体（或称电子穿梭化合物，为具有氧化还原可逆性的小分子水溶性物质）将产电微生物产生的电子转运到电极上的过程。理想的介质具有易通过细胞膜、易于从电子传递链的电子载体上夺取电子、溶解性好、电极反应速率高、生物难降解、无毒等特性。中介体既可以是微生物体内的化合物，如黄素、绿脓素、醌类、吩嗪类和奎宁类物质，也可以是人工补充的化学物质，如硫堇、中性红、亚甲基蓝、麦尔多拉蓝、2-羟基-1,4-萘醌、乙二胺四乙酸、铁氰化物等，但这些合成介质的毒性和不稳定性限制了其在微生物燃料电池中的应用。当微生物胞内产生大量电子时，处于氧化态的介体与电子接触被还原成还原态介体，还原态介体受到阳极电极的吸引从细胞处离开并将电子带到阳极，同时介质自身被氧化为氧化态又重新回到细胞中完成整个循环。相比于生物膜燃料电池，长时间使用下有电子介体参与的悬浮态微生物燃料电池电极不易被污染，导电性能具有明显优势。提高细胞膜的通透性是加速电子穿梭体介导的微生物胞外电子转移的一种途径，与革兰氏阳性菌相比，革兰氏阴性菌由于其固有的薄膜结构，提高通透性相对容易些。当大肠杆菌受到连续的电子放电应力时，其外膜上会形成更大的空隙。用壳聚糖、乙二胺四乙酸、聚乙烯亚胺等渗透剂在细菌外膜上穿孔，可增加细菌外膜的通透性。

6.2.3 微生物电化学技术的优点和缺点

（1）优点

微生物电化学技术具有以下优点：①可控性强，通过调节电流和电压可以控制反应强度，避免副反应发生，提高反应选择性；②污泥产率低，微生物电化学系统的阳极为厌氧状态，阴极电子受体为氧气和氧化性物质，使系统兼具好氧与厌氧处理工艺特征，加上电流强化污染物去除，因此微生物电化学技术处理比传统厌氧处理更彻底；③体系运行无需或仅需少量外源能量，微生物电化学系统运行过程中无需曝气，并且可将污水直接能源化，从而达到能量自给的效果。

微生物电解池能够把多种有机物和实际废水中的混合物定向转化为所需的资源物质。微生物电解池生产 H_2 与化学法相比操作条件温和、能耗低；与传统生物发酵相比，氢气转化率高、纯度高，避免了乙酸、丁酸等副产物。微生物电解池体系中，乙酸盐转化为 H_2 的电压为 0.11 V，不足电解水制氢（1.23～2.00 V）的 1/10，电能消耗仅为 1～3 kW·h/m³，而传统电解工艺的耗电量高达 4.5～5.0 kW·h/m³[6]。

（2）缺点

微生物电化学技术的主要限制因素在于由生物体系电子传递速率低决定的较低的能源回收效率以及较弱电场导致的污染物降解效率低。就目前而言，微生物电化学技术存在诸多不足：废水处理效率低、处理容量小、装置成本高、输出功率低且不稳定等。现今使用最广泛的金属催化剂是铂金属，然而铂较为昂贵，且属于重金属，使用后对环境会造成一定污染。此外，质子交换膜材料价格昂贵。

6.2.4 微生物电化学系统的结构类型

单体微生物燃料电池的结构类型见表 6-1 和图 6-14。单室结构的微生物燃料电池以空气作为阴极，氧气为阴极电子受体，无须设置阴极室。双室微生物燃料电池由阳极室和阴极室构成，阳极上附着产电微生物，阴极室中有阴极和催化剂，两极室通过质子交换膜连接。相比双室微生物燃料电池，单室微生物燃料电池节约了原材料成本，同时阴、阳极间距较小使内阻降低，输出功率相对较高。与单室微生物燃料电池相比，双室微生物燃料电池可分别控制阴极和阳极的进水水质，在处理难生化废水中具有较大的优势。然而，传统双室微生物燃料电池需要使用昂贵的质子交换膜，不仅增大了体系内阻，还增加了运行成本。填料型微生物燃料电池类似于流化床反应器，其以石墨颗粒、碳毡和其他物质作为阳极的填充材料，使得阳极表面积增加，有利于微生物的生长。但阳极表面积的增加导致微生物燃料电池的体积增大，降低了单位体积微生物燃料电池的发电量。近年来涌现出平板式、升流式、堆栈式以及微通道微生物燃料电池等结构，平板式微生物燃料电池水力停留时间较长，升流式和堆栈式微生物燃料电池水力停留时间相对较短但有较高的容积负荷，微通道微生物燃料电池则表现出较高的处理效率。升流式微生物燃料电池是由升流式厌氧污泥床反应器的构型拓展而来。升流式微生物燃料电池可以实现连续进水出水，废水处理容量大。

表 6-1　微生物燃料电池反应器单元类型[12]

分类标准	微生物燃料电池形式
反应室数量	单室、双室、多室
反应器结构	平板式、圆盘式、管状、滚筒式
分隔类型	盐桥、无膜、阴离子交换膜、阳离子交换膜
流动类型	序批式、连续流
阴极类型	空气阴极、生物阴极、化学阴极

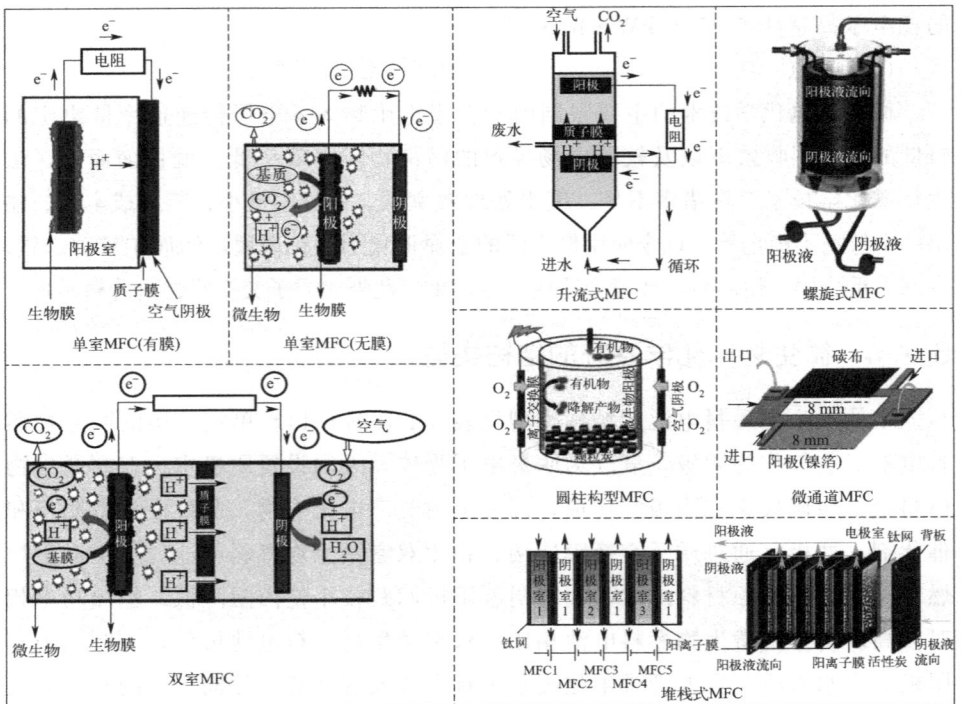

图 6-14　不同结构的微生物燃料电池反应器[13]

6.3 微生物燃料电池堆栈

6.3.1 堆栈构型

目前，微生物燃料电池在实际应用中还存在着电池规模小、输出电能低等问题，因此需要对微生物燃料电池进行规模化放大。然而，单纯地增加单体微生物燃料电池的体积，将增加电池内阻，导致能量损失加大。微生物燃料电池堆栈是在保持单体微生物燃料电池性能的基础上，通过将多个单体电池进行串并联连接，提高微生物燃料电池的输出电压、电流以及功率，是实现微生物燃料电池规模化放大的主要手段。微生物燃料电池堆栈内部各单体电池的连接方式主要分为串联连接、并联连接、串联-并联连接、并联-串联连接 4 种方式（图 6-15）。其中，串联连接可以提高输出电压，并联连接可以提高输出电流。

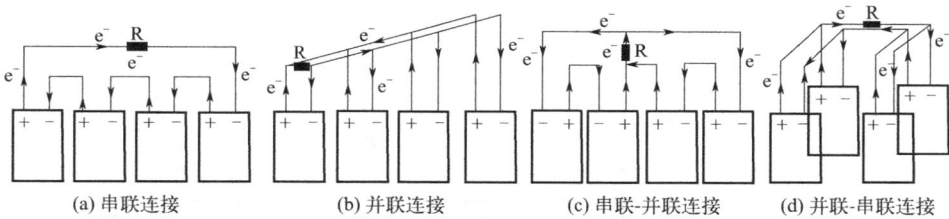

(a) 串联连接　　　　(b) 并联连接　　　　(c) 串联-并联连接　　(d) 并联-串联连接

图 6-15　微生物燃料电池堆栈的 4 种电力连接方式[14]

管式结构和平板式结构是最常见的两种组合电池单体的微生物电化学系统构型。管状阴阳极间采用间隔材料隔开。通常管状阴极位于阳极外侧与空气接触，或插入阳极室之内形成中空管状保持空气流通（图 6-16）。平板式结构具有长方形的阴阳极隔室，两隔室之间由间隔材料隔开（图 6-17）；在空气阴极反应器中，阴极固定于阳极室的一侧或对侧表面构成间隔材料-电极结构或控制阴阳极间距使其保持物理隔离形成间隙-电极结构。

6.3.2 微生物燃料电池串并联存在的主要问题及解决方案

6.3.2.1 主要问题

（1）极性反转[16]

在串联微生物燃料电池中，经常发生某一个或多个电池的阴极电位低于阳极电位（图 6-18），当阴极电位下降至低于阳极电位（或阳极电位上升至高于

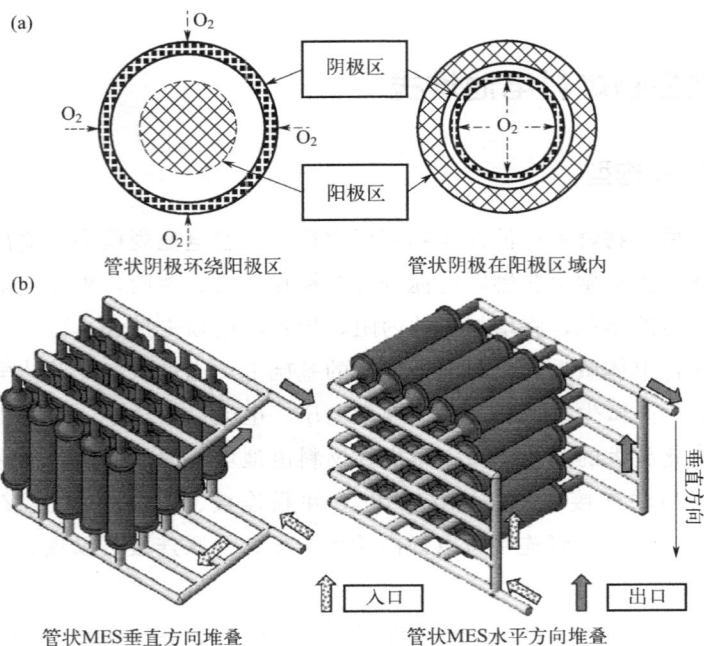

图 6-16　管状微生物电化学反应器特征（a）和堆栈构型（b）示意图[15]

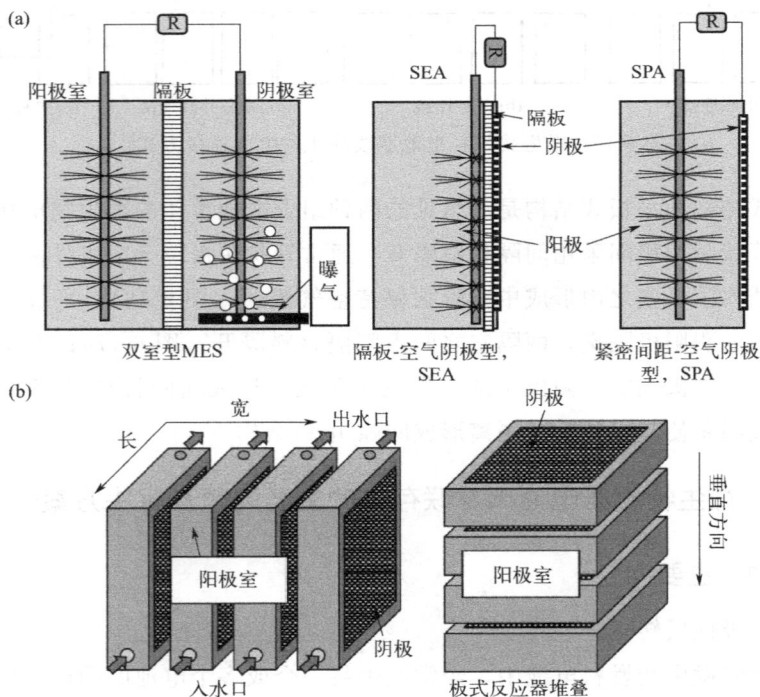

图 6-17　板状微生物电化学反应器构型示意图（a）及其堆栈方式（b）[15]

阴极电位）即发生了极性反转。这一现象在化学或生物燃料电池串联体系中都会发生，主要原因是串联体系中某个或多个电极性能较差，当串联电流密度达到一定值，该电极过电位过大，造成阴阳极极性反转。当某个微生物燃料电池出现反转时，其他串联电池会对其进行充电，因而会造成串联体系性能大幅下降。任何影响电极性能的因素都可能造成电池的反转，如电极面积、材料、电子供体或受体浓度、微生物功能、串联的位置、水力停留时间等。

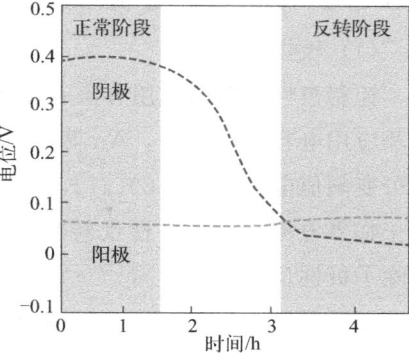

图 6-18　极性反转过程中微生物燃料电池的阴阳极电位变化示意图[16]

（2）离子交互电位损失

目前报道的大多微生物燃料电池堆栈仅对单体的电极进行电路连接，单体之间的阴阳极溶液相互独立。而实际应用时阴阳极溶液往往需要在不同单体间连续流通，如在废水处理过程中，进水从一端电池进入，然后依次流经第 2、3 个电池，进行连续处理。对于多电池的串并联体系而言，其阳/阴极往往需要处于同一沉积物/上覆水环境中，因而实际应用时阴阳极产生的电子和质子等会随水流迁移，造成过电位或寄生电流，即离子交互电位损失（图 6-19）[16]。

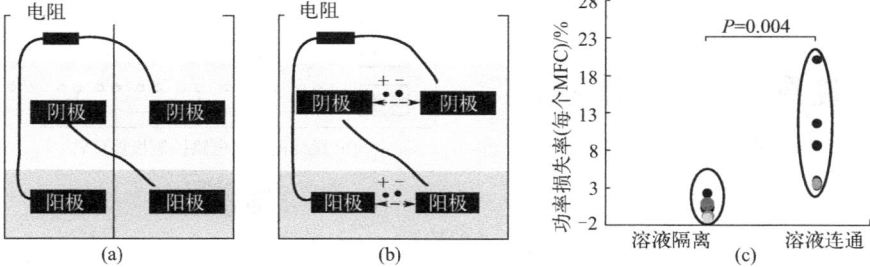

图 6-19　离子交互损失示意图

（a）溶液隔离条件下串联电池的离子交互可以忽略；（b）溶液连通条件下串联电池电极之间的离子交互造成电压和电能损失（虚线箭头代表离子转移）；（c）隔离和连通条件下并联微生物燃料电池堆栈中每增加一个微生物燃料电池单体的功率损失率[17-19]

（3）微生物燃料电池串并联电极的微生物群落变化

当多个微生物燃料电池串联时，各电极的氧化还原电位会自发进行协调，以维持电流输出。电极电位的变化将影响周围的微生物及理化环境。

6.3.2.2 极性反转控制和电路管理系统

（1）极性反转控制

控制极性反转的常用方法有设计阈值电阻、调节内部阻抗、增加辅助电流以及应用电容器电路等。An 等[20] 在 2 个单体微生物燃料电池串联电路中插入可变阈值电阻［图 6-20(a)］，通过调节阈值电阻的阻值，控制电路中的电流低于临界电流（发生极性反转时的最大电流），从而有效避免了电池的极化，消除了极性反转。Kim 等[21] 设计电容器电路避免了微生物燃料电池堆栈的极性反转［图 6-20(b)］。电池堆栈先与 4 个超级电容器并联连接，对其进行充电，再将另外 4 个超级电容器与外电路用电设备串联连接，当与电池堆栈并联连接的超级电容器充电完成后，转动开关，使其与外电路用电设备串联连接的超级电容器接通，释放储存在其中的电能。由于微生物燃料电池堆栈释放的电能被储存在电容器中，避免了不同单体微生物燃料电池的相互影响，消除了电池堆栈的极性反转。但是利用超级电容器控制极性反转，其充放电过程只能实现 50 ％的能量传递，因此存在一定的能量损失。

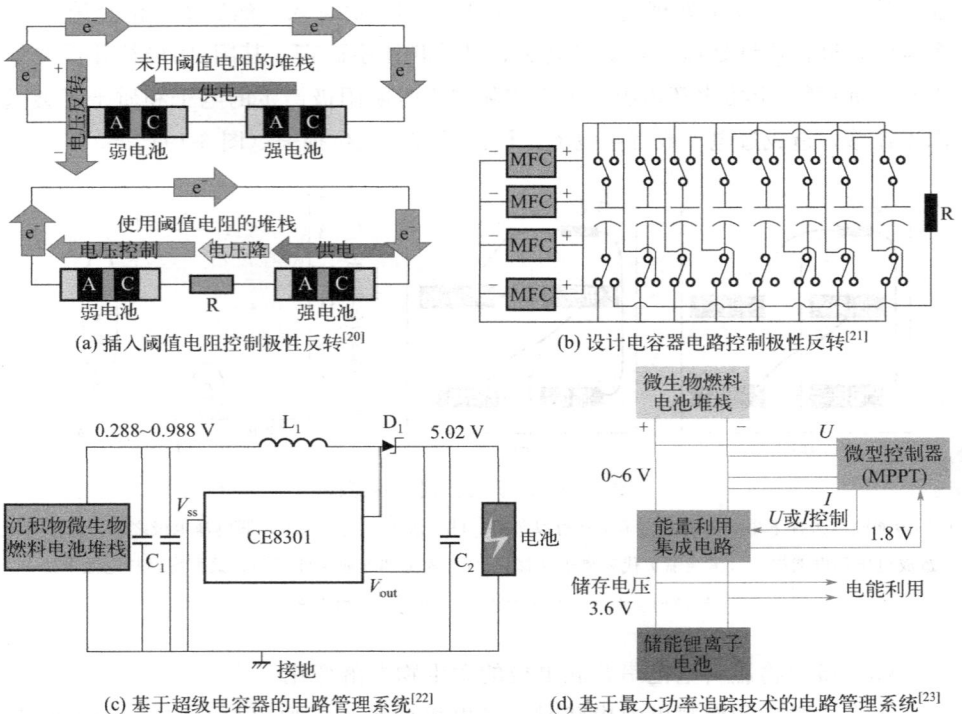

(a) 插入阈值电阻控制极性反转[20]　　　　(b) 设计电容器电路控制极性反转[21]

(c) 基于超级电容器的电路管理系统[22]　　　　(d) 基于最大功率追踪技术的电路管理系统[23]

图 6-20　微生物燃料电池堆栈的控制

（2）电路管理系统

为提高对微生物燃料电池堆栈的控制，降低微生物燃料电池堆栈的能量损失，在实际应用中微生物燃料电池堆栈会进一步装配由充电泵、超级电容器、DC/DC转换器等储能以及升压元件组成的电路管理系统，该系统可对微生物燃料电池堆栈进行升压以及定量调控微生物燃料电池堆栈的输出电压[图6-20(c)]。另外，一种常用的电路管理系统是最大功率追踪技术，该技术可通过调节每个单体微生物燃料电池外电路的电阻阻值，来维持该电池在最大输出功率下运行［图6-20(d)］。

6.4 影响生物电化学系统性能的因素

生物电化学系统对污染物的去除效果受许多因素的影响，包括电极因素（外加电压、电极材料）、环境因素（温度、光照、基质、盐度、磷酸盐、接种物、金属离子、细菌群落结构、碳源）、污染物浓度及其理化性质、水力停留时间等。

6.4.1 电极因素

（1）电极材料

电极材料对于细菌附着电极生长、电子转移和电化学效率等至关重要。理想的电极材料需要同时具备较高的导电性、电催化活性、比表面积、机械强度、耐腐蚀性、生物相容性、低成本和环保等特性。微生物燃料电池中所使用的电极材料分为阳极材料及阴极材料两种。目前微生物燃料电池的阳极材料主要包括各种碳基材料（传统碳材料、碳纳米管和石墨烯等）、天然生物质、金属电极以及导电聚合物[13]。目前，应用最多的是碳刷、碳纸、碳毡、碳布、碳棒和石墨片等碳基材料，这些碳基材料具有较高的机械强度、比表面积以及生物相容性。然而，碳基材料由于其脆性、体积大和过电位大而难以大规模应用。目前修饰阳极的材料可以分为金属、金属氧化物及其复合材料、纳米碳复合材料、导电聚合物及其复合材料。相比于碳基材料，金属材料具有更高的导电性和机械强度，因此被广泛应用于生物电化学系统中。微生物在金属表面的附着力低于碳基材料，为提高其生物相容性，通常采用表面涂层、化学处理、热处理和电化学处理等手段改变金属材料电极表面的形貌与化学性质。目前微生物燃料电池的常用阳极材料如图6-21所示。表6-2给出了部分阳极材料优缺点对比。

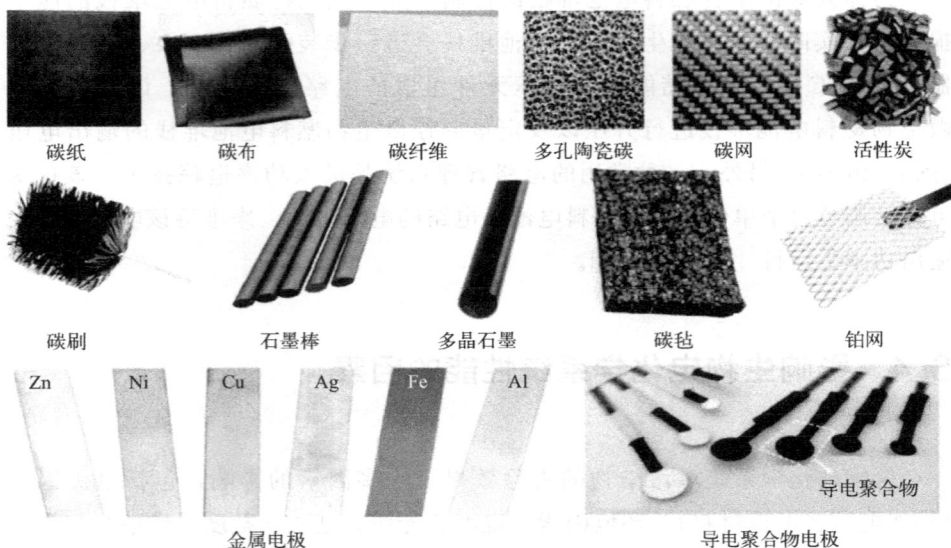

图 6-21　用于微生物燃料电池阳极的电极材料[24]

表 6-2　部分阳极材料优缺点对比[13]

阳极材料	优点	缺点
天然生物质	来源广泛、廉价易得、生物相容性好、制备方法简单、孔道结构丰富、利于扩散传质	电阻高、机械强度差
传统碳基材料	经济适用、稳定性高、孔隙率低、导电性良好、比表面积大、生物相容性好、制备简单	导电性较差、机械强度差、耐久性弱、成本适中
碳纳米管	韧性较好、抗拉强度高、电化学活性高、比表面积高	存在生物毒性、成本较高、有一定不稳定性
金属/金属氧化物	催化活性好、电阻低、导电性好、机械稳定性强、热稳定性高	不耐腐蚀、化学性能不稳定、有一定生物毒性、耐久性弱
导电聚合物	过电位低、电阻小、能量密度高、比表面积大、可放大、有一定的化学稳定性	易脱落、合成方法复杂、导电性一般
石墨烯及其衍生物	电化学活性高、化学稳定性好、机械强度高、超高比表面积、生物相容性好	成本较高
天然生物质制备氧化石墨烯复合材料（氧化石墨烯/金属化合物）	导电性高、耐久性和稳定性好、机械稳定性好、热化学稳定性好、高比表面积、孔道结构可调、生物相容性好、易制备	制备时间较长

金属、非贵金属和贵金属均被用作微生物燃料电池阴极材料。目前对微生物燃料电池阴极的研究多是采用改性修饰方法使其具有较低的电子转移电阻、

更快的氧气吸附和更高的传递效率等方面。按微生物燃料电池阴极工作原理可分为化学阴极、空气阴极和生物阴极等，对应的电极材料也有显著差异。化学阴极液常用铁氰化钾、高锰酸钾、重铬酸钾和过氧化氢等氧化剂，空气阴极的氧还原反应速率很慢，因此需要催化剂来加速反应过程。生物阴极依赖电活性微生物或酶催化还原反应。微生物燃料电池阴极分类及其对比见表6-3。

表 6-3 微生物燃料电池阴极分类及其对比

阴极类型	氧化剂	电极材料要求	优点	缺点	应用方向
化学阴极	人工氧化剂	耐腐蚀碳材料	反应速率快	需持续投加化学试剂	实验室短期研究
空气阴极	空气(O_2)	疏水碳基＋氧还原催化剂	无须氧化剂	氧还原速率慢，成本高	规模化电池系统
生物阴极	微生物/酶	多孔碳材料＋生物膜	绿色可持续，多功能	启动慢，电流密度低	废水处理与能源回收同步

（2）电压和电流

外加电压的高低可以影响微生物的活性、电极表面的氧化还原反应程度及电子传递速率。适当的电压可促进细胞内电子的迁移和酶的活性，增加极板附近直接或间接产生的强氧化物质，从而提高污染物的去除率。但是，过高的电压会诱发微生物代谢失调，甚至直接杀死微生物，同时伴随着能量和副反应的增加，经济成本增高。

6.4.2 反应器构造和隔膜材料

不同构型微生物燃料电池的阴、阳极室的容积和分隔间隙均有差异，由此导致水力停留时间和电子传递效率有所差异，进而影响其处理效率和产电能力。根据电极板的放置方式，电化学生物反应器可分为平行式和垂直式两种。此外，通过在极板内填充导电颗粒（活性炭、石墨颗粒、纤维膜等），构成三维电化学生物系统，这些填充填料不仅可为微生物的附着生长提供场所，也可在电场作用下加快电子传递速率，从而提高污染物的去除率。

在两极间设置隔膜材料不仅可以增加两极中氧化还原反应所需的物质浓度，还可以提高电池的产电效率及传递速率。但是膜易受到胞外聚合物、溶解性微生物产物、胶体颗粒及微生物本身的污染，使得膜使用寿命降低、导电性能下降。微生物燃料电池中隔膜包括阳离子交换膜、阴离子交换膜、双极膜、微滤膜、超滤膜、多孔纤维织物、玻璃纤维等。如何选择适合的分隔材料主要应考虑下列因素：①去除污染物的类型和分隔材料对它们的选择性；②电导率的高低和对微生物燃料电池内阻的影响，高电导率的分隔材料能提高体系的功率；③气体的扩散透过情况，如氧气扩散会影响厌氧体系微生物的活性；④长期使用过程中的耐污染程度，包括物理、化学和生物污染；⑤机械强度和价格。目前多采用阳离子交换膜及 Nafion 质子交换膜作为分隔材料，但价格较高，因此制备廉价、高效、不易堵塞的膜材料是今后的重点研究方向。

6.4.3 电化学活性微生物

微生物在微生物燃料电池阳极表面形成的群落称为电活性生物膜，其中生长了大量电活性微生物。目前，最常用的电化学活性微生物分为细菌与真菌两种，适宜生存的环境多为厌氧或兼性厌氧环境。对微生物的要求是价格便宜、易培养并能产生高电流密度。电化学活性细菌分为纯种菌和混合菌 2 种。纯种菌中最典型的主要有希瓦氏菌和硫还原地杆菌。这 2 种细菌的电化学活性及电子输出能力较强，但需要严苛的生活环境，因而较难获取。混合菌相对于纯种菌而言，获取更容易，对底物的选择更广泛。混合菌接种最为常见的途径是取用生活污水或污水处理厂活性污泥，或者运行一段时间后的微生物电化学系统反应器菌液。在微生物电化学系统中，混合菌的活性同样受到碳源、电子供体、菌落结构等的影响。实际废水污染物种类众多，因此混合菌较纯种菌具有更高的降解效率。在电活性生物膜内部，存在微生物的种间作用，如协同共生及种间竞争等，对复杂污染物的降解有一定影响。

6.4.4 溶液因素

（1）温度和 pH

温度和 pH 是微生物生长的两个关键因素。温度过低，细胞膜的通透性和酶的活性均降低，微生物的生长受到抑制；温度过高，会使细胞失活，甚至微生物死亡。不同菌种对温度的适应范围略有差异，例如，厌氧氨氧化菌最佳的生长温度为 30～40 ℃，硝化菌为 15～30 ℃，反硝化菌为 20～30 ℃，而产电菌为 20～39 ℃。

pH 值影响直接氧化、间接氧化和微生物的活性以及粒子电极的吸附性。大多数微生物易在偏中性的环境下生存。例如，产电菌、厌氧氨氧化菌、硝化菌和反硝化菌的最适宜 pH 分别为 6.6～7.5、6.7～8.3、8.0～8.4 和 6.5～8.0。

（2）溶解氧（DO）

空气有 3 个作用：一是为微生物提供氧气；二是促进传质；三是为电化学反应提供氧气。不同微生物对溶解氧的需求有显著差异。厌氧氨氧化菌是微耐氧细菌，有研究表明，1%的饱和氧即可抑制其活性；反硝化菌是兼性厌氧菌，然而溶解氧浓度过高同样会对其产生抑制作用；大多数产电菌是兼性厌氧微生物，能适应较大范围的溶解氧浓度变化；而硝化菌多为好氧菌，当溶解氧浓度低于 2 mg/L 时，硝化过程将受到抑制。

（3）有机物

目前，对于生物电化学的研究仍然处于实验室阶段，通常采用组成较为简单的合成废水进行研究，而实际废水成分复杂，含有许多有毒物质，这将严重影响氧化菌与其他功能菌的生长代谢。例如，有机物不利于生物电化学中厌氧氨氧化菌的生长。同时，大量繁殖的异养反硝化菌将与厌氧氨氧化菌竞争电子受体 NO_2，形成基质竞争抑制，进一步影响系统的厌氧氨氧化性能。

（4）盐度

难降解废水通常具有较高的盐度，使得高盐废水具有很好的导电性能。但过高盐分会直接造成厌氧微生物的细胞脱水，引起原生质分离，降低厌氧微生物活性甚至导致其死亡。

（5）外源物质

外源物质可能作为共底物或电活性降解剂，促进阳极微生物选择性富集，增强微生物对有机物的代谢，从而提高微生物电化学系统的降解效率。

（6）进水负荷

随着废水中污染物初始浓度的增大，增加了吸附、氧化以及微生物氧化负荷，使废水处理效率下降。

6.5 微生物电化学与其他技术的耦合

本节介绍的是单体微生物燃料电池与其他技术的耦合，微生物燃料电池堆栈与其他技术的耦合请参阅文献 [14]。

目前，单独使用微生物燃料电池技术处理难降解废水往往无法获得较好的效果，存在的普遍问题是批次处理量小、处理效率及电子利用率较低。将微生物燃料电池与其他技术耦合往往能够发挥两种技术的作用，达到同时处理污水和产电的效果。部分耦合体系如图 6-22 所示。

微生物电解池与微生物燃料电池耦合（图 6-22 中的 MFC-MEC），其电压由微生物燃料电池提供。该体系主要利用废水产生的电能实现微生物电解池的产氢或产甲烷。

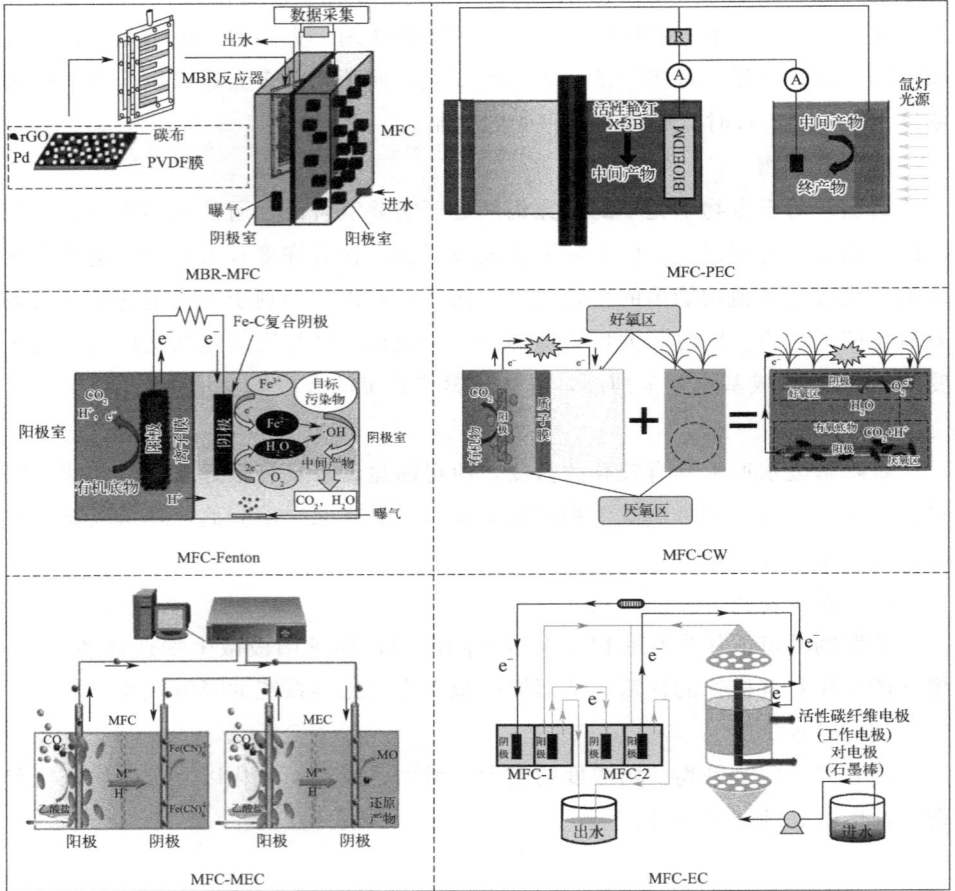

图 6-22 微生物燃料电池耦合不同技术用于废水处理的示意图[13]

MFC：微生物燃料电池；MBR：膜生物反应器；PEC：光电催化；CW：人工湿地；

MEC：微生物电解池；EC：电化学催化

　　将微生物燃料电池和芬顿作用结合，电子从微生物燃料电池的阳极转移到阴极，阴极处氧气通过二电子还原途径生成 H_2O_2，亚铁离子与 H_2O_2 发生芬顿反应生成 $\cdot OH$ 和 Fe^{3+}，而 Fe^{3+} 又被阴极电子还原为 Fe^{2+}。因此，通过生物电芬顿系统，阴极原位可持续地生成 $\cdot OH$。根据 H_2O_2 产生位置和方式的不同，将微生物燃料电池耦合电芬顿系统分为两类，即原位耦合系统（图 6-22 中的 MFC-Feton）和异位耦合系统（图 6-23）。

　　微生物燃料电池-人工湿地耦合系统如图 6-22 中的 MFC-CW 所示，阳极的产电微生物由根沉积物和废水提供，阴极的 O_2 则由上半部分的植物茎叶通

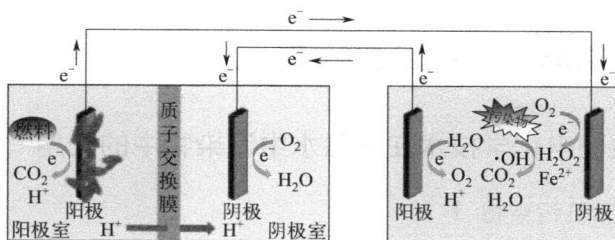

图 6-23 微生物燃料电池-电芬顿异位耦合系统示意图[25]

过光合作用产生。人工湿地型微生物燃料电池中阳极区域的微生物厌氧分解废水和植物根系的有机物产生电子（e⁻）和质子（H⁺），e⁻通过介体（如铜导线等）传递至阳极，阳极通过导线将电子传递至阴极，而H⁺通过流动扩散至阴极，与电子受体（O_2 或 NO_3^-）反应生成水或氮气，从而完成发电和含氮废水的去除。在湿生植物、挺水植物、浮叶植物以及沉水植物中，凤眼莲是目前应用最广泛、产电功率增加最明显的植物，产电功率密度可达 80.08 mW/m^2。人工湿地型微生物燃料电池仅限于废水轻度污染的情况。随着污染物浓度的增加，有机物量超过微生物正常呼吸代谢所需量，导致阴极板上的微生物量与溶解氧消耗量增加，同时植物系统受废水中毒性物质的抑制，产氧量减少。

光合藻类微生物燃料电池如图 6-24 所示。在阴极室中，微藻通过光合作用产生氧气，氧气作为电子受体参与氧还原反应生成水。光合藻类微生物燃料电池的优点在于微藻既可通过光合作用为阴极反应提供氧气，又能利用废水中有机物、氮和磷合成自身生长所需的营养物质，从而进一步提高微生物燃料电池对废水中有机物和氮、磷等物质的去除效果[25]。

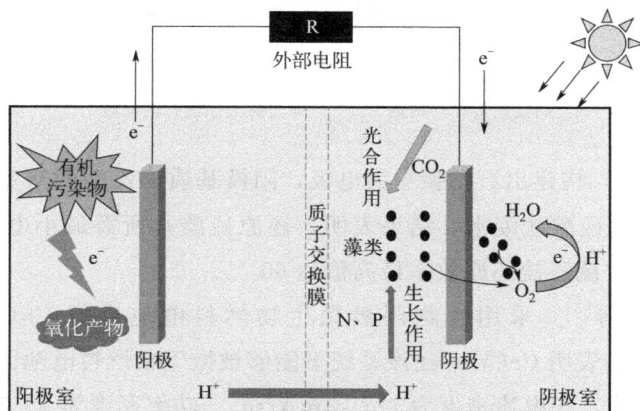

图 6-24 光合藻类微生物燃料电池原理示意图[26]

6.6 微生物电化学技术的应用

6.6.1 微生物电化学技术在去除水中污染物中的应用

（1）去除无机污染物

微生物电化学法处理氨氮废水包括微生物电化学氨回收、微生物电化学阳极氨氧化、微生物电化学同步硝化反硝化、微生物电化学厌氧氨氧化和微生物电化学厌氧铁铵氧化等技术[27]。微生物电化学氨回收基本原理如图 6-25 所示[28]。阳极在微生物催化下失去电子，氧化有机物产生质子，电子经外电路传递到阴极，阴极在微生物催化下得到电子，发生还原反应消耗质子。NH_4^+ 在离子浓度梯度的作用下从阳极透过阳离子交换膜迁移到阴极，阴极由于消耗质子 pH 持续上升，最后利用物理吹脱原理，使碱性条件下的 NH_3 挥发并进行回收。Wu 等[29] 利用生物电化学系统成功回收氨并同步产氢，产氢率高达 96 %±6 %，在合成废水中氨回收率达 94 %，在实际废水中氨回收率达 79 %[29]。

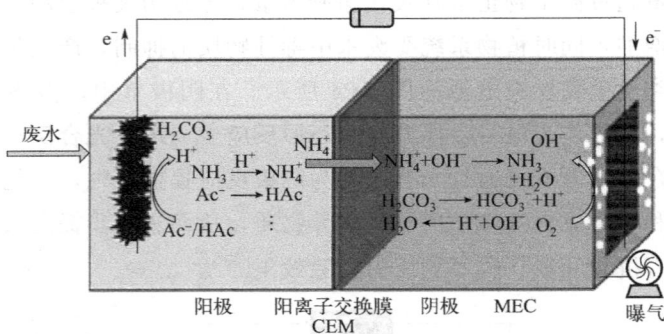

图 6-25　微生物电化学氨回收原理

周钦茂等[27] 根据 Liu[28] 等人的工作进行的修改

Coma 等[30] 构建出石墨颗粒为电极，阳极基质为乙酸的双室微生物电解池系统用于处理硫酸盐废水，结果表明，还原硫酸盐所需最小电压为 0.7 V，电压为 1.4 V 时硫酸盐还原效率最高值达 60 %。

Tandukar 等[31] 采用生物阴极微生物燃料电池进行 Cr(Ⅵ) 的还原（图 6-26），结果表明 Cr(Ⅵ) 在该系统下能够被微生物燃料电池阴极的自养混合菌降解和去除，在电流密度为 123.4 mA/m^2、功率密度为 55.5 mW/m^2 条件下，获得的最大 Cr(Ⅵ) 还原率为 0.46 mg/(g·h)。

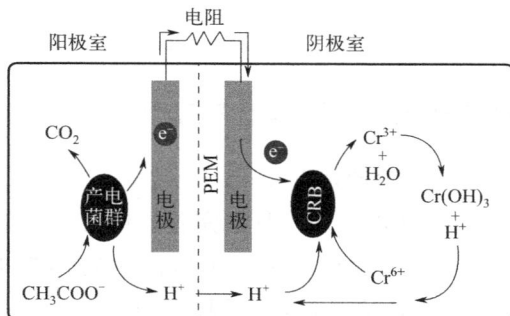

图 6-26　微生物燃料电池除铬原理图[32]

CRB：铬还原菌；PEM：质子交换膜

（2）去除有机污染物

与微生物燃料电池技术相比，微生物电解池技术去除废水中有机物效果更佳。Wang 等[33] 采用 0.5 V 电压，单室微生物电解池阴极区有机物的去除率达到 98 %，最大去除速率达到每天 3.5 mol/m³（总体积），而且该系统去除每摩尔有机物质消耗的电能仅为 0.075 kW·h。

（3）废弃资源的回收利用

微生物燃料电池和微生物电解池的阴极接受电子可还原部分重金属离子，如铜离子、汞离子，从而使重金属离子回收，并且在还原这些重金属离子的同时还会产生一部分电能。

微生物电解池可将 CO_2 转化为低碳燃料。其原理如图 6-27 所示，微生物电解池阳极通过多种氧化反应（析氧反应或有机物的氧化分解）提供 H^+，

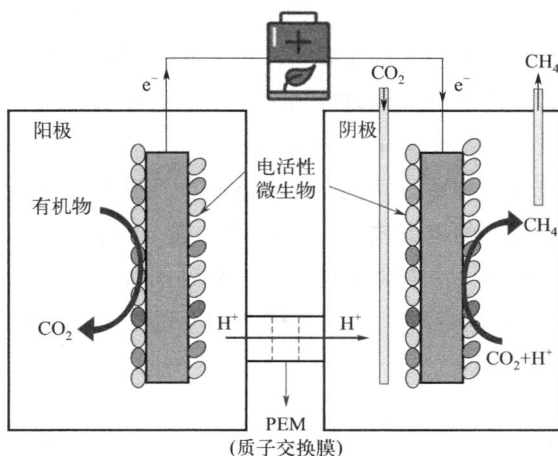

图 6-27　微生物电解池 CO_2 电甲烷化示意图[34]

H^+通过质子交换膜到达阴极，电活性微生物在生物阴极上完成CO_2电甲烷化，HCO_3^-/CO_2常常可以被微生物利用产生甲烷。

6.6.2 土壤微生物产电技术及其潜在应用

（1）土壤微生物燃料电池的特点

微生物燃料电池用于污水处理已日趋完善，但对于土壤的修复尚处于起始阶段。相比一般的微生物燃料电池，土壤微生物燃料电池有两个特点：a. 由于产电菌需要在厌氧环境中产电，因此土壤需要通过淹水或保持较高含水量等方法维持厌氧环境。b. 由于土壤自身的复杂性、异质性以及不同地域土壤类型的差异，微生物燃料电池对污染土壤的修复难度高于水，尤其是土壤内阻高和流动性差所造成的修复效率低下问题。大规模处理污染土壤时，土量的增加会扩大电极距离并显著升高土壤微生物燃料电池的内阻。土壤流动性差，造成电极附近的污染土壤得到修复，而远离电极的土壤却得不到修复。

由于土壤微生物燃料电池需要淹水条件，且土壤巨大的内阻降低了电子传递效率，从而限制了对抗生素等污染物的修复效果，因此土壤微生物燃料电池目前较难应用于原位土壤修复，未来应努力打破淹水条件对土壤微生物燃料电池的限制，着重探索提高土壤电子传递效率的方法，如添加生物质炭，或者在不影响土壤质量的前提下适当提高土壤电导率等。

（2）影响土壤微生物燃料电池产电的主要因素

产电微生物、微生物燃料电池构型以及电极和电路因素等，是影响微生物燃料电池产电的主要因素，对于土壤微生物燃料电池产电来说，还包括土壤类型等因素。土壤类型的差别直接反映了土壤理化性质的差异。通常来说，有机质和养分含量越高，产电菌代谢越旺盛；土壤导电物质越多、电导率越高，越有利于电子向阳极传递；土壤中含有的腐殖酸、Fe^{3+}/Fe^{2+}和S^{2-}等作为电子穿梭体可促进间接电子传递。间接电子传递较为活跃的土壤包括含腐殖质较多的林地土壤、含铁较多的南方铁铝土（俗称红壤），以及含Fe^{2+}、S^{2-}较多的水稻土等。产电过程中H^+需要穿过土壤迁移到阴极，因此土壤对阳离子吸附能力越小、H^+的迁移越容易。上述有利于H^+和电子迁移的土壤性质都能降低内阻，有利于产电。

（3）土壤微生物燃料电池构型

微生物燃料电池构型主要包括双室构型、无膜单室构型和空气扩散阴极构型。

双室构型中的阳极室和阴极室由离子交换膜隔开（图 6-28）。土壤装入阳极室并需要保持较高的含水量，甚至是淹水。双室构型的特点在于阴极室可以填充各种氧化性较强的物质，如 $K_2Cr_2O_7$ 等，并通过阴极得电子而还原，因此该构型可用于修复含强氧化性污染物的土壤。

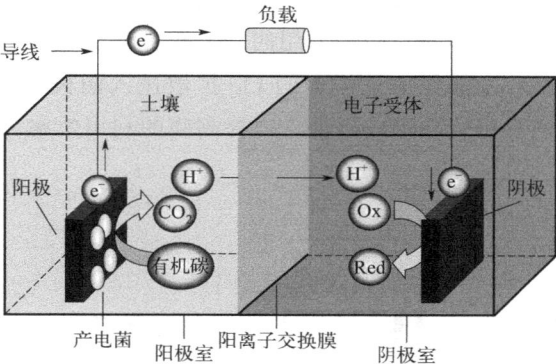

图 6-28　双室微生物燃料电池[35]

无膜单室构型中的阳极被埋入淹水土壤或底泥中，阴极浸没在水层中（图 6-29）。无膜单室构型的优势在于省去了离子交换膜，成本大大降低。不足之处在于依靠土壤阻隔水中的 O_2 向阳极渗透，因此内阻较高，而且厌氧效果不及双室构型。该构型构造简单，成本低廉。

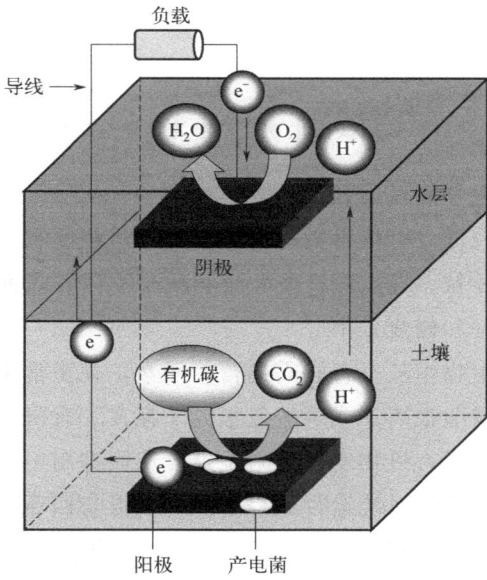

图 6-29　无膜单室微生物燃料电池[35]

空气扩散阴极构型的阳极室的一面为阳离子交换膜，另一面贴附空气扩散阴极（图6-30）。由于阴极贴附在离子交换膜上，因此电极距离较小，内阻也较小。离子交换膜有利于阳极室保持厌氧状态。空气扩散阴极由三部分组成：①催化剂层。该层与膜材料接触，含有催化 O_2 还原的催化剂（如 Pt、活性炭等）。②电极层。该层为导电材料，并作为催化剂层的载体。③扩散层。该层位于空气扩散阴极远离膜的一侧，采用的是多孔、疏水材料，既能防止阳极室中的水渗出膜材料，又能保证空气中的 O_2 扩散进入阴极内部参与阴极反应。空气扩散阴极构型多以管状形式出现，以提高膜的利用效率，适用于修复有机污染土壤。

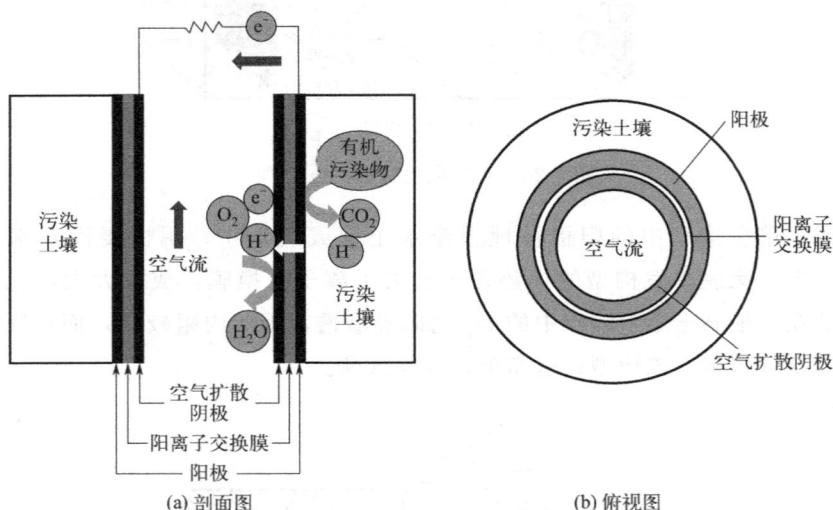

(a) 剖面图　　　　　　　　　　　(b) 俯视图

图6-30　管状空气扩散阴极微生物燃料电池处理有机污染土壤示意图[35]

（4）微生物电化学修复的强化

土壤的导电性较低，有机污染物在土壤中的溶解度有限，通过向土壤中添加二氧化硅胶体、砂粒、导电碳纤维、生物质炭、磷和表面活性剂等，可提高土壤的电子传递速率和修复效率。

磷是植物和微生物生长发育必需的营养元素，在正常土壤 pH 条件下无机磷在土壤中主要以磷酸根离子或磷酸氢根离子存在。有研究发现，磷酸根离子会与草甘膦、四环素等有机物竞争吸附位点，从而抑制土壤对这些有机物的吸附。在土壤微生物电化学系统运行过程中加入磷可与四环素竞争吸附从而提高四环素在土壤中的生物可利用性（图6-31），最终有利于土壤微生物电化学系统对四环素的降解（去除率较对照组提高了 25 %）[36]。

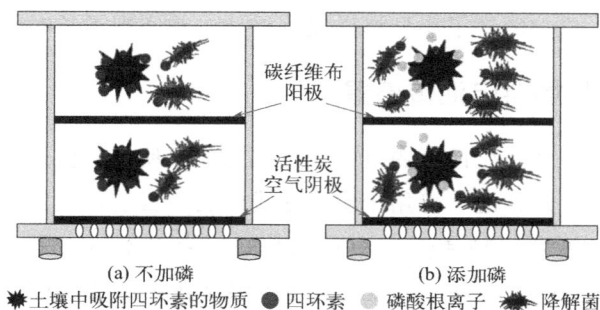

(a) 不加磷　　　　　　　　(b) 添加磷

✹土壤中吸附四环素的物质　●四环素　◉磷酸根离子　✳降解菌

图 6-31　土壤 MES 中添加磷对四环素降解的影响[36]

对于土壤微生物燃料电池而言，土壤颗粒吸附 H^+，阻碍其迁移，导致土壤微生物燃料电池内阻较高，功率密度较低，仅为 $0.72\ mW/m^2$。将土壤与植物结合起来进行产电可大幅度提高土壤的产电能力。植物光合作用产生的根系分泌物为土壤产电菌持续提供丰富的有机底物，从而产生较多电能并实现长时间产电。这类微生物燃料电池又称为植物-微生物燃料电池。在野外条件下运行的植物微生物燃料电池都采用无膜单室构型，阳极埋设在根系附近的淹水土壤中，阴极漂浮在水面（图 6-32），栽种的植物为湿地植物。在实验室条件下采用植物-微生物燃料电池产电，功率密度可达 $0.22\ W/m^2$。

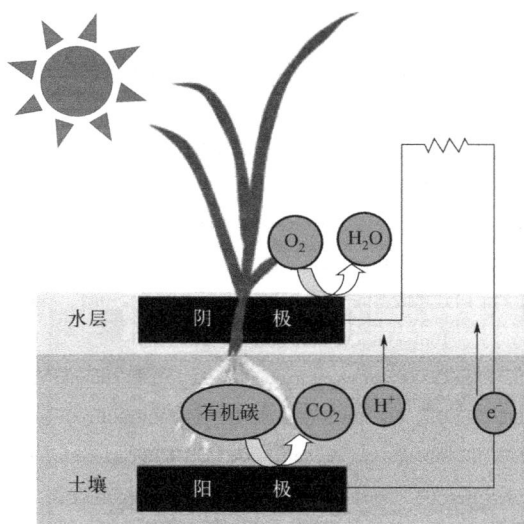

图 6-32　植物-微生物燃料电池[35]

无论是成本还是产电能力，微生物燃料电池都无法为生活和工业提供电能。但土壤微生物燃料电池可以长期驱动小型设备。例如 Tender 等[37] 利用海底底泥发电，成功驱动了小型海洋监测浮标，并实现了长时间自助运行。

6.6.3 微生物燃料电池传感器

微生物燃料电池产生的微弱电能无法作为电源使用，但是其电信号的变化可以直接反映水处理情况，可用于实时在线监测。目前，微生物燃料电池生物传感器已用于监测微生物活性、NO_3^- 和 NO、挥发性脂肪酸、BOD、COD、DO 和有毒物质。目前，微生物燃料电池传感器在灵敏度、稳定性、构型及成本等方面还存在较大的局限性，尚需研究扩大线性范围、提高对低浓度污染监测灵敏度、缩短土壤污染响应时间的方法和条件，实现实时、连续、在线原位监测。

参考文献

[1] 谢德明，童少平，曹江林. 应用电化学基础 [M]. 北京：化学工业出版社，2013.

[2] 梁茹婷，庄海峰. 微电流耦合磁性炭强化有机物厌氧降解研究进展 [J]. 工业水处理，2023，43（5）：1-8.

[3] 陈立香，肖勇，赵峰. 微生物燃料电池生物阴极 [J]. 化学进展，2012，24（1）：157-162.

[4] Logen B E. Microbial fuel cells. 1 版. 冯玉杰，王鑫，等，译. 北京：化学工业出版社，2009.

[5] 王维大，李浩然，冯雅丽，等. 微生物燃料电池的研究应用进展 [J]. 化工进展，2014，33（5）：1067-1076.

[6] 崔志成，付亮，赵琦，等. 铁还原菌在水资源再生与能源转化领域的研究进展 [J]. 微生物学报，2021，61（8）：2219-2235.

[7] 刘远峰，张秀玲，张其春，等. 微生物燃料电池中阳极产电菌的研究进展 [J]. 精细化工，2020，37（9）：1729-1737.

[8] Galina P，Lars H，Lo G. Extracellular electron transfer features of gram-positive bacteria [J]. Analytica Chimica Acta，2019，1076：32-37.

[9] Liu X B，Liang S，Gu J D. Microbial electrocatalysis：Redox mediators responsible for extracellular electron transfer [J]. Biotechnology Advances，2018，36（7）：1815-1827.

[10] Shi L，Dong H L，Reguera G，et al. Extracellular electron transfer mechanisms between micro-organisms and minerals [J]. Nature Reviews Microbiology，2016，14：651-662.

[11] Mazzoldi F. Creating life through generative design [EB/OL]. Tech Cruch，2016-07-08. https：//techcrunch. com/2016/07/08/creating-lifethrough-generative-design/.

[12] Zhou M H，Wang H Y，Hassett D J，et al. Recent advances in microbial fuel cells（MFCs）and microbial electrolysis cells（MECs）for wastewater treatment，bioenergy and bioproducts [J]. Journal of Chemical Technology and Biotechnology，2013，88（4）：508-518.

[13] 钱莹，刘金茗，杨草原，等. 微生物燃料电池电极材料及耦合体系研究进展 [J]. 中原工学院学报，2023，34（2）：43-55.

[14] 宋浩，贾继朝，张保财，等. 微生物燃料电池堆栈的设计开发与应用进展 [J]. 天津大学学报（自然科学与工程技术版），2023，56（9）：887-902.

[15] 何伟华，刘佳，王海曼，等. 微生物电化学污水处理技术的优势与挑战 [J]. 电化学，2017，23（3）：283-296.

[16] 罗帝洲，许玫英，杨永刚. 微生物燃料电池串并联研究及应用 [J]. 环境化学，2020，39（8）：2227-2236.

[17] Wang Z J，Wu Y C，Wang L，et al. Polarization behavior of microbial fuel cells under stack operation [J]. Chinese Science Bulletin，2014，59（18）：2214-2220.

[18] Yang Y G，Yan L，Lin X K，et al. Effects of unit distance and number on sediment microbial fuel cell stacks for practical power supply [J]. International Journal of Energy Research，2019，43：7287-7295.

[19] Wang B，Han J I. A single chamber stackable microbial fuel cell with air cathode [J]. Biotechnology Letters，2009，31（3）：387-393.

[20] An J，Sim J，Lee H S. Control of voltage reversal in serially stacked microbial fuel cells through manipulating current：Significance of critical current density [J]. Journal of Power Sources，2015，283：19-23.

[21] Kim Y，Hatzell M C，Hutchinson A J，et al. Capturing power at higher voltages from arrays of microbial fuel cells without voltage reversal [J]. Energy & Environmental Science，2011，4（11）：4662-4667.

[22] Prasad J，Tripathi R K. Scale-up and control the voltage of sediment microbial fuel cell for charging a cell phone [J]. Biosensors and Bioelectronics，2021，172：112767.

[23] Fischer F，Sugnaux M，Savy C，et al. Microbial fuel cell stack power to lithium battery stack：Pilot concept for scale up [J]. Applied Energy，2018，230：1633-1644.

[24] Yaqoob A A，Ibrahim M N M，Rafatullah M，et al. Recent advances in anodes for microbial fuel cells：An overview. Materials，2020，13（9）：2078.

[25] 陈诗雨，许志成，杨婧，等. 微生物燃料电池在废水处理中的研究进展 [J]. 化工进展，2022，41（2）：951-963.

[26] 刘壮壮，李同，刘崇涛，等. 微生物燃料电池处理畜禽养殖废水研究进展及展望 [J]. 农业资源与环境学报，2024，41（2）：344-359.

[27] 周钦茂，郑德聪，杨暖，等. 微生物电化学法处理氨氮废水研究进展 [J]. 应用与环境生物学报，2022，28（3）：779-786.

[28] Liu Y，Qin M，Luo S，et al. Understanding ammonium transport in bioelectrochemical systems towards its recovery [J]. Scientific Reports，2016，6：22547.

[29] Wu X，Modin O. Ammonium recovery from reject water combined with hydrogen production in a bioelectrochemical reactor [J]. Bioresource Technology，2013，146：530-536.

[30] Coma M，Puig S，Pous N，et al. Biocatalysed sulphate removal in a BES cathode [J]. Bioresource Technology，2013，130：218-223.

[31] Tandukar M，Huber S，Onodera T，et al. Biological chromium（Ⅵ）reduction in the cathode of a microbial fuel cell [J]. Environmental Science and Technology，2009，43（21）：8159-8165.

[32] Rodriguez F J，Gutiérrez S，Lbanez J G，et al. The efficiency of toxic chromate reduction by a conducting polymer（Polypyrrole）：Influence of electropolymerization conditions [J]. Environmental Science and Technology，2000，34（10）：2018-2023.

[33] Wang S，Zhou N. Removal of earbamazepine from aqueous solution using sono-activated persulfate process [J]. Ultrasonics Sonochemistry，2016，29：156-162.

[34] 王佳懿，陆雪琴，甄广印. 微生物电解池催化 CO_2 电转化为甲烷：影响因素、电子传递和展望 [J]. 环境化学，2024，43（2）：393-404.

[35] 邓欢，薛洪婧，姜允斌，等. 土壤微生物产电技术及其潜在应用研究进展 [J]. 环境科学，2015，36（10）：3926-3934.

[36] 汪国梁，李田，周启星. 生物电化学调控微生物代谢强化修复石油烃污染土壤的研究进展 [J]. 科学通报，2023，68（Z2）：3768-3779.

[37] Tender L M，Gray S A，Groveman E，et al. The first demonstration of a microbial fuel cell as a viable power supply：Powering a meteorological buoy [J]. Journal of Power Sources，2008，179（2）：571-575.

第**7**章

电化学膜分离技术

基于传统的以位阻筛分为主要膜分离机制的膜分离技术面临膜污染、难以选择性分离及通量和选择性之间难以兼顾的技术瓶颈。电驱动膜分离是通过调控电场或电极电位强化膜分离过程的技术，包括电控膜分离、电渗析和电容法去离子等技术。具有以下特点：①提高截留率。水中带电物质同时受到静电排斥和膜孔位阻筛分的作用，产生更强的截留作用。②强化选择性。膜分离在电调控下能够产生更高的选择性，如采用专属膜电极可以强化对特定离子的截留选择性。③缓解膜污染。静电排斥和电化学反应可缓解膜分离过程中有机、无机和生物污染[1]。

电化学膜分离技术在水处理中的研究内容主要包括：工作原理、电化学膜材料、反应器运行参数、水质条件的影响及电化学膜分离技术在水处理中的应用（图 7-1）。

电渗析是一种利用离子交换膜和电势差从溶液及其他不带电组分中分离出离子的物质分离过程，该技术具有适应性强、预处理简单、耐酸碱性强、膜使用寿命长、能耗低、环境污染小、较反渗透膜具有更高的水回收率等优点，被广泛应用于化工、生物等领域的分离纯化过程。目前电渗析已发展成为苦咸水/海水脱盐、饮料加工、药物生产、直接从矿石中提取金属、同位素分离、酸碱制备、废水处理以及资源回收等领域的一个重要化工单元过程。大型水处理工程如江苏某造纸厂 40×10^4 t/d 造纸废水处理工程、神华集团 1.7×10^4 t/d 煤化工废水处理工程、浙江华友钴业 4×10^3 t/d 湿法冶金废水处理工程、山东国瓷功能材料股份有限公司氯化铵废水处理工程、紫光化工废水处理工程等，均应用了国产异相膜电渗析进行浓缩。近年来电渗析研究主要集中于电渗析脱盐过程系统能耗和基于电渗析过程的数学传质模型，高性能离子交换膜的设计与制备，离子交换膜抗污染性，双极膜电渗析、填充床电渗析和选择性电渗析的应用等。高性能离子交换膜研究主要是提高膜的电化学性能和选择透过性，包

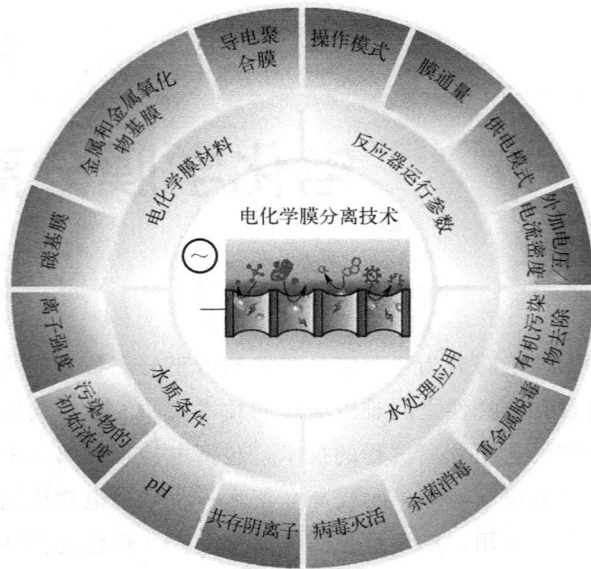

图 7-1　电化学膜分离技术在水处理中的研究内容[2]

括一价/二价选择透过性膜、双极膜等特殊离子交换膜的开发。膜污染问题一直是限制电渗析应用的主要难题，目前研究人员通过超声波、微波、磁场、电脉冲等外力来降低膜污堵并提高脱盐率。在电渗析能耗方面，研究人员将风能、太阳能、地热能等可再生能源以及反向电渗析与电渗析脱盐系统集成，使电渗析技术更节能环保。

电容法去离子技术（也称电吸附技术）是一种低能耗、高效率、低污染、低成本、设备简单、操作方便、可再生的电脱盐技术，在硬水软化、高纯水制备、海水淡化、中水处理、水中重金属去除和废水处理等领域有着广阔的发展前景。但是，现有的电吸附技术存在处理水量小、稳定性较差、运行周期短、电流效率低、电极电阻较大和电极材料再生回收困难等问题，未能在水处理方向得到大规模应用，为此可从以下 4 方面改进：①电吸附机理的深入研究。②选择合适的电吸附材料。寻找吸附效率高、高比电容、比表面积大、孔隙率和孔径分布合理、导电性强、稳定性高、成本较低、制备工艺简单、具有选择性和易再生回收的吸附材料。③电吸附反应器优化设计。构建结构合理、操作简便、能耗低、电极表面积大、传质快速、应用范围广、规模大（或小型化便携式）、处理效率高及性能稳定的电吸附反应器。④电吸附水处理技术无法对某些污染物进行同时净化，因此可将其与其他水处理技术集成。

7.1 离子传输及电化学膜分离技术的分类

7.1.1 离子传输

通过外加电场加速或抑制离子的迁移可对离子产生选择性。在氧化石墨烯膜中与离子传输方向相同的电场会加速阳离子的迁移，而相反的电场则会阻碍阳离子的迁移，阴离子则被阳离子静电吸引拖曳过膜。而在 TiO_2 纳米通道内，无论电场方向如何，Na^+ 和 Mg^{2+} 的迁移率都较低。当电压为 -2.0 V 时，Mg^{2+} 的传输被完全阻止，Na^+ 由于较小的半径和荷电，仍然能跨膜传输，从而产生了离子选择性（图 7-2）[3]。

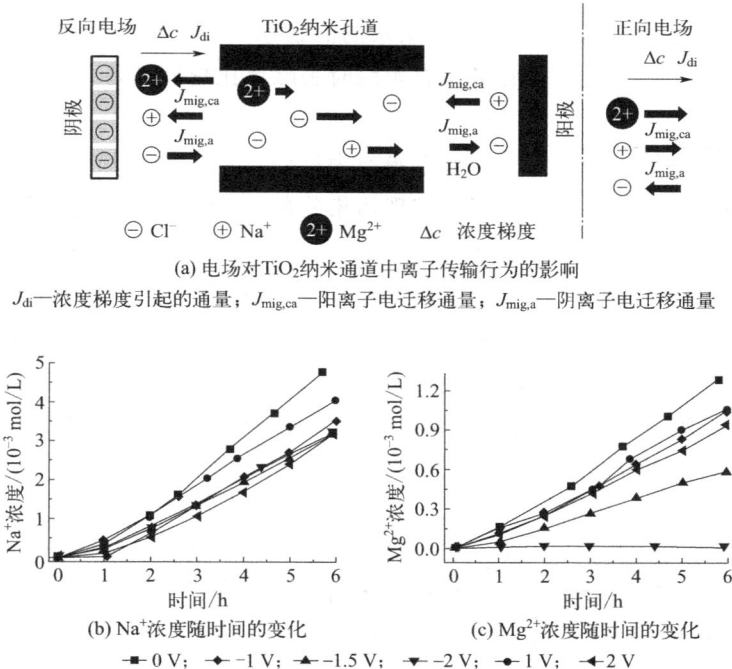

(a) 电场对TiO_2纳米通道中离子传输行为的影响

J_{di}—浓度梯度引起的通量；$J_{mig,ca}$—阳离子电迁移通量；$J_{mig,a}$—阴离子电迁移通量

(b) Na^+浓度随时间的变化　　(c) Mg^{2+}浓度随时间的变化

—■— 0 V；—◆— −1 V；—▲— −1.5 V；—▼— −2 V；—●— 1 V；—◀— 2 V

图 7-2　电场对离子传输的影响[3]

亚纳米尺度离子的跨膜传输过程受到双电层的影响。这种影响与离子的种类和浓度有关，不同离子的传输速率顺序为 K_2SO_4＞KCl＞$MgSO_4$＞$MgCl_2$；增加本体溶液中离子浓度可以压缩双电层，进而降低离子传输速率。

Donnan 发现膜-溶液界面的电位是膜排斥同离子的原因，这种电位被称为

Donnan 电位，而离子交换膜对同离子的排斥作用称为 Donnan 效应。Donnan 理论说明，增大 Donnan 电位可以提高对离子的选择性，从而提高膜的选择分离能力。

7.1.2 电化学膜分离技术的分类

（1）电场膜分离

电场膜分离是将膜组件置于电场中，利用电场作用调控膜分离过程的技术。根据电极与溶液的位置关系，电场膜分离分为电极外置和电极内置两种。电极外置时，与溶液没有接触，电场通过诱导作用减缓膜污染或提高截盐率。电极内置时，由于电极与溶液直接接触，电场膜分离可以利用电场作用结合电絮凝、电氧化等电极反应调控膜性能。电极内置与电极外置相比节省了占地面积，但是增加了系统复杂程度。Sun 等[4] 利用设计的电絮凝/氧化膜反应器（图 7-3），获得孔隙率更高和更加亲水的滤饼层，表现出更强的抗污染能力，在处理腐殖酸时去除率比超滤膜高 50%。

（2）导电膜分离

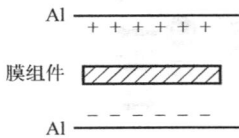

图 7-3　电絮凝/氧化膜反应器装置及电极布置[4]

导电膜作为过滤器和工作电极，在电场作用下可同步实现污染物的孔径筛分、电化学降解和减缓膜污染。导电膜按制备材料可分为碳基导电膜、金属导电膜和导电聚合物膜。导电膜分离技术主要利用静电吸附、电化学氧化还原作用和静电排斥作用来减缓污染物污染或者特异性增强污染物质的传输（图 7-4）[5-7]。此外，电化学氧化还原作用、静电排斥作用和电解气泡冲刷作用抑制了污染物、微生物对膜孔的堵塞和滤饼层的形成，从而缓解了膜污染。

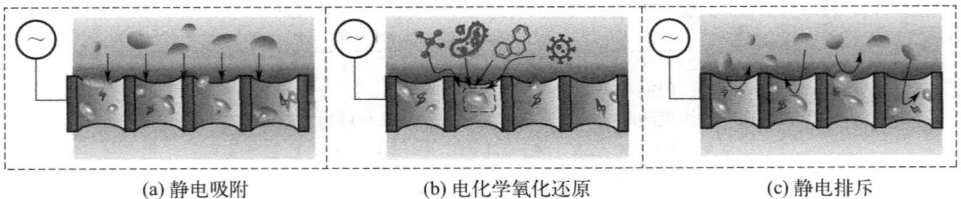

(a) 静电吸附　　　　　　　(b) 电化学氧化还原　　　　　　　(c) 静电排斥

图 7-4　导电膜分离技术净化水质的反应机制

Yi 等[8] 制备的聚吡咯导电膜实现了电化学调控膜孔伸缩，其电响应特性来自溶液中水合阳离子的嵌入和脱出引起的膜材料体积变化，根据膜孔伸缩的特性可通过反冲洗缓解膜孔堵塞 [图 7-5(a)] 和选择性分离滤液中的有机物

[图 7-5（b）]。Guo 等[9] 构建的还原氧化石墨烯-碳纳米管导电膜 [图 7-5（c）] 在施加电压后，对 NaCl 的截留率相比不通电时的截留率显著增加 [图 7-5（d）]。

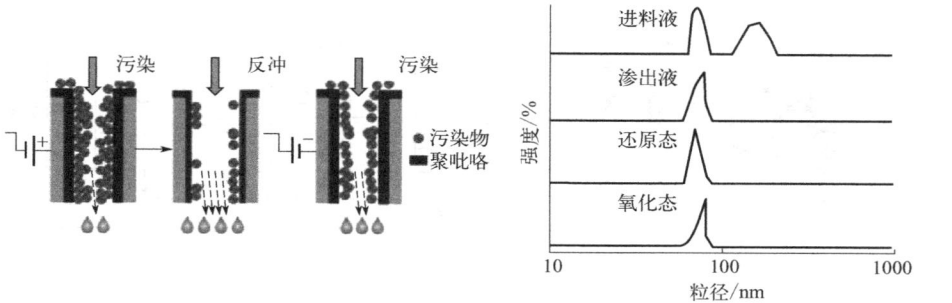

(a) 聚吡咯导电膜通过膜孔伸缩缓解膜污染[8]

(b) 聚吡咯导电膜进液和不同电位下出液的粒径分布[8]

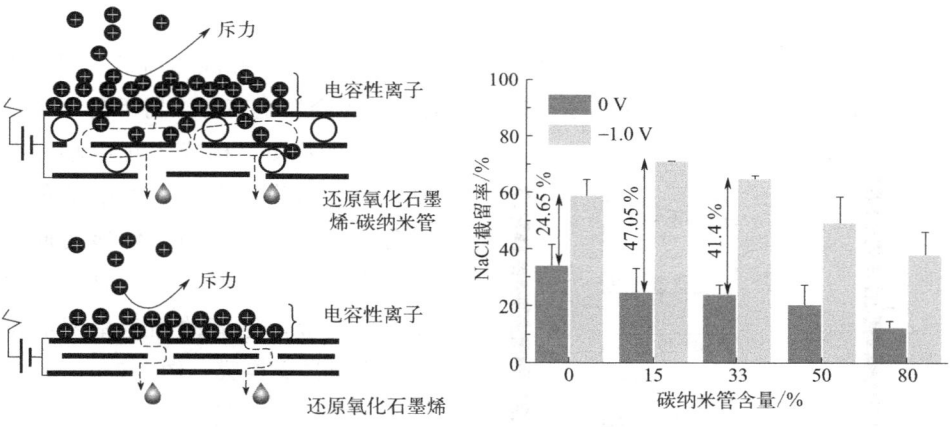

(c) 两种导电膜在通电时的截盐机制[9]

(d) 碳纳米管含量不同的膜通电前后对NaCl的截留[9]

图 7-5　聚吡咯导电膜（a）、（b）和还原氧化石墨烯-碳纳米管膜
（c）、（d）选择性分离机制及效果

7.2　电渗析

7.2.1　电渗析原理

电渗析的结构和工作原理如图 7-6 所示，一个电渗析单元通常由一系列阴阳离子交换膜、淡水室、浓水室以及两端电极组成，电极间施加电压后，阳离子向阴极方向迁移，阴离子向阳极方向迁移，阳离子交换膜允许阳离子透过而阻止阴离子透过；阴离子交换膜正好相反。这个迁移过程使浓水室中盐浓度增

加，淡水室中盐浓度降低。

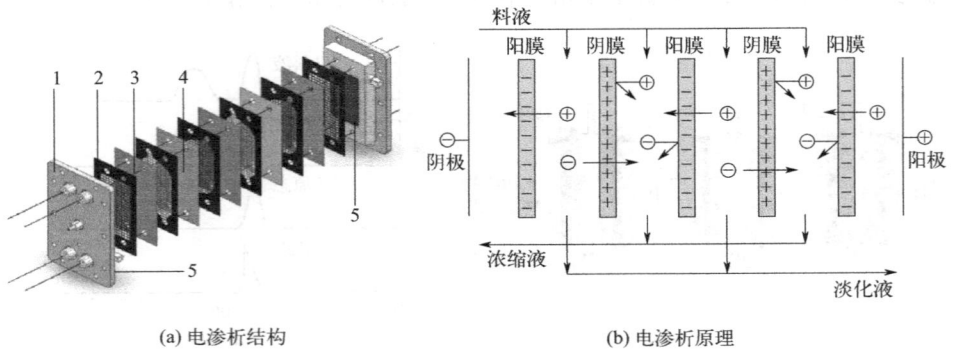

(a) 电渗析结构　　　　　　(b) 电渗析原理

图 7-6　电渗析的结构和工作原理示意图[10]

1—夹紧板；2—隔板；3—阳离子交换膜；4—阴离子交换膜；5—电极板

离子交换膜之所以具有选择透过性，主要是由于膜上孔隙和离子基团的作用。例如，在水溶液中，阴离子交换膜的活性基团会发生离解，留下的是带正电荷的固定基团，构成了正电场。在外加直流电场作用下，溶液中带负电的阴离子就可被它吸引、传递而通过离子交换膜到另一侧，而阳离子则由于离子膜上带正电荷的固定基团的排斥而不能通过交换膜（图 7-7）。

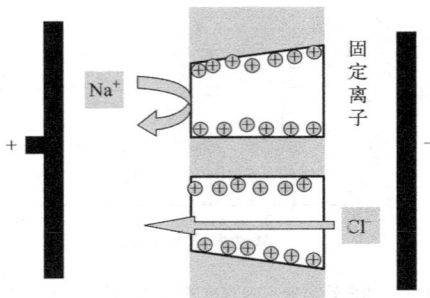

图 7-7　阴离子交换膜工作原理[11]

电渗析的物质迁移过程见图 7-8，通常可以分为 3 个部分[12]：主过程、次过程和非正常过程。①反离子迁移是主过程。②次过程包括同离子迁移、渗析、水的渗透。同离子迁移中，同离子指与膜的固定活性基所带电荷相同的离子。根据唐南（Donnan）平衡理论，离子交换膜的选择透过性不可能达到 100 %，再加上膜外溶液浓度过高的影响，在阳膜中也会进入少量阴离子，阴膜中也会进入少量阳离子，从而发生同离子迁移。浓差扩散也称为渗析，是指电解质离子在浓度梯度驱动下透过选择性膜的现象。由于膜两侧溶液浓度不同，受浓度差的推动作用，电解质由浓水室向淡水室扩散，其扩散速度随两室浓度差的提高而增加。水的渗透是指淡水室中的水，由于渗透压的作用向浓水室渗透，渗透量随浓度差的提高而增加。③非正常过程包括渗漏和水的解离。这是电渗析装置的非正常运行方式，应尽力避免。压差渗漏是指溶液透过膜的现象。当膜的两侧存在压差时，溶液由压力大的一侧向压力小的一侧渗漏。因此在操作中，应使膜两侧压力趋向平衡，以减小压差渗漏损失。水的解离是指在一定电压作用下，溶液中离子未能及时补充到膜表面时，膜表面的水分子解离生成 H^+ 和 OH^- 的现象。当中性的水解离生成 H^+ 和 OH^- 以后，它们会透过膜发生迁移，导致膜室酸碱性发生变化。

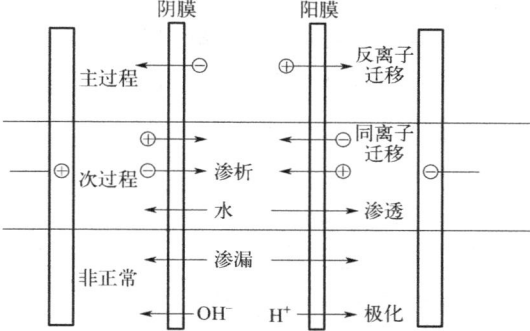

图 7-8　电渗析工作时发生的各种过程[12]

　　离子在电渗析过程中的迁移主要为电场力作用下的电迁移和浓差驱动下的扩散。水在电渗析过程中的迁移主要包括以结合水形式随离子迁移而发生的电渗透以及浓差驱动下的渗透。电渗析过程中离子、水迁移的总传质方程[13] 如下：

$$J = \lambda i - \mu \Delta c \tag{7-1}$$

$$q = \varphi i + \rho \Delta c \tag{7-2}$$

　　式中，J 为离子通量，$mol/(m^2 \cdot s)$；λ 为离子电迁移系数，$mol/(A \cdot s)$；i 为电流密度，A/m^2；μ 为离子浓差扩散系数，m/s；q 为水通量，$m^3/(m^2 \cdot s)$；φ 为水的电渗透系数，$m^3/(A \cdot s)$；Δc 为浓水室与淡水室的浓度差，mol/m^3；ρ 为水的浓差渗透系数，$m^4/(mol \cdot s)$。根据总传质方程，提高离子通量可以从增大 λ 和降低 μ 两方面入手。为提高 λ，需要使溶液在膜表面以湍流状态运动以减小边界层的厚度。为降低 μ 以减少反离子反向扩散和同离子迁移，应尽量减小浓缩液和淡化液的浓差[14]。

7.2.2　电渗析分类

（1）双极膜电渗析

　　图 7-9 给出了双极膜电渗析原理示意图。双极膜是一种离子交换复合膜，一般由阴离子交换树脂层和阳离子交换树脂层及中间界面亲水层组成。中间层具有水解离催化作用，一般由磺化聚醚酮、过渡金属和重金属化合物以及叔胺类化合物等组成。在直流电场作用下，从膜外渗透入膜间的水分子分解成 H^+

和 OH$^-$ [图 7-9(a)]。双极膜电渗析原理以三室电渗析器 [图 7-9(b)] 制备酸碱为例，两极间的膜堆由一张阴膜、一张双极膜和一张阳膜依次排列而成。Na$_2$SO$_4$ 溶液通入阴膜与阳膜之间。通直流电后 Na$^+$ 和 SO$_4^{2-}$ 分别进入两侧的隔室中，与双极膜生成的 OH$^-$ 与 H$^+$ 分别生成 NaOH 和 H$_2$SO$_4$。实验结果表明，利用双极膜电渗析法生产 NaOH 的成本仅为传统电解法的 1/3～2/3。双极膜电渗析可同时实现高盐废水脱盐与酸碱制备。在实验室条件下，回收所得到的酸浓度<2.5 mol/L，碱浓度<3.0 mol/L，远不能达到商品所需浓度，因此需要进一步提纯才能应用。

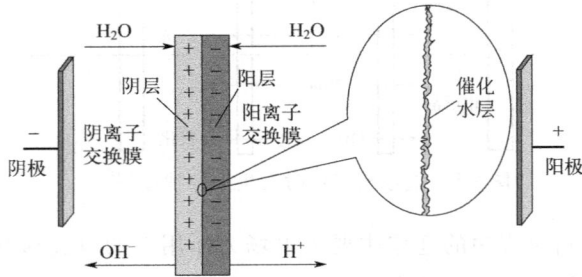

(a) 水解原理[10]

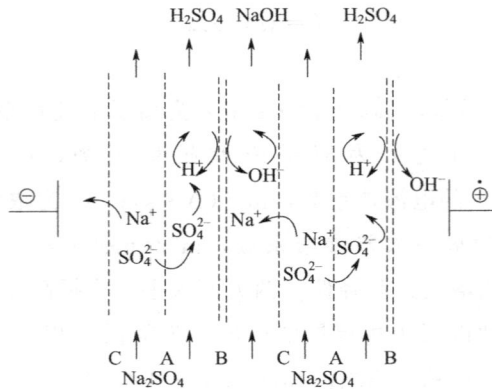

(b) 双极膜电渗析原理[15]

图 7-9　双极膜电渗析原理示意图

（2）填充床电渗析

填充床电渗析技术又称电脱离子技术，是在电渗析器的淡水室中装填阴、阳离子交换剂（包括树脂、纤维等离子交换材料）的一种电渗析技术。填充床电渗析的工作原理如图 7-10 所示。它兼有电渗析技术的连续除盐和离子交换技术的深度脱盐的优点，又避免了电渗析技术浓差极化和离子交换技术中酸碱再生等带来的问题。一般水中含盐量为 $50 \sim 15000$ mg/L 时都可使用，而对含盐量低的水更为适宜。这种方法基本上能够除去水中全部离子，所以它在制备高纯水及处理放射性废水方面有着广泛的用途。

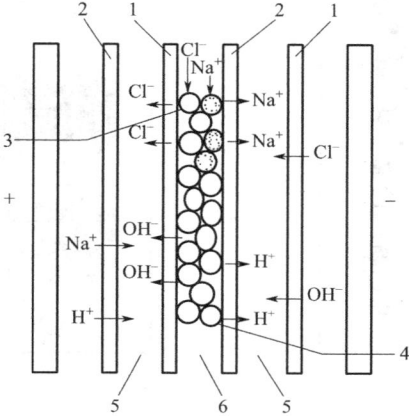

图 7-10　填充床电渗析器结构示意图[15]

1—阴离子交换器；2—阳离子交换器；3—阳离子交换树脂；4—阴离子
交换树脂；5—浓水室；6—淡水室

填充床电渗析的工作过程一般分为三个步骤：①离子交换过程，淡水室中的离子交换树脂对水中电解质离子的交换作用；②离子选择性迁移过程，在外电场作用下，水中电解质沿树脂颗粒构成的导电路径迁移到膜表面并透过离子交换膜进入浓水室；③电化学再生过程，存在于树脂、膜与水相接触的扩散层中的极化作用使水解离为 H^+ 和 OH^-，它们除部分参与负载电流外大多数对树脂起再生作用。

离子交换材料应具有交换容量高、交换速度快、强度高、水流阻力小、导电能力强、无溶出物等性能。离子交换树脂的填充方式主要包括均匀混合式填充、两层式填充、交错多层式填充和分置式填充。均匀混合式填充是把阴、阳离子交换树脂混合均匀后填充到淡水室中（图 7-11）。两层式填充是按水流动的方向把阴、阳树脂分上、下两层填充在淡水室中。交错多层式填充（图 7-12）是把阴、阳离子交换树脂分别按照一定厚度交错排列成许多层填充在淡水室中。有研究将松散的树脂颗粒压制成薄片状。

（3）选择性电渗析

选择性电渗析是将具有选择功能的单价离子交换膜代替电渗析中普通的阴阳离子交换膜，从单/多价离子混合溶液体系中分离出一价离子的技术。它主

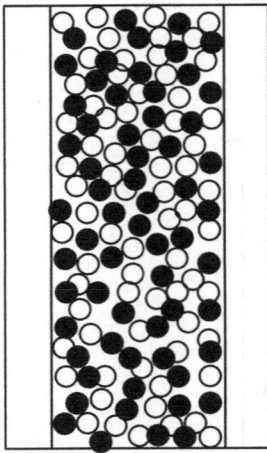

图 7-11　均匀混合式填充膜堆淡水室部分[16]

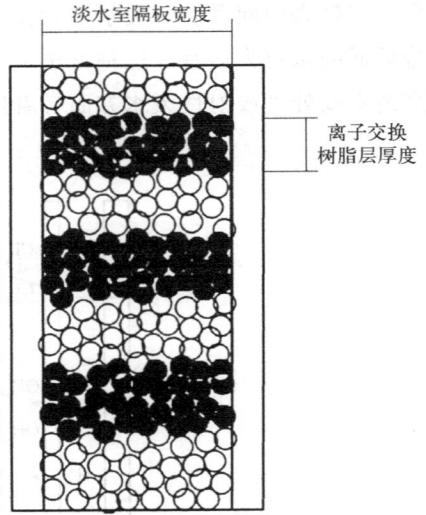

图 7-12　交错多层式填充膜堆淡水室[16]

要是依靠溶液的浓度差和电场力驱动，基于孔径筛分和静电排斥的原理对不同价态的同种电荷离子进行离子选择性筛分，其原理如图 7-13 所示。选择性电渗析常用于废水淡化、废酸回收、锂镁分离等方面。选择性电渗析的优势有二：①既能浓缩盐又能分离盐，还容易实现脱硫废水杂盐的分离，如和纳滤工艺配合，可获得较高纯度的 NaCl，便于资源化；②由于单价选择性离子交换膜表现出对二价离子较低的亲和力，因此选择性电渗析具有更高的抗结垢性能。

（4）置换电渗析

置换电渗析是将 2 股不同的溶液分别在相间的隔室进入，在电场力的作用下不同溶液的阴阳离子分别进入相邻隔室发生置换反应，其原理如图 7-14 所示。在脱硫废水浓缩处理中，置换电渗析可将易于结垢的 $CaSO_4$、$CaCO_3$ 等

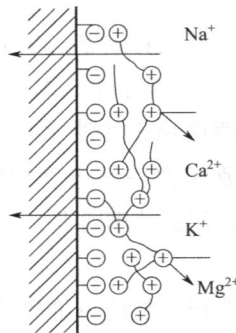

（a）一价离子阳膜选择性透过机理[17]

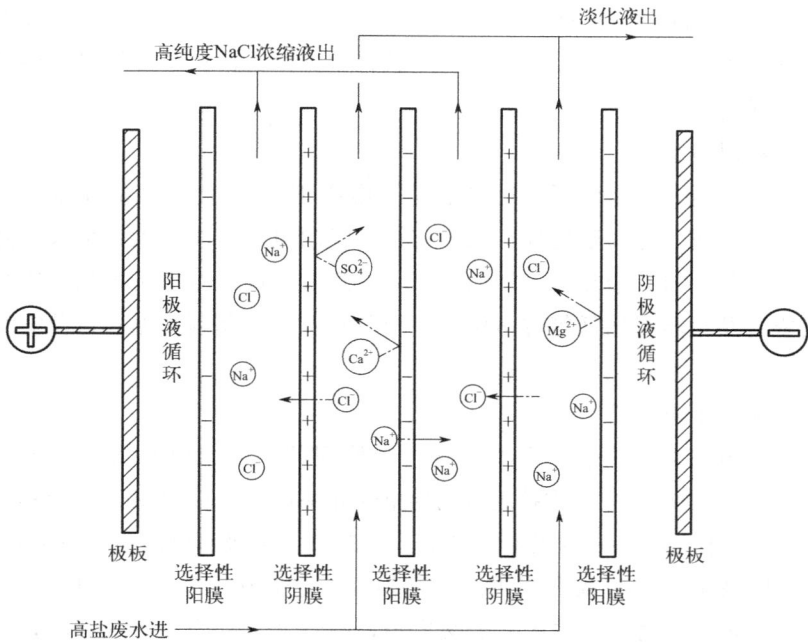

（b）选择性电渗析工艺过程[18]

图 7-13 选择性电渗析的工作机理

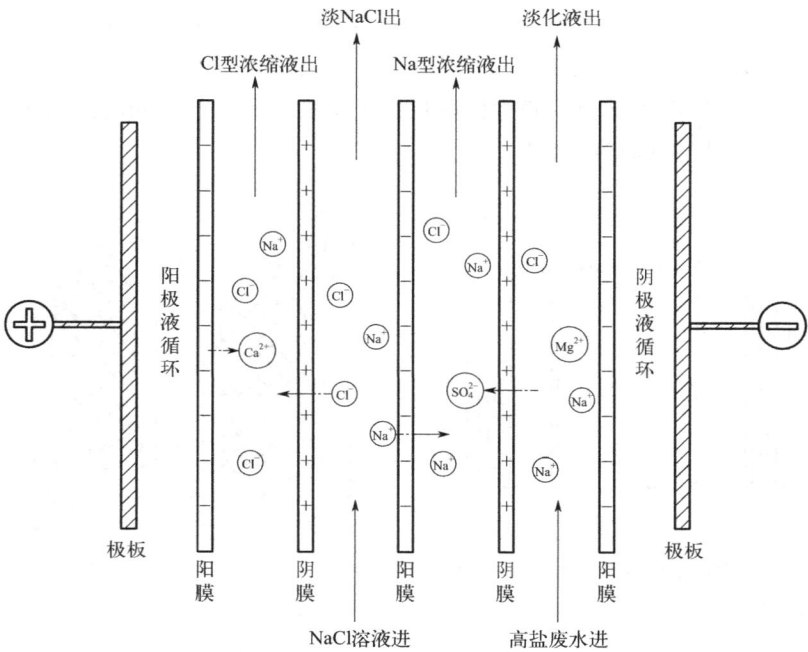

图 7-14 置换电渗析处理高盐废水的原理[18]

转化为易溶的 $CaCl_2$，从根本上避免了离子交换膜潜在的结垢风险。置换电渗析依然存在离子泄漏和产品纯度低的问题，这主要是由离子交换膜的渗透选择性有限造成的。

（5）高温电渗析

高温电渗析是将电渗析的进水温度加热到 80 ℃，使溶液的黏度下降，扩散系数增大，离子迁移数增加，从而有利于极限电流密度的大幅增大，降低动力消耗，尤其是对有余热可利用的工厂更为适宜。高温电渗析虽然有脱盐能力大、投资省及运转费用低等许多优点，但是存在需研制耐高温膜以及需增加热交换器而消耗一部分热能的问题。

（6）无极水电渗析

在传统电渗析系统中，浓淡室通入待处理的溶液，极室通入极水（常用 0.1 mol/L Na_2SO_4 溶液，维持膜堆的导电性并保护电极）。无极水电渗析的主要特点是除去了传统电渗析的极室和极水。图 7-15 是无极水电渗析装置的示意图。该装置的电极紧贴一层或多层阴离子交换膜，它们在电气上都是相互连接的，这样既可以防止金属离子进入离子交换膜，同时又可以防止极板结垢，还可以延长电极的使用寿命。由于取消了极室，无极水排放，提高了原水的利用率。

（7）无隔板电渗析

电渗析器自发明以来，一直采用浓淡水隔板、离子交换膜和电极等部件组装而成。1994 年，江维达[20] 设计出了无隔板电渗析器（图 7-16）。它主要是用新设计的均质离子交换网膜构件取代离子交换膜和隔板，同时此新构件具有普通离子交换膜和隔板的功能。

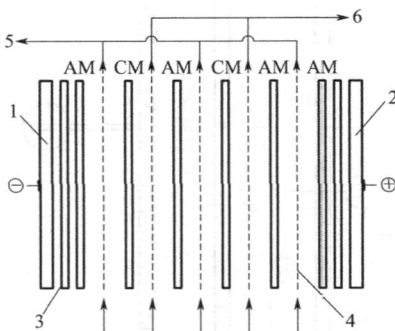

图 7-15 无极水电渗析装置的示意图[15]

1—阳极；2—阴极；3—非金属导电层；

4—隔板；5—浓水出口；6—淡水出口

AM 为阴离子交换膜；CM 为阳离子交换膜

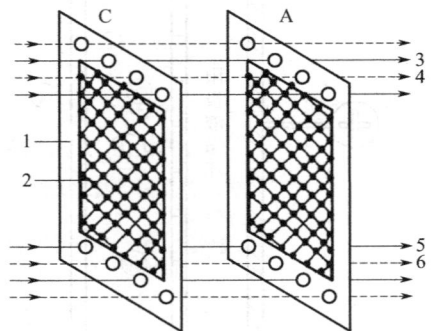

图 7-16 无隔板电渗析器的内部结构[19]

1—网膜密封周边框；2—凹凸不平的网膜；

3、5—淡水流动方向；4、6—浓水流动方向

C 为阳离子交换网膜；A 为阴离子交换网膜

（8）卷式电渗析

卷式电渗析器的阴阳离子交换膜都放在同心圆筒内并卷成螺旋状。图 7-17 是卷式电渗析器的结构示意图。阳极在圆筒的中心，阴极安放在圆筒的外壳上。淡液和浓液沿膜间通道流动，管道与图 7-17 平面垂直，淡液通过管道进出。卷式电渗析器中液体的流体状态为螺旋流，它能使滞流层厚度大大减小。因此，它能强化传质过程。卷式电渗析器的主要缺点是螺旋膜堆难以密封，特别是圆筒中心管既作电极用，又要作集水管用。由于存在电极反应，离子交换膜与中心管黏结的部分不易密封。

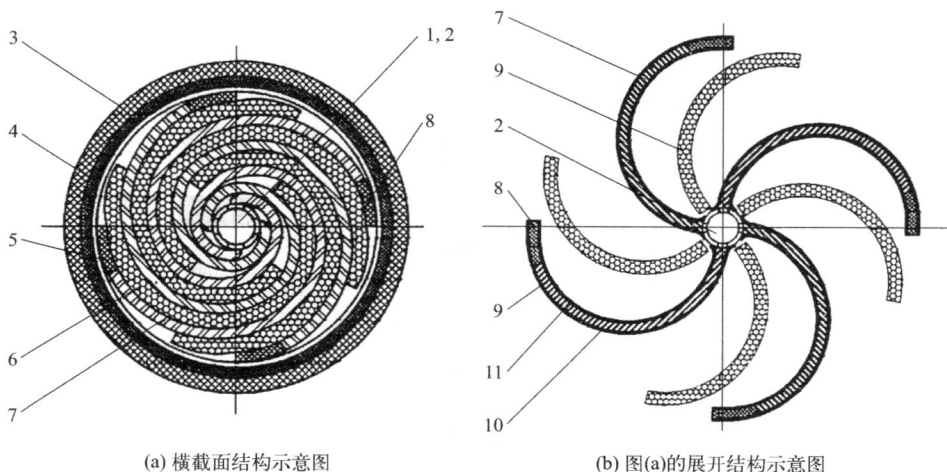

(a) 横截面结构示意图　　(b) 图(a)的展开结构示意图

图 7-17　卷式电渗析器示意图[20]

1—阳极（中心浓水管 2 为金属管，金属管是阳极，管内流动浓水）；2—中心浓水管；3—外壳体；
4—绝缘填料；5—阴极；6—淡水流道单元；7—浓水流道单元；8—密封边；9—绝缘网隔板；
10—阴离子交换膜；11—阳离子交换膜

（9）液膜电渗析

液膜电渗析是用具有相同功能的液态阴阳离子交换膜代替固态阴阳离子交换膜，液膜电渗析以分离无机物为主，但规模均处于小试验阶段，其试验模型是用半透性玻璃纸将液膜溶液包制成薄层状的隔板，然后装入电渗析器中运行。

（10）冲击电渗析

一般为了避免浓差极化的发生，电渗析的操作电流要在极限电流密度之下，然而冲击电渗析却在过限电流条件下运行。冲击电渗析利用离子交换膜之间多孔介质中离子浓差极化和去离子冲击波来脱盐。典型的冲击电渗析膜堆结构由电极、阳离子交换膜、荷负电多孔介质以及末端分离器组成。原理如图 7-18 所示，进水阳离子向负极迁移时透过阳离子交换膜被去除，阴离子向正极迁移时被阳离子交换膜阻挡而富集在多孔介质上端。当施加极限电流至淡化区使离子浓度趋于零时，便会发生浓差极化，然而多孔介质弱负电性表面可以使离子的迁移比扩散快，使阳离子加速通过多孔介质向负极迁移，阴离子会被排斥在多孔介质上端，从而形成一个尖锐的浓度梯度，即所谓的去离子冲击波。最终，浓水和淡水通过多孔介质末端分离器得以分离。冲击电渗析是集过滤、消毒、分离、纯化等多种功能于一体的技术，但存在能耗高、电流效率低、产水量低等缺点。目前，冲击电渗析的相关研究还比较少，其发展处于早期阶段。

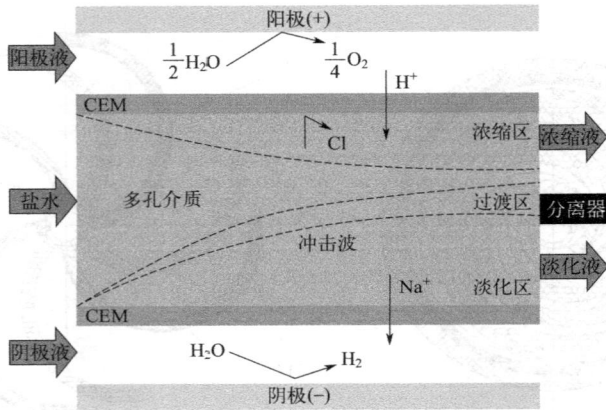

图 7-18　冲击电渗析原理[21]

7.2.3　离子交换膜

离子交换膜是电渗析技术的核心与基础。在盐水浓缩过程中，普遍要求电渗析过程实现 10 倍甚至更高的浓缩倍数，同时要求尽可能低的运行电耗。因此离子交换膜必须具有低溶剂（水）扩散渗透系数、低膜面电阻、高离子渗透迁移性的特点。离子交换膜有均相膜与异相膜 2 种形式，其中均相膜在膜电阻、厚度、水渗透量、溶胀性能等方面均较异相膜有明显优势。但因均相膜的费用较高，所以在应用中以异相膜为主。另外，均相膜较薄且无弹性，给隔板的密封性提出更高的要求。均相膜的离子交换树脂与成膜相合为一体，膜结构中只存在一种相态，不存在相界面。异相膜的制备需要使用黏合剂，因而具有分相结构，含有离子交换活性基团的部分与黏合剂部分具有不同的化学组成，离子交换基团在膜内的分布是不均匀和不连续的。

离子交换膜的表面改性方法主要有：有机溶液涂覆改性、化学结合表面改性、无机纳米粒子掺杂改性、石墨烯掺杂改性、电沉积表面改性、等离子体表面改性和射线辐射表面改性等。其中，单价选择性离子交换膜因其具有选择性分离单价离子的性能而受到广泛关注。1-1价离子交换膜是由只允许1价阳离子选择性透过的阳膜和只允许1价阴离子选择性透过的阴膜配合而成。其是在朝向脱盐隔室的阳膜面和阴膜面分别涂覆与膜固定基团电荷相反的高分子材料，形成对多价反离子较强的静电排斥作用，以阻止多价离子通过膜。

7.2.4 电渗析的影响因素和膜污染控制

7.2.4.1 电渗析的影响因素

评价电渗析性能的主要指标有淡水回收率、电流效率、脱盐能力和使用寿命等。除了自然条件外，离子交换膜的性质、电流密度、离子含量和种类、进出水流速和模式等，均影响电渗析过程的性能。

（1）电流

电能是电渗析过程中最主要的传质推动力。在电渗析过程中，增大电流密度，酸碱浓度会迅速增大，同离子渗漏和浓差扩散的贡献相对减弱，脱盐效率显著提升。但是浓差极化使电流强度的提高受到限制，若操作电流密度接近极限电流密度，往往会出现电流效率下降、能耗上升、pH紊乱、大量气泡产生（水电解）、膜发生沉淀结垢和堵塞等不良现象。Meng[6] 等研究表明，膜堆的最大工作电流密度为极限电流密度的 70 %～80 %。

（2）电压

由于电极间的电阻一定，当电极两端所加的电压越大，通过溶液的电流就越大。在电渗析运行的过程中，必须保证电压的稳定，电压发生变动，会引起水压突然波动，会使电渗析器隔板移动错位，造成隔板变形及漏水。如果需要切换电压，必须先停止电渗析的运行，然后再切换电压。

（3）流量

在电渗析过程中若流量超过一定值，会对膜堆造成很大的冲击，降低膜的寿命；若流量过小，处理效率较低，会造成膜堆沉淀。另外，随着流量的提高，极限电流会增大，因为提高流量，流速变大，溶液搅拌更加剧烈，使极限电流值增大。

（4）溶液初始浓度

在处理一定的盐溶液时，提高初始浓度和增加极室盐溶液浓度均能降低操作电压，从而降低能耗。

7.2.4.2 膜污染控制

膜污染是各种膜分离过程中普遍存在的现象。电渗析装置在运行一段时间之后，就会出现离子交换膜的表面或内部被堵塞（图 7-19），引起膜电阻和能耗增大，选择性下降（反离子迁移），隔室水流阻力升高。这种现象称为膜污染。评价膜污染的标准主要有：膜接触污染物后静态交换能力的改变、膜选择性的降低、膜电导的减小、跨膜堆和膜面电压降的增大和膜厚度的增加。

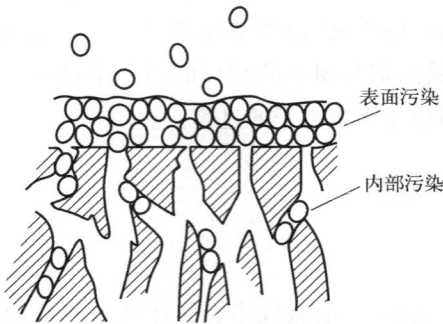

图 7-19　膜污染分为表面污染和内部污染[22]

表 7-1 给出了电渗析过程中常见污染物及减少污染的方法。阳离子交换膜带有负电荷的功能团，因此不容易被污染，而阴离子交换膜易被水中带负电荷的胶体和有机物污染。牛血清白蛋白是考察膜污染的常用模拟污染物。带负电荷的牛血清白蛋白因与阴离子交换膜表面的正电荷间存在静电吸附和化学吸附作用而聚集于阴离子交换膜表面，形成了凝胶层（图 7-20）。

表 7-1　电渗析过程中常见污染物及减少污染的方法[23]

种类	污染物	电荷性质	预防污染和减少污染的方法
水垢	碳酸钙，二水硫酸钙，硫酸钡，硫酸锶，二氧化硅	中性	减小回收率，调节 pH，用柠檬酸或乙二胺四乙酸(EDTA)清洗
胶体	氢氧化亚铁，氢氧化铝，氢氧化铬	负电荷	微滤或超滤预处理，提高流速，减小回收率，调节 pH
有机物	高分子，蛋白质，乳清，聚合电解质，腐殖酸，十二烷基硫酸钠，藻酸盐	负电荷	微滤或超滤预处理，活性炭预处理，用氢氧化钠清洗

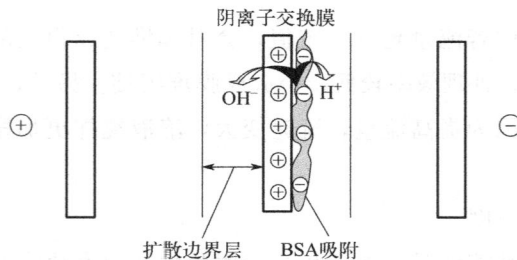

图 7-20　牛血清白蛋白（BSA）污染阴离子交换膜的可能机制[24]

膜污染的控制方法有以下 4 类：

① 阴离子交换膜的表面改性。提高阴离子交换膜的负电荷密度、亲水性和表面粗糙度等理化性质，进而提高其防污性能。

② 加强预处理，以降低进料液中 Ca^{2+}、Mg^{2+} 和 CO_3^{2-} 等造成膜污染的物质的浓度。

③ 优化离子交换膜、设备和操作条件以降低污染。

④ 使用置换电渗析。

⑤ 清洗污染膜。

对于可逆膜污染常采用化学试剂清洗、倒极清洗，以及电脉冲、超声、微波及磁场等方式进行处理。膜表面的 $CaCO_3$、$Mg(OH)_2$ 等沉淀可采用酸洗膜堆的方法清除，$CaSO_4$ 等沉淀可采用倒极操作清除。利用某些表面活性剂、发泡剂也可使膜表面上的沉积物剥落。但是，长期清洗会对离子交换膜造成损伤，如破坏膜表面的凹状孔等。

对于由污染物渗透入膜内部引起膜结构破坏而造成的不可逆膜污染，运用上述方法难以清洗彻底。对于不可逆膜污染，应当从源头出发，降低进料液中 Ca^{2+}、Mg^{2+} 和 CO_3^{2-} 等的浓度，或提高膜的致密度，并对膜表面进行改性，实现在电渗析分离过程中只允许离子通过膜，阻止分子形式的污染物通过膜。

对电渗析的倒极操作产生了一种新型电渗析——倒极电渗析。倒极电渗析器每隔一定的时间（国内一般 2～4 h），正负电极极性相互倒换一次，能自动清洗离子交换膜和电极表面形成的污垢。倒极电渗析的缺点是其结构复杂，故障排除困难，抗干扰性差，对安装地点环境要求高。倒极电渗析系统是由电渗析本体、整流器及自动倒极系统三部分组成的，倒极过程一般分为以下三个步骤：转换直流电源电极的极性，使浓、淡室互换，离子流动反向进行；转换进、出水阀门，使浓、淡室的供排水系统互换；极性转换后持续 1～2 min，将不合格淡水归入浓水系统，然后浓、淡水各行其路，恢复正常运行。

7.2.5　电渗析的应用

（1）浓缩海水制盐

目前日本工业用的电渗析制盐装置可以将海水浓缩 6 倍，浓盐水浓度 165～170 g/L，年产食盐 160 万吨，每吨食盐电渗析直流耗电 160～180 kW·h，系统总耗电在 280 kW·h 的水平。电渗析产出的浓盐水还要经过蒸发、干燥才能制成食盐，工厂一般会自备锅炉发电以提供电力和蒸汽以降低综合用能成本，电渗析制盐流程如图 7-21 所示。

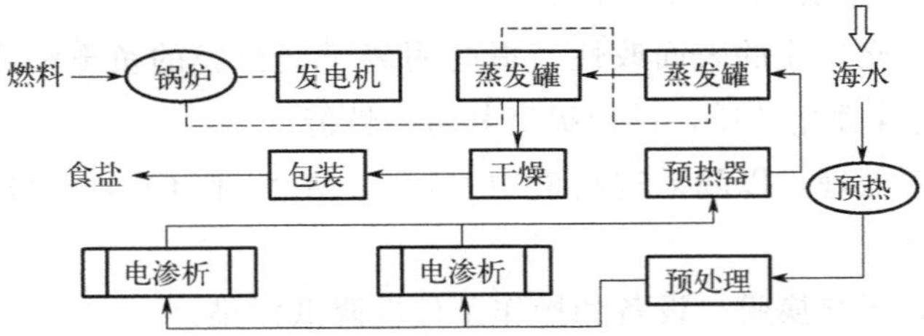

图 7-21　电渗析制盐流程[25]

（2）深度处理制药高盐废水

流程：将经过改进的 A/O（厌氧/缺氧-好氧）工艺处理后的水体泵入沉淀池去除水中悬浮物、絮凝物等能够沉淀的各类物质，再经过滤料池进一步降解水体内有机物、盐分等物质后进入原水桶。原水桶水体经过软水设备去除钙、镁离子后泵入电渗析，调节好压力，电渗析系统运行过程中，正负极需 2 h 对调 1 次，可将浓水与淡水有效分离，淡水直接利用，部分浓水与原高盐水混合再次进入该电渗系统进行分离，部分浓水排出，淡水继续回用。原水桶、浓水桶和极水桶体积为 3000 L。原水桶进水来自滤料池，浓水桶进水来自电渗析产出的浓盐水，极水桶为降低电渗析器电阻的调节桶，与电渗析两侧管道构成闭合回路，可循环流动。电渗析配电系统输入电压 380 V、电流 67 A，输出电压 250 V、电流 150 A，单台电渗析配送电流为 30 A，进水压力为 0.15～0.20 MPa。电渗析系统由 3 个电渗析串联而成，电渗析内由 255 对阴阳离子交换膜组成，使用钛涂覆的钌电极，隔板厚度为 1.0 mm，膜尺寸为 1600 mm×370 mm× 1.0 mm，电渗析尺寸为 1.0 m×0.50 m×2.0 m。处理工艺流程如图 7-22 所示。

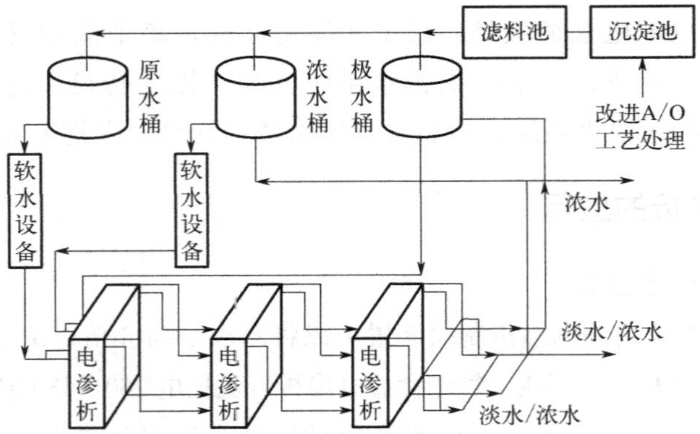

图 7-22　制药高盐废水深度处理流程[26]

该实验的进水电导率在 5 mS/cm 左右，全盐的质量浓度在 3 g/L 左右；

浓水电导率在 18 mS/cm 左右，全盐的质量浓度在 10 g/L 左右。处理后出水电导率在 1.019～1.481 mS/cm，全盐的质量浓度在 0.571～0.876 g/L 波动，盐分去除率在 74 % 左右。工业园区外排高盐水费用 6.0 元/m³，通过本实验装置处理可节约 3 元/m³。

（3）海水固碳

双极膜电渗析法海水固碳技术的关键在于二氧化碳在系统中的溶解吸收。Zhao 等构建的膜堆采用双极膜-阴离子交换膜-阴离子交换膜-双极膜的排列组合，共 10 组（图 7-23），膜性能参数参见文献 [27]。

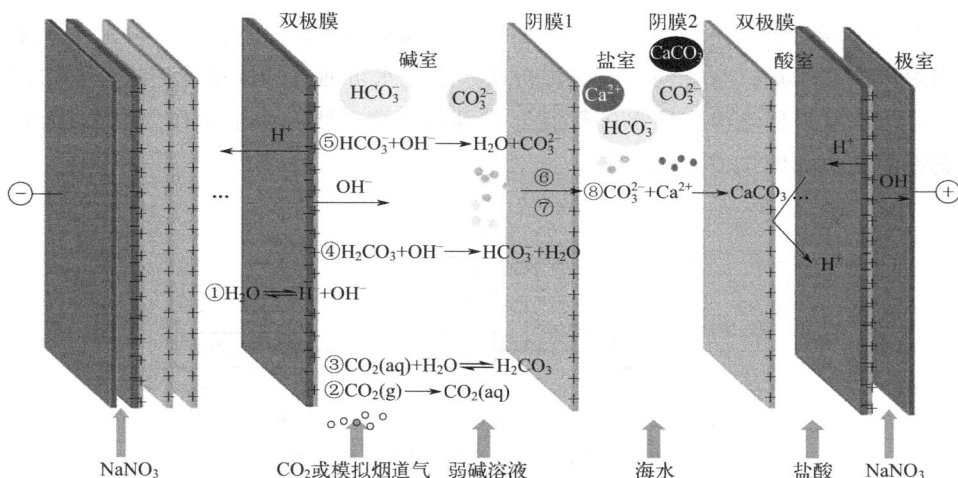

图 7-23 四隔室双极膜电渗析装置结构[27]

①—水的解离；②、③—CO_2 的溶解吸收；④、⑤—H_2CO_3、HCO_3^- 和 OH^- 的反应；

⑥、⑦—CO_3^{2-} 和 HCO_3^- 的迁移；⑧—$CaCO_3$ 的生成

7.2.6 电渗析与其他工艺组合处理高盐工业废水

（1）电渗析与纳滤组合

Zhang 等[28] 提出纳滤-电渗析集成系统，利用纳滤将一/二价离子分离后，纳滤渗透液和保留液都被送到电渗析进行复分解，制备了高浓度的盐（$CaCl_2$ 和 Na_2SO_4），其工艺流程见图 7-24。

（2）电渗析与反渗透组合

在电渗析与反渗透组合处理废水过程中，原水与经反渗透单元处理的浓水的一部分作为电渗析单元淡水室进水，部分脱盐后的淡水进入反渗透单元进行脱盐处理，得到产品水，反渗透单元处理后的浓水中的另一部分作为电渗析单

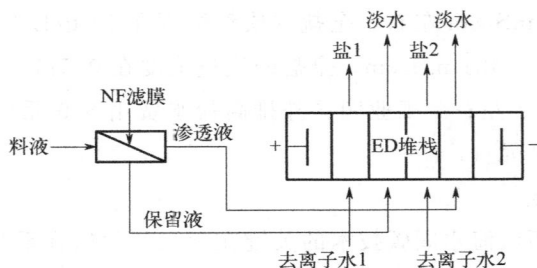

图 7-24 纳滤（NF）-电渗析（ED）工艺流程[28]

元浓水进水，最终得到系统浓水。通过电渗析为核心的提浓单元可将高效反渗透浓缩过程与机械压缩再蒸发浓缩过程或多效蒸馏过程有效衔接，降低蒸发浓缩阶段蒸发水量。与此同时，电渗析所产脱盐水可通过低压反渗透进行再次浓缩，浓缩水返回电渗析原水进行混合并再次浓缩，所产淡水可作为产品排出。典型的流程如图 7-25 所示。

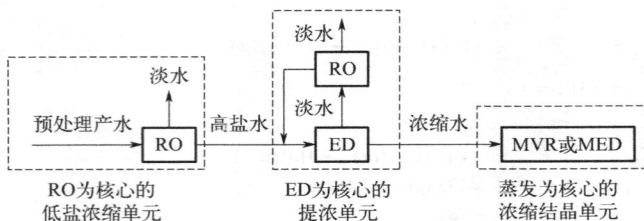

图 7-25 电渗析（ED）与反渗透（RO）组合浓缩工艺[29]

MVR 和 MED 分别表示机械压缩再蒸发浓缩和多效蒸馏

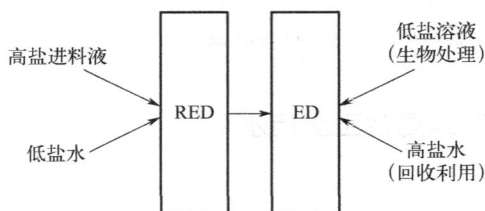

图 7-26 反向电渗析（RED）-
电渗析（ED）工艺流程[30]

（3）电渗析与反向电渗析组合

反向电渗析-电渗析的工艺流程见图 7-26，反向电渗析可以减少含酚废水盐度差异，同时为后阶段电渗析脱盐提供电能，从而减少总体能耗。

（4）电渗析与扩散渗析组合

浓缩电渗析采用扩散渗析与电渗析耦合的方法（图 7-27），可降低总体能耗，减少膜污染，提高膜性能。将浓缩电渗析用于分离高盐废水中的铵盐，结果发现浓缩电渗析的电流效率比常规电渗析提高了 1.84 倍，能耗降低了 50.48 %；而浓缩电渗析对天然废水的去除率也比常规电渗析工艺提高了 17.2 %。

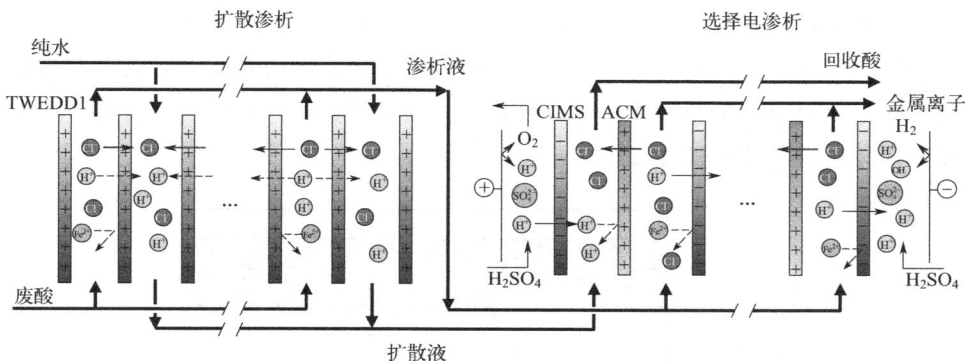

图 7-27　电渗析与扩散渗析组合[31]

（5）电渗析与萃取耦合处理高盐工业废水

Zhao 等[32] 设计出一种将液膜萃取和电渗析相结合的夹层液膜电渗析系统，其原理见图 7-28，夹层液膜由 2 个阳离子交换膜和 1 个负载 Li^+ 的有机液膜组成，其中有机液膜优选为磷酸三丁酯（TBP）＋ClO_4^- 体系，这种夹层液膜电渗析法实现了从高 Mg/Li 质量比的盐湖卤水中选择性回收 Li。

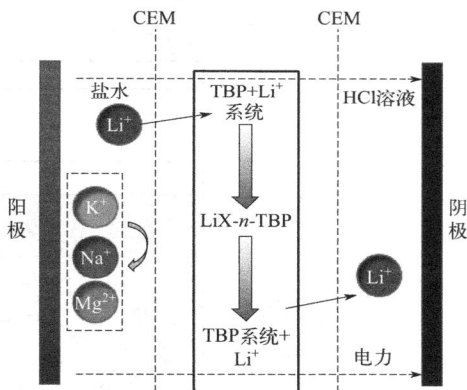

图 7-28　夹层液膜电渗析系统原理[32]

CEM 为阳离子交换膜

7.3　电吸附

7.3.1　电吸附原理

电吸附技术也称电容法去离子技术。电吸附技术是利用带电电极表面吸附水中离子及带电粒子，使水中溶解盐类及其他带电物质在电极的表面富集而实现水的净化/淡化的一种水处理技术。电吸附包括吸附和解吸两个过程，见图 7-29。其基本原理是在正、负电极间施加低电压后，溶液中阴、阳离子在电场力作用下向两极迁移，吸附并富集于电极/溶液界面处形成双电层或通过法拉第反应储存在电极中，从而降低或去除溶液中的离子或带电粒子。待电极上离子和/或带电粒子吸附饱和，两电极间停止施加电压，或施加反向电压，电极上吸附的离子和/或带电粒子迁移扩散到水体中，得到富集水体，而电极材料得到再生。电吸附技术在脱盐的同时也伴随着能量的储存，而电吸附单元的再生过程会释放能量，将这部分能量通过外电路回收，再应用到去离子工作单元上，可进一步降低能耗。

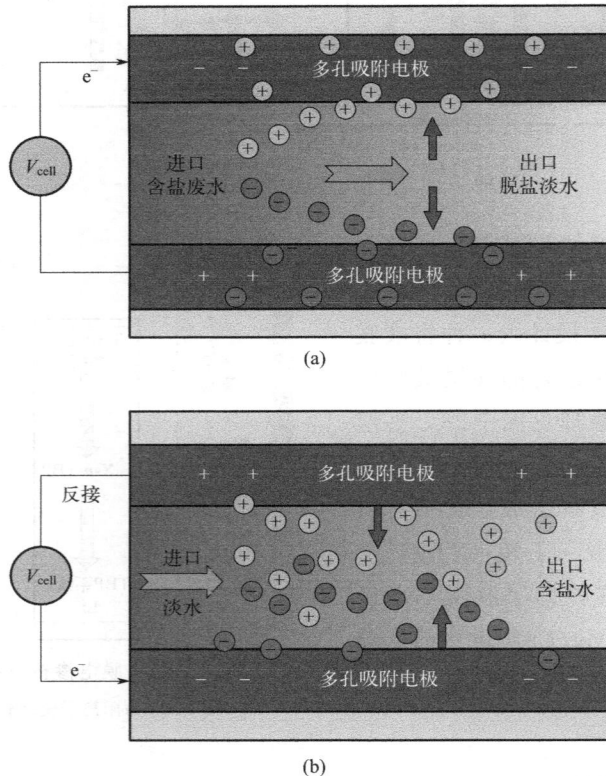

(a)

(b)

图 7-29　电吸附技术吸附（a）及解吸（b）离子或带电粒子原理示意图[33]

电化学脱盐机理大致可分为非法拉第（双电层）静电离子储存［图 7-30(a)］和法拉第（电荷转移）反应两大类，后者包括氧化还原活性表面的离子结合［图 7-30(b)］、离子插入（或嵌入）［图 7-30(c)］、转化反应吸收离子［图 7-30(d)］，以及通过氧化还原活性电解质［图 7-30(e)］的电荷补偿去除离子，其特点是电荷跨电解质和电极之间的流体-固体界面转移。电荷储存机制的差异反映在充放电行为的电化学特征中［电容器样或非电容器样（电池样）］，如循环伏安图的形状所示[34]。

现在得到广泛认可的双电层理论为 Stern 双电层模型及 Grahame 模型（图 7-31）。其中，Stern 双电层模型综合考虑了电极材料表面范德华力对离子

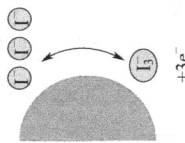

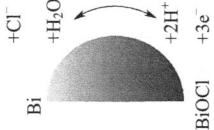
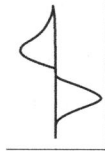
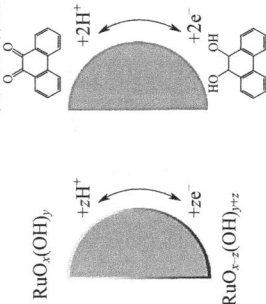

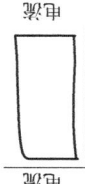
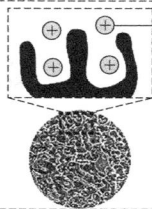

图 7-30　离子固定化的电化学过程[35]

吸附作用的影响，把溶液中的苻电离子在溶液与吸附电极界面的分布分为紧密层（Stern 层）与外扩散层［图 7-31（a）］。此后，Grahame 把紧密层（Stern 层）又进一步细分为内 Helmholtz 层（IHP）和外 Helmholtz 层（OHP）［图 7-31（b）］。由于受电极材料自身双电层容量限制及同离子排斥效应的影响，吸附电极脱盐效率一般较低。然而，Stern 模型假设扩散层有足够的空间，不会与其他双电层发生重叠，但在电吸附材料中更多吸附发生在孔结构中，因此双电层之间（尤其是在微孔中）会存在重叠现象。修正的唐南模型进一步揭示了微孔中的双电层结构［图 7-31（c）］[4]。该模型认为被吸附的离子储存在微孔的孔体积内，而不是孔表面。

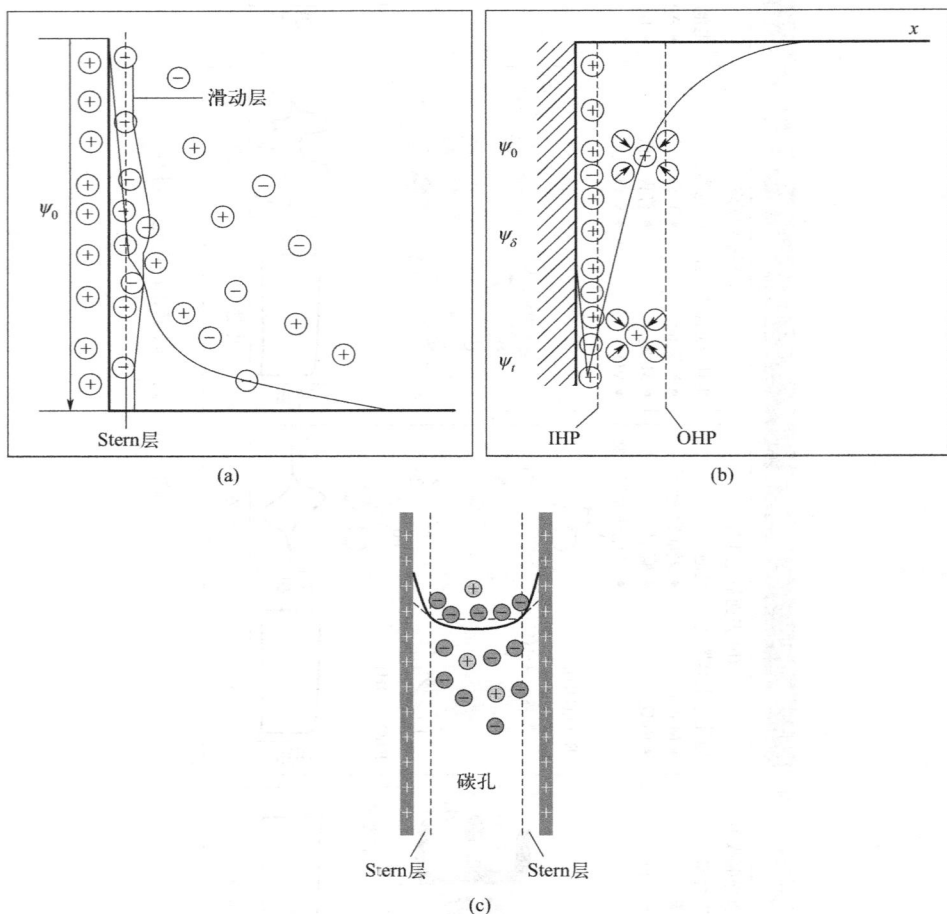

图 7-31　Stern 双电层模型（a）和 Grahame 模型（b）示意图[33] 以及修正的唐南模型（c）[36]

　　亥姆霍兹模型描述了电极极化时电极/电解质界面上的电荷分离，其中，相反离子在电解质中迁移，在平行于电极表面的平面上形成几纳米厚的界面层，以保持电荷中性。离子能够插入电极材料层间，实现更大容量的离子传输。离子输运可以通过不同维度来实现，例如，一维层面通过狭窄离子通道（如纳米管和纳米孔）迁移，二维层面在片层表面及片层之间（如纳米尺度的离子筛）移动，三维层面在微观空间通道扩散（图7-32）。

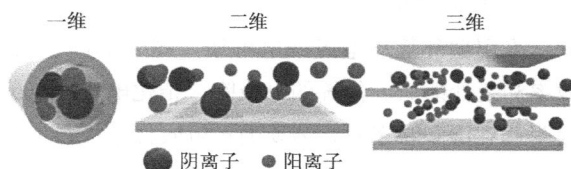

图 7-32　离子在一维、二维和三维空间的扩散[37]

　　根据施加电压的不同，将电吸附分为恒电压模式和恒电流模式。恒电压模式是在电极的两端施加恒定的直流电压，有利于实现离子的快速吸附。为防止水的电解，直流电压不超过 2 V，通常选用 1.2 V 或 1.6 V。恒电流模式是在电极两端施加恒定的电流，有利于提升离子的吸附量，但电极电压随着时间逐渐变大。因此，为防止发生水的电解反应，需设置电压上限。

7.3.2　电吸附分类

　　传统电吸附装置主要由对称的多孔碳电极及中间流道构成，通过不导电垫片将电极隔开［图7-33（a）］。传统电吸附系统基于双电层吸附机制，存在去离子能力低、同离子排斥效应强、循环寿命短等缺点。随后，电容法去离子开始出现［图7-33（b）和图7-34］。电容法去离子中离子交换膜放置在面向流道的电极表面上。通过阴离子交换膜放置在阳极之前、阳离子交换膜放置在阴极之前，可以降低同离子排斥效应。在电容法去离子中，由于离子交换膜的排斥，在吸附过程中截留的同离子将被锁定在电极大的孔隙中，而不是停留在流道中。这些被捕获的同离子可以进一步吸引更多的反离子进入电极，如在多孔碳材料上的阴极端增加阳离子交换膜后，材料上的一些带负电的官能团或离子无法迁移出去，从而可以吸附更多透过离子交换膜的阳离子。与传统电吸附相比，电容法去离子可以实现更高的吸附容量，且通过离子交换膜保护电极显示出较低的结垢倾向，减少了 pH 波动。不过，电容法去离子的电极可能需要定期进行化学清洁。考虑到离子交换膜的高成本和接触电阻，出现了反式电吸附［图7-33（c）］，它是直接对电极表面进行化学改性，使得电吸附装置在不加外电压时利用阴阳极的电位差进行吸附，而在施加外电压时进行脱附，以避免膜的使用和碳阳极的氧化，大大增加了碳电极的循环性能。

随着法拉第电极材料的发展，杂化电容去离子［图 7-33(d)］的出现使得脱盐容量显著提高。杂化电容去离子是由两种不同电极材料构成的非对称多孔电极以及流道组成［图 7-33(d)、(e)］。随后，阴极和阳极均采用法拉第电极的双离子电容去离子［图 7-33(f)］逐渐受到关注，其通过钠离子和氯离子的同步去除实现更高的吸附容量。除了上述单通道反应器构型，为了实现海水的连续淡化，出现了基于法拉第阴极和法拉第阳极的双通道构型［图 7-33(g) 和 (h)］，其中 1 为淡水通道，2 为浓水通道。此外，采用循环流动电极或电解质［图 7-33(i)］能够大幅度提高电吸附的电荷转移效率和脱盐能力。传统的电吸附、杂化电容去离子和电容法去离子是循环处理，当吸附达到饱和状态时，需要通过解吸使电极再生。流动电极电容去离子用浆料电极代替静态电极，浆料通过循环泵输送至电极室。电极室和流道被离子交换膜隔开。电极的脱附（或再生）在流动电极电容去离子单元外部的侧流系统中进行。这样，吸附和解吸分为两个部分，可以实现连续工作[38]。

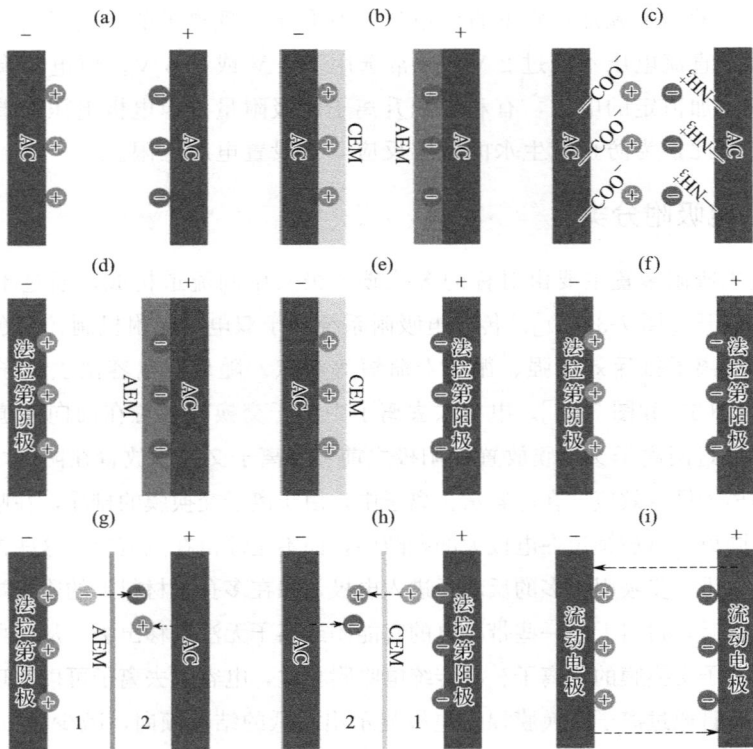

图 7-33　电吸附装置构型的演变[38]

（a）传统电吸附；（b）电容法去离子；（c）反式电吸附；（d）基于法拉第阴极杂化电容去离子；

（e）基于法拉第阳极杂化电容去离子；（f）双离子电容去离子；（g）基于法拉第阴极的双通道构型；

（h）基于法拉第阳极的双通道构型；（i）流动电极电容去离子

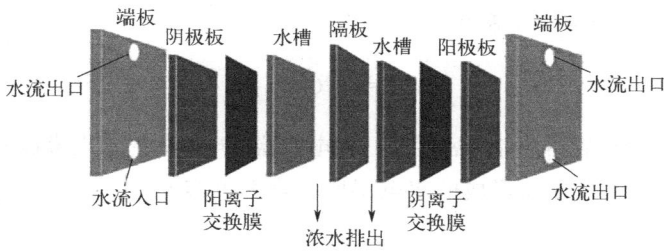

图 7-34 电容法去离子装置结构[39]

Lin 等[40] 用电喷雾法制备了一种新型电极用于选择性去除 NH_4^+，与纯活性炭电极相比，NH_4^+ 的去除率从 28.5 % 提高到 64.8 %（图 7-35）。

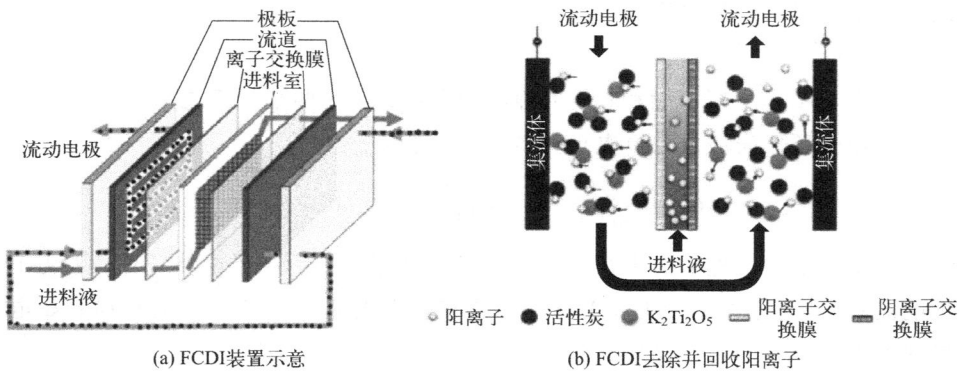

(a) FCDI装置示意

(b) FCDI去除并回收阳离子

○ 阳离子 ● 活性炭 ● $K_2Ti_2O_5$ ▐ 阳离子交换膜 █ 阴离子交换膜

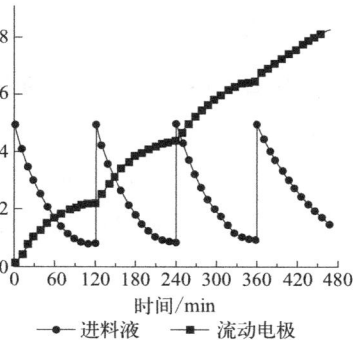

(c) 进料液和流动电极中NH_4^+浓度变化

图 7-35 流动电极电容去离子选择性回收NH_4^+ 机制及效果[40]

7.3.3 电吸附性能指标及工艺影响因素

7.3.3.1 电吸附性能指标

（1）传统双层电容[41]

电容器的能量密度可利用下式计算：

$$E = \frac{1}{2} CV^2 \qquad (7\text{-}3)$$

式中，E 为电容器的储能密度；C 为电容器的电容；V 为电容器的工作电压。

在电极/电解液界面形成的双电层所积累的电容 C 可由下式表示：

$$C = \int \varepsilon \varepsilon_0 / (4\pi\delta) \mathrm{d}S \qquad (7\text{-}4)$$

式中，ε 为电解液的介电常数；ε_0 为真空时的介电常数；δ 为电极表面至离子中心的距离；S 为电极界面表面积。δ 对于一定的电解液来说是稳定的，而电极界面表面积可以通过选择电极材料和采用合适的电极成型方法等手段来改变。最简单的平板电容的计算式为：

$$C = \varepsilon A / (4\pi kd)$$

式中，A 为平行板面积；k 为静电力常数；d 为两平行板之间的间距。

利用循环伏安法可计算电极材料的比电容 C_m：

$$C_\mathrm{m} = \frac{Q}{mV} = \frac{I}{mv} = \left(\int_{E_2}^{E_1} i \, \mathrm{d}V \right) / (2mv) \qquad (7\text{-}5)$$

式中，Q 为流通的总电荷；m 为电极的质量；V 为扫描电势宽度；I 为平均电流；v 为电势扫描速度 (V/t)；i 为充放电电流；E_1 和 E_2 为扫描起始电势和终点电势。因为是循环充放电，所以

$$Q = \left(\int_{E_2}^{E_1} i \, \mathrm{d}V \right) / 2 \qquad (7\text{-}6)$$

材料比电容的计算方法还有 EIS 交流阻抗法和恒电流充放电法。

脱盐量 q 的计算如下：

$$q = (\rho_0 - \rho)V/m \qquad (7\text{-}7)$$

式中，ρ_0 和 ρ 分别为电吸附处理前和处理后盐的质量浓度；V 为盐溶液体积；m 为电极质量。

（2）赝电容

以氧化还原型或嵌入型为主的非法拉第过程产生的赝电容，其氧化还原反应过程或嵌入过程中电荷转移数量和反应电位的关系遵循以下公式[37]：

$$E = E^0 - \frac{RT}{nF} \ln\left(\frac{X}{1-X} \right) \qquad (7\text{-}8)$$

式中，E 是电位，V；R 是气体常数，8.314 J/mol·K；T 是温度，K；n 是电子数；F 是法拉第常数，96485 C/mol；X 是一个比例系数，表示表面或者内部孔道结构占据的比例。

7.3.3.2 电吸附工艺影响因素

图 7-36 给出了一种简易的电吸附系统。原水由底部的进水口进入、顶部的出水口流出，使原水在电吸附系统内充分吸附。此后通过改变外部电源或极性反转实现放电，此时盐离子从吸附材料中分离，汇入水体中，生成的浓水被排至浓水池集中处理，此过程即为脱附再生过程。电吸附工作过程如图 7-36 所示。

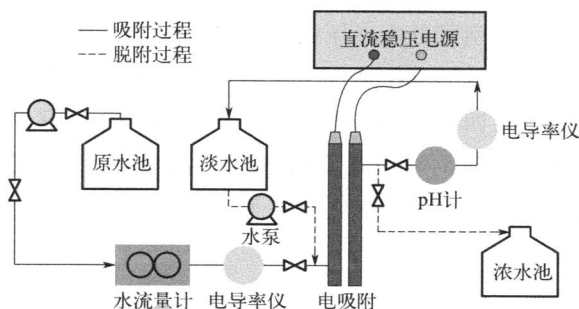

图 7-36　电吸附工作过程示意[39]

电吸附技术脱盐效果主要受电极因素（电极材料、电极设计）、操作条件（电压、流速、水体的成分和浓度等）和脱盐单元（结构设计、极板间距、电极材料用量）等因素的影响，其中最主要的因素是电极材料的选择。

（1）电极材料

电极材料的比表面积、孔径分布、微观形貌、电化学性质和力学性能与形状厚度等因素是决定电吸附技术去离子效果的优劣、能耗高低、处理周期长短等指标的关键因素。

优良的电极材料应具有高比表面积，适宜的孔径分布，良好的亲水性、导电性、稳定性，离子在孔径中迁移率高，多孔电极和集电器之间的接触电阻低，污染少，低成本和良好的可加工性[41]。①比表面积较高。比表面积高时，比电容也相应提高，电极上会吸附更多带电离子。②孔径分布适宜。多孔材料的孔径，按 IUPAC 标准，分为微孔（$<2\ nm$）、介孔（$2\sim50\ nm$）和大孔（$>50\ nm$）。按孔的类型，又可分为开孔、闭孔和半开孔。而被吸附离子的尺寸，Na^+ 半径为 $0.116\ nm$，Cl^- 半径为 $0.167\ nm$，离子溶剂化后的水合离子半径，Na^+ 为 $0.358\ nm$，Cl^- 为 $0.331\ nm$。因此，介孔被认为是最适宜的孔径。相对于微孔，介孔减弱了界面上存在的共性离子排斥作用；而相对于大孔，介孔能提供的比表面积更大。③导电性良好。一方面，材料导电性好，可以减小电极的电阻电压降；另一方面，材料电导率高，在形成双电层的动力学过程中，传荷阻力比较小，使得吸附离子的速率更快。同时，材料与集流体之间应有较好的接触，以保证较低的阻抗。④亲水性较高。亲水性较高有利于溶液中离子扩散迁移到材料表面，材料内部的孔隙、间隙的比表面积也能充分利用。⑤稳定性好。包括电化学稳定性、物理强度和生物稳定性、结垢倾向低。

（2）电极成型方法[42]

电极成型方法主要可分为黏结剂压制成型及材料直接生长在集流体上两种。其中黏结剂压制成型可分为冷压成型和热压成型两种。用于电容器的黏结剂要满足以下几点：优良的黏结性能、耐腐蚀、对人体无害、无二次污染、原料易得。酚醛树脂、聚四氟乙烯、聚偏二氟乙烯等均能很好地满足以上条件。黏结剂的掺入降低了材料的导电性和有效比表面积，这是它的不足之处。同时，黏结剂普遍有一定疏水性，会阻碍离子的转移。常见的集流体有钛板、石墨、泡沫镍或铝箔等。

（3）电压

电压越高，双电层越厚，出水离子浓度越低。当电压过高时，有可能导致电解反应的发生，增加能耗。

（4）流量及含盐浓度

通常在大流量情况下，除盐效果比小流量时差，这可能是因为在大流量情况下，离子到达电极被吸附的时间长于离子在吸附设备中停留时间。说明在一定情况下，传质过程控制着除盐效果。然而，在一定的条件下，电极的吸附量是恒定的，它不随流量的改变而改变，因此，在出水要求较高时，可采用小流量处理方式，相反在处理量大且出水要求相对较低时则采用较大流量，以节约设备及时间。

（5）预处理和结垢处理

与膜法处理废水的问题类似，电吸附过程中不可避免地会出现结垢等问题，只是由于过程中采用非压力驱动的方式，电吸附模块的结垢程度较小。通过一些预处理手段，如常规化学软化、电混凝和纳滤等对进水进行预处理，不仅可以增加电吸附的工作效率，而且可以减少电吸附结垢。

7.3.4　电吸附电极材料

根据电极材料对离子的吸附机理，可以将电极材料分为基于双电层理论的电极材料和基于赝电容理论的电极材料两大类[43]。基于双电层理论的电极材料一般具有合适的孔隙结构、大比表面积、优良的导电性等特点，因此，具有上述特点的碳材料成为电吸附的优选。基于赝电容理论的电极材料主要通过离子脱嵌和氧化还原进行离子储存，具有良好的脱盐容量和循环稳定性。相比碳材料，赝电容材料一般具有更高的电吸附容量。常见的赝电容电极材料有普鲁士蓝（PB）及其类似物、钠超离子导体型材料（NASICON）、过渡金属氧化物（TMO）和MXene等。

7.3.4.1 基于双电层理论的碳材料

基于离子电吸附的材料有活性碳类（包括碳化物衍生碳类和生物质衍生碳类）、石墨烯及其衍生物类、金属-有机骨架及其衍生碳类、碳纳米管类等[43]。在非选择性渗透的情况下，电极中的电荷可以通过同离子排斥（增加盐浓度）、反离子吸附（减小盐浓度）或离子交换（盐浓度不变）来补偿；在足够低的摩尔浓度下，具有固定电荷的纳米孔会优先发生离子交换，随后进入反离子主导的选择性渗透阶段，最终降低盐浓度，分别如图7-37（a）和图7-37（b）所示。图7-37（c）描述了电吸附过程随时间变化的二维多孔电极模型。同离子效应可

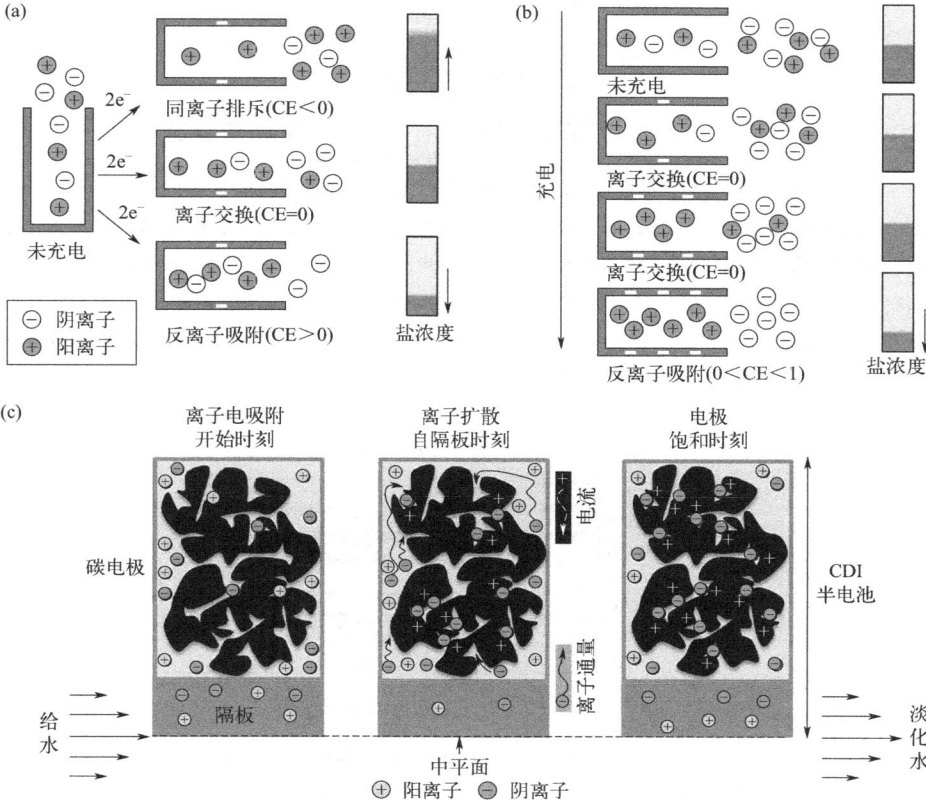

图7-37 离子电吸附过程的基本电荷补偿机理：未充电状态下的同离子排斥、离子交换和反离子吸附[44]（a），随着电极电荷的增加，电荷补偿发生演变：由未充电状态经两个离子交换过程到反离子吸附[44]（b），以及随时间变化的二维多孔电极模型示意图（c）[45]

能导致充电效率低下甚至无法脱盐。添加选择性渗透离子交换膜或构筑亚纳米孔碳材料，可以克服微孔不能选择性渗透离子的固有局限性。其机理是，离子交换膜的加入使得电荷补偿的模式仅限于全选择性反离子电吸附，电池电压的反转可使脱盐能力提高一倍。

　　基于双电层理论的电极材料的电吸附性能主要取决于双电层结构的电荷容量，其与电极材料的孔径分布、表面性质和导电性等有一定关联。通过改性处理能够增大碳材料的比表面积，进而提高其盐吸附容量，如图7-38、图7-39所示。

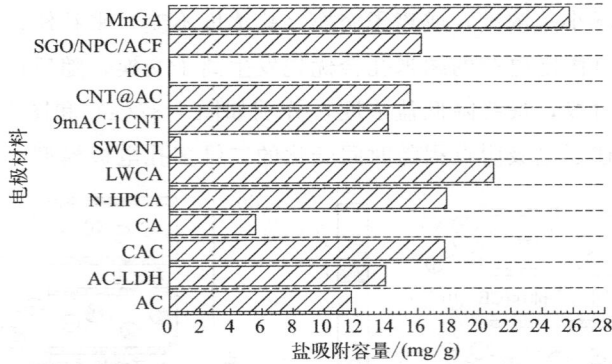

图 7-38　基于双电层理论的碳材料及其改性材料的盐吸附容量[43]

MnGA 为锰掺杂石墨烯气凝胶；SGO/NPC/ACF 为磺化氧化石墨烯/氮掺杂多孔碳/活性碳纤维复合物；rGO 为还原氧化石墨烯；CNT@AC 为碳纳米管包覆活性炭；9mAC-1CNT 为活性碳与碳纳米管质量比 9∶1 的复合材料；SWCNT 为单壁碳纳米管；LWCA 为轻质炭气凝胶；N-HPCA 为氮掺杂分级多孔炭气凝胶；CA 为炭气凝胶；CAC 化学活化活性炭；AC-LDH 为活性炭/层状双金属氢氧化物复合材料；AC 为活性炭

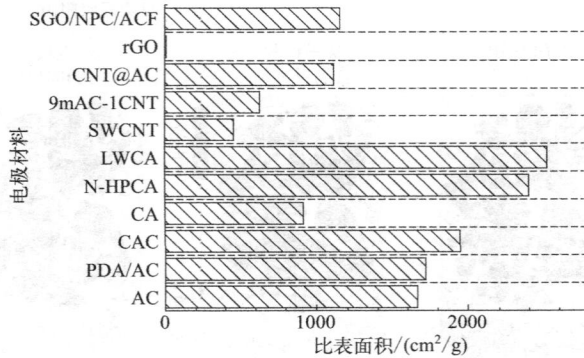

图 7-39　基于双电层理论的碳材料及其改性材料的比表面积[43]

SGO/NPC/ACF 为磺化氧化石墨烯/氮掺杂多孔碳/活性碳纤维复合材料；rGO 为还原氧化石墨烯；CNT@AC 为碳纳米管包覆活性炭；9mAC-1CNT 为活性碳与碳纳米管质量比 9∶1 复合材料；SWCNT 为单壁碳纳米管；LWCA 为轻质炭气凝胶、N-HPCA 为氮掺杂分级多孔炭气凝胶；CA 为炭气凝胶；CAC 为化学活化活性炭；PDA/AC 为聚多巴胺修饰活性炭；AC 为活性炭碳材料一般具有来源广泛、价格便宜、环境友好、高比表面积、高孔隙结构、微结构可调、高电导率、化学性质稳定、再生效果好等基本特点。常用的碳材料有活性炭、活性碳纤维、有序介孔碳、炭气凝胶、碳化物衍生的碳以及碳纳米材料等。但是受同离子排斥效应、自身电荷容量有限（孔径分布范围较大、选择性低、活性位点少）、碳材料容易氧化和表面疏水的影响，碳材料作为吸附电极的综合性能一般不高。常用的改性方法主要包括：孔径改善、表面改性、掺杂、活化等。

活性炭颗粒是最早应用的电极材料。活性炭的比表面积一般为 $1000\sim 3000\ m^2/g$，一般以植物、煤、石油焦等为原料，通过炭化-活化的方式制备，制备流程简单、成本低廉。

炭气凝胶是内部含大量间隙、密度很小的非晶态碳材料，比表面积约为 $400\sim 1000\ m^2/g$，电阻率小于 $4\ \Omega/m$，可控制的孔径分布小于 $50\ nm$。炭气凝胶可以非常方便地制备成圆柱形、立方块状和薄片状等几何形状，但其生产工艺复杂且昂贵。

活性碳纤维包括黏胶基碳纤维、聚丙烯腈基碳纤维、酚醛基活性碳纤维和木质素基活性碳纤维等。该材料具有亲水性，且纤维与纤维之间的间隙利于溶液中离子的快速迁移，相比于活性炭粉末或颗粒，传质阻力小且吸脱附效率高。

炭黑是具有低比表面积（通常 $<120\ m^2/g$）、高导电性的致密碳纳米颗粒，是常见的导电添加剂。

碳化物衍生的碳是以某碳化物为前驱体，将非碳元素从碳骨架（晶格）中刻蚀去除，从而得到含多种碳结构的碳化物衍生的碳。碳化物衍生的碳只有极窄分布的微孔，没有介孔。

石墨烯比表面积能达到 $2630\ m^2/g$，电导率优于活性炭，达 $7200\ S/m$。石墨烯因而层状形貌、良好的比表面积和导电性而很适宜作为电吸附电极材料。碳纳米管作为石墨烯的衍生材料，也具有较高的导电性和机械稳定性。但是，疏水性大大限制了碳纳米管在电吸附水处理中的应用。硝酸和硫酸改性可以显著提高材料亲水性。碳纳米管和石墨烯作为电吸附电极材料，其表面区域均可吸附离子，与活性炭不同（几乎整个吸附区域都在颗粒内）。碳纳米管和石墨烯存在的缺点是易于团聚且价格昂贵。

7.3.4.2 基于法拉第反应的赝电容材料

基于法拉第反应的赝电容材料及其改性材料的盐吸附容量如图 7-40 所示。

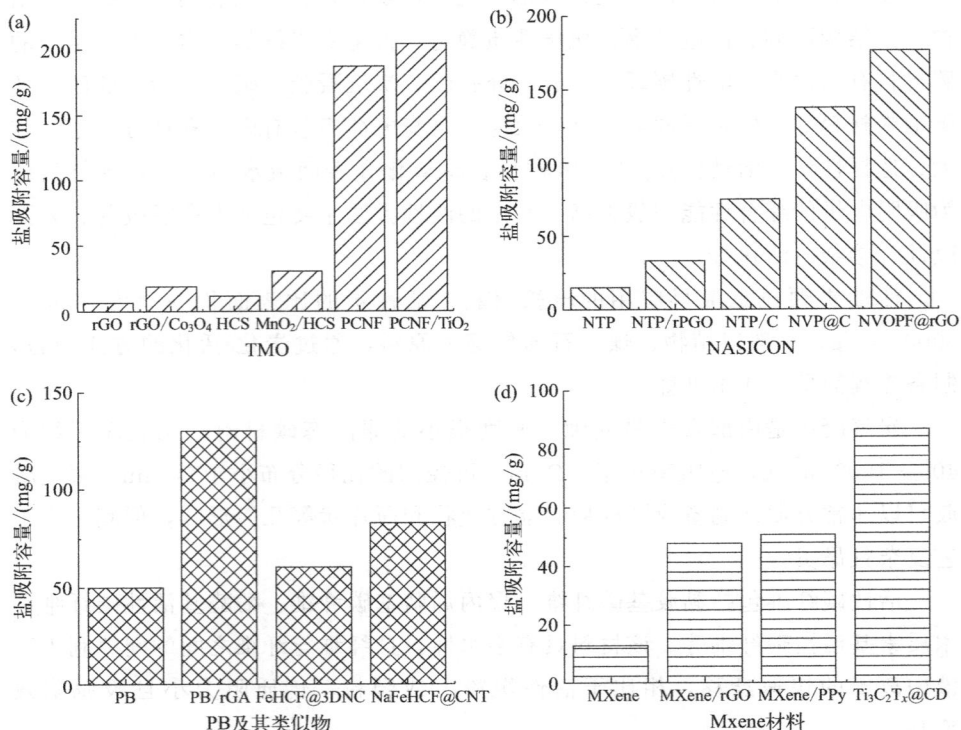

图 7-40　基于法拉第反应的赝电容材料及其改性材料的盐吸附容量[43]

（1）离子插入（或插层）型材料

插入（或插层）反应是指在不对宿主进行重大结构修饰的情况下将客体物种引入宿主结构，该过程通常是可逆的。应用离子插入（或插层）反应机理的脱盐过程是将阳离子或阴离子插入主体电极材料的特定（赝电容特征）或非特定（电池特征）间隙位置实现去离子化，对应图 7-30(c) 中的法拉第电荷迁移过程。根据体积膨胀和结构可逆性，拥有更大间隙的材料具有更大的离子存储容量（即更高的电荷存储容量）、更快的动力学（即离子在主体材料中的扩散速率）和更高的循环稳定性。根据离子传输通道和插入位点的不同，可将离子插入过程分为三种类型：1D 孔道扩散、2D 层间扩散和 3D 开放骨架扩散。该类型电极材料的优缺点及其电化学特征如图 7-41 所示。

一维插入材料具有离子传输通道的孔道状结构，可实现离子的嵌入/脱嵌。比较常见的是过渡金属氧化物。过渡金属氧化物材料中应用广泛的有 MnO_2、TiO_2、ZnO、Al_2O_3、Fe_3O_4、Co_3O_4 以及层状复合金属氧化物等金属氧化物。但过渡金属氧化物普遍存在导电性差的问题，导电性好的 RuO_2 因成本高

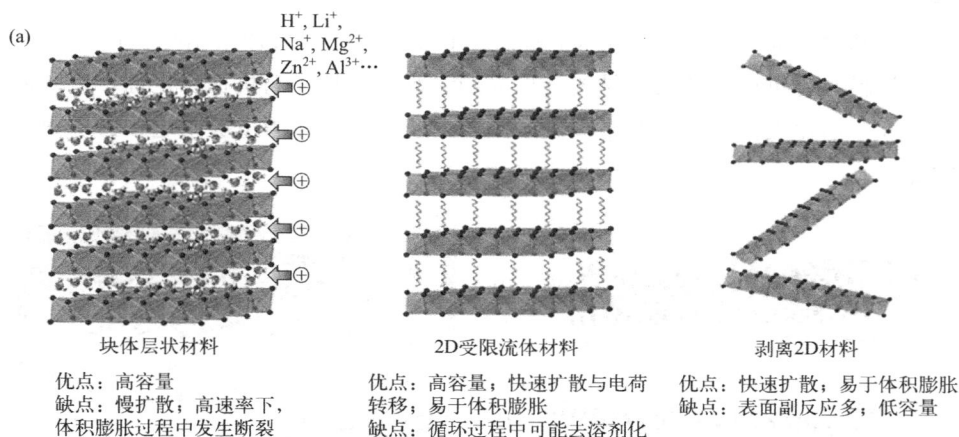

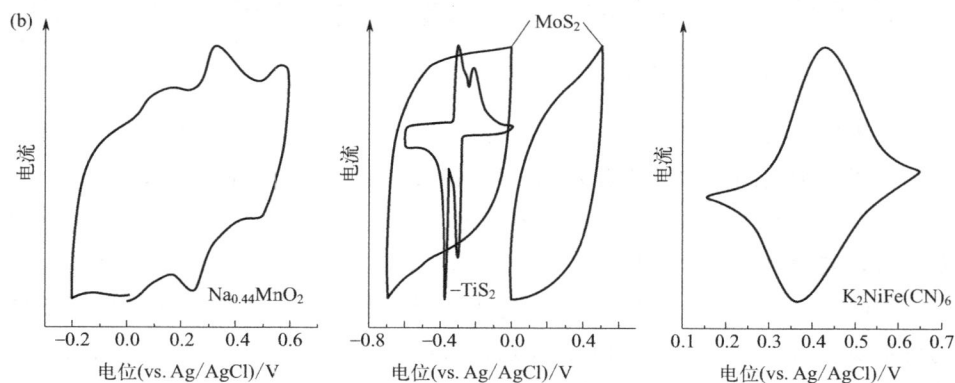

图 7-41　离子插入型电极材料（块体层状材料、2D 受限流体材料以及剥离 2D
材料）的优缺点（a）[46] 及其电化学特征（b）[46-48]

昂而被限制广泛应用，因此，改善导电性成为研究的重点。同时，相比碳材
料，金属氧化物电极材料对酸碱水体环境要求特殊，其实际应用及使用寿命受
到制约。

　　二维插入材料可以在二维平面的层间插入阳离子和阴离子，包括但不限于
Li^+、Na^+、K^+ 或 Cl^- 等。常见的有聚阴离子磷酸盐（含结晶水或无水）、过
渡金属硼化物、过渡金属碳化物、过渡金属氮化物、过渡金属磷化物、二维过
渡金属碳化物或氮化物（MXene）以及过渡金属二硫族化合物等。除离子种
类外，脱盐能力还取决于离子插入位点的具体情况（包括化学环境，到达该位
点的原子间距和动力学）。MXene 是一种二维过渡金属碳化物或氮化物，其通
式为 $M_{n+1}X_nT_x$（$n=1\sim3$），由 MAX 相（$M_{n+1}AX_n$）中的 A 选择性刻蚀获

得，M 是前期过渡金属，X 是碳和/或氮，A 是第 12 至 16 主族元素，T 是表面终端基团，如－F、－O、－Cl 和－OH 等，刻蚀后为片层结构（图 7-42）。这类材料有着可调控的层状结构及层间距、高导电性、高机械稳定性、良好的亲水性、高比表面积及易与金属离子结合的优点，其作为电吸附电极有着更大的优势。

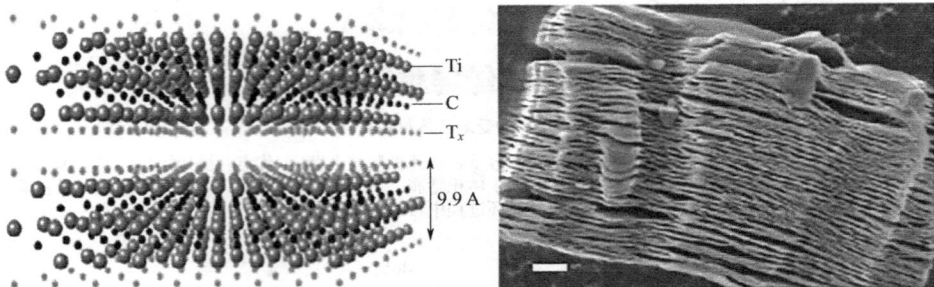

图 7-42　MXene 原子结构以及呈现片层状的二维结构[37]

三维插入材料具有开放的骨架结构，可以从各个方向插入离子，并具有较大的离子容纳空间。常见的有无机骨架材料或钠超离子导体（NASICON）型材料。普鲁士蓝类似物是一类可以表示为 $A_x M[Fe(CN)_6]_y \cdot zH_2O$ 的无机骨架材料，其中 A 和 M 分别代表碱金属（Li、Na、K、Rb）和过渡金属（如 Fe、Mn、Co、Ni、Cu、Zn）。在普鲁士蓝类似物中，金属离子和氰根离子之间可形成较大空间（如图 7-43 中 A 点位所示），是典型的六氰铁酸铜结构。形成的间隙可以通过保持铁中心的电荷中性将阳离子插入和脱出以去除水中的阳离子，氧化还原方程如下：

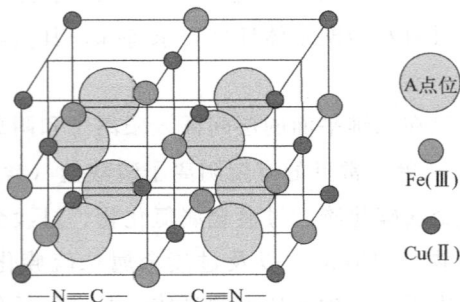

$$A_x M_y[Fe^{III}(CN)_6]_z + zA^+ + ze^- \rightleftharpoons A_{x+z} M_y[Fe^{III}(CN)_6]_z \qquad (7\text{-}9)$$

图 7-43　六氰铁酸铜结构图[49]

普鲁士蓝类似物因具有开放的三维有机金属结构、较宽的隧道、其与离子的相互作用较弱，有利于离子运输，其稳定性也较高。但是，鲁士蓝类似物的导电性差。

（2）导电聚合物[34]

电子导电聚合物，如聚吡咯（PPy）、聚苯胺（PANI）、聚噻吩（PTh）、聚 3-甲基噻吩（PMTh）、聚 3,4-乙烯二氧噻吩（PEDOT）、聚吲哚（Pind）等材料及其衍生物，以及有机金属氧化还原聚合物，如聚（乙烯基）二茂铁（PVFc）等，其脱盐机理是通过表面捕获/释放或体相掺杂/去掺杂等氧化还原过程来储存或释放电荷。聚合物链的共轭 π 键在氧化还原过程中起重要作用，沿着聚合物链的带电官能团对于增加反离子吸附能力有很大贡献。

7.3.5　电吸附的优点及存在的问题

（1）优点

电吸附技术的优点有：①吸附量大。电吸附技术选取比表面积较大的吸附材料，本身即具有较好的吸附容量。通电后吸附材料的吸附容量比未通电的吸附材料大 5～10 倍。②无需加药。③操作灵活。要实现吸附与脱附过程之间的切换，仅需电极倒换；处理水量及排放水浓度均可根据需要调控。④成本较低。电吸附工艺装置投资略高于热法和膜法工艺装置，但在后续的运行过程中，减少了加药费用及膜更换费用。

（2）存在的问题

电吸附技术存在的问题有：①主要处理含带电离子的水体，对于不带电污染物去除效果差。②再生时间较长，一般为 36～42 min，占整个周期的 1/3～1/2 时间，导致得水率不高。相比常规的一些吸附分离方法，存在传质效率低、吸附容量有限、操作复杂等不足。③电极材料的吸附率和寿命不高，且材料成本较高。基于双电层理论的电极材料的单位电极面积上最高吸附率不高。另外，脱盐效果较好的材料，制备相对烦琐且成本较高。碳电极表面的法拉第反应会导致电极吸附率下降和电极寿命缩短。其他电极的寿命也不高。

7.4　电化学耦合膜生物反应器

膜生物反应器是一种高效且成熟的污水处理技术，在过去的三十多年中广泛应用于市政和工业污水处理，但膜污染仍是膜生物反应器进一步推广和应用的瓶颈。随着抗污染方法的不断发展，电化学技术在膜生物反应器中的抗膜污染研究与应用日益增加。电化学耦合膜生物反应器将微生物降解、膜孔筛分和电化学作用相结合，在强化污染物去除的同时可减缓膜污染，如图 7-44 所示。

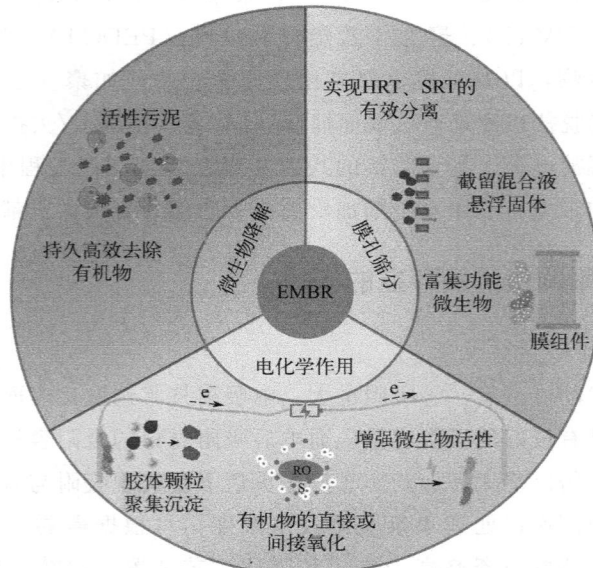

图 7-44　电化学耦合膜生物反应器（EMBR）去除污染物原理及特点[50]

HRT（hydraulic retention time）和 SRT（solids retention time）分别为水力滞留时间和固体停留时间

电化学耦合膜生物反应器由外接电源（直流/交流）、膜组件（微滤/超滤）、工作电极（阴极/阳极）等组成。电化学耦合膜生物反应器的常用电极主要包括碳基材料和金属基材料两类。根据析氧电位的高低将阳极分为牺牲电极（低析氧电位）和非牺牲电极（高析氧电位）。Fe、Al、Zn、Mg 等金属常作牺牲电极，其中 Fe、Al 应用最为广泛，在电场作用下释放金属离子（絮凝剂），实现污水中悬浮颗粒和胶体的絮凝沉淀，还可为微生物生长提供微量元素，但高浓度金属离子也会影响微生物活性。不锈钢、氧化铅、二氧化钛、掺硼金刚石等常作为非牺牲阳极参与电化学氧化过程。不锈钢、铜、钛、碳材料和金属氧化物等导电材料常作为阴极。

根据电极的位置，电化学耦合膜生物反应器分为外置式和浸没式，如图 7-45 所示。外置式电化学耦合膜生物反应器是将电极单独放置在电化学反应器内作为预处理或后处理。而浸没式电化学耦合膜生物反应器是将电极放置在膜生物反应器内部，因占地面积小、处理效果好而广泛应用。

以 Fe/Al 作牺牲阳极、导电膜作阴极为例，电化学耦合膜生物反应器对

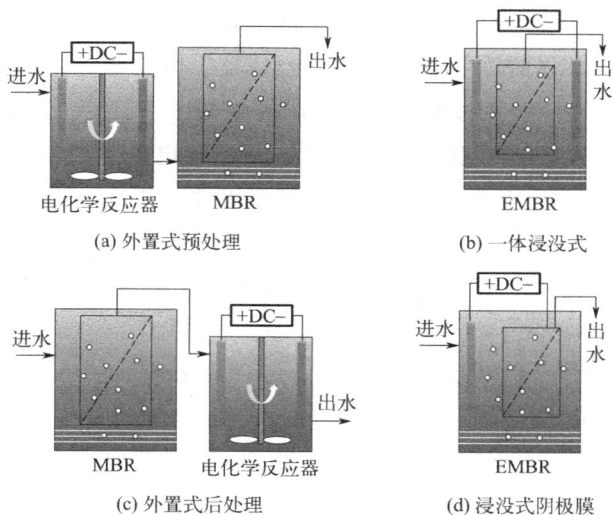

(a) 外置式预处理   (b) 一体浸没式

(c) 外置式后处理   (d) 浸没式阴极膜

图 7-45 电化学耦合膜生物反应器的分类[50]

污染物降解的电化学作用机制如图 7-46 所示。电化学耦合膜生物反应器中外加弱电场可引发电絮凝、电泳、电渗、电化学氧化等电化学过程，有助于污染物降解和减少膜表面污染物的沉积。

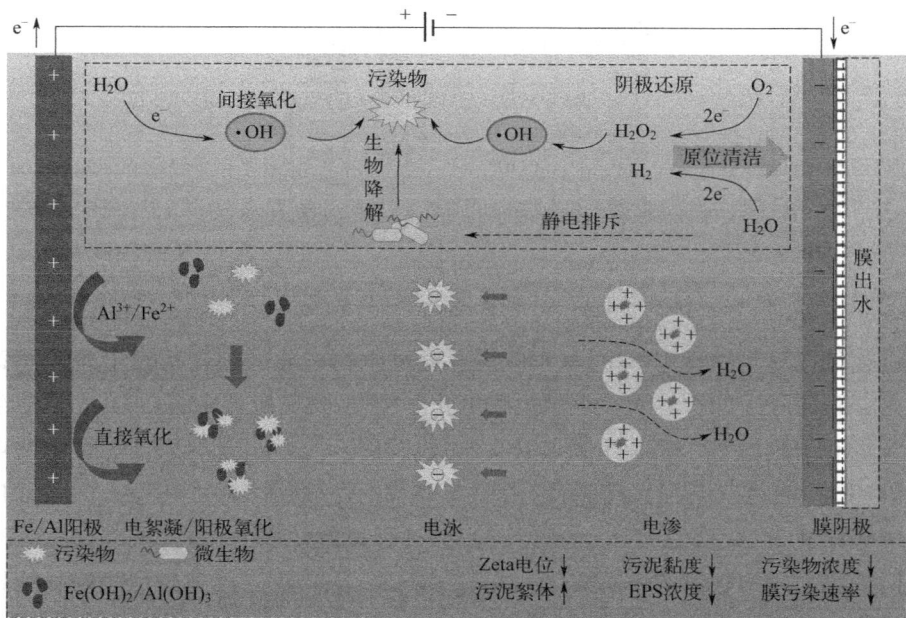

图 7-46 以 Fe/Al 作牺牲阳极、导电膜作阴极的电化学耦合膜生物反应器
对污染物降解的电化学作用机制[50]

微生物电化学辅助的膜生物反应器是一种集成微生物燃料电池与膜生物反应器功能单元于一体的自生电场-膜生物反应器。微生物电化学-膜生物反应器构型可分为纯膜型、膜阴极型和膜空气阴极型（图7-47）。膜阴极型微生物电化学-膜生物反应器将导电膜组件作为微生物燃料电池阴极。膜空气阴极型微生物电化学-膜生物反应器整合空气阴极和膜组件，替代曝气膜生物反应器。

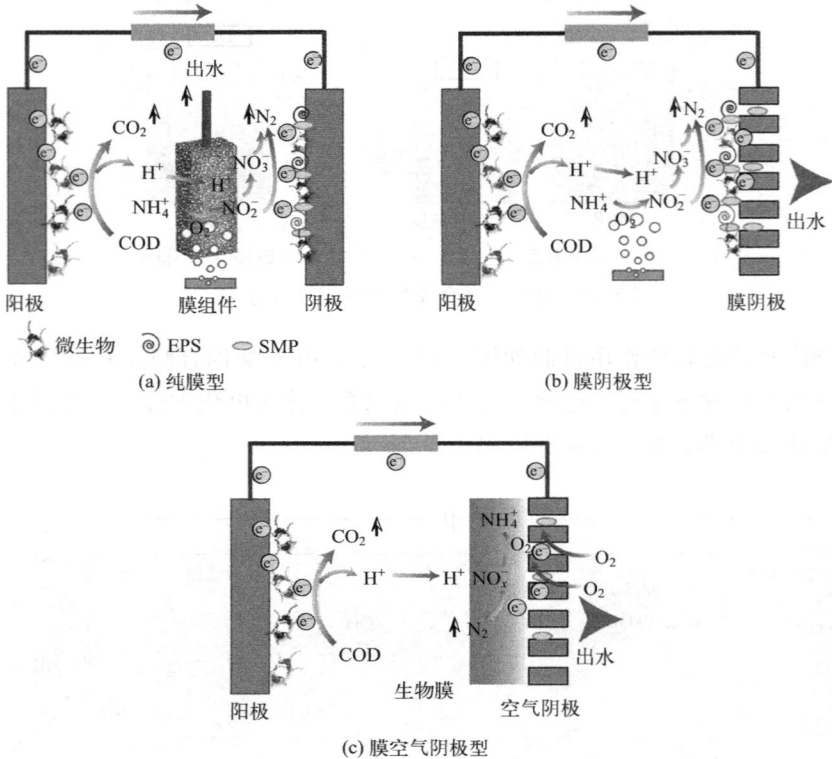

图 7-47　不同反应构型脱氮原理[51]

　　在传统膜生物反应器中，COD主要通过生物矿化、剩余污泥增殖和膜截留这3种途径去除。然而，在微生物电化学-膜生物反应器中，COD先用于生物产电和细胞增殖，随后才进入膜生物反应器进一步去除。COD在微生物电化学-膜生物反应器中的分配可以由图7-48表示。提高COD在阳极的去除比例能够削减MBR去除COD的曝气能耗，同时增加生物产电。此外，研究表明阳极生物膜的污泥产率系数仅为0.02 g VSS/g COD，是典型膜生物反应器污泥产率的15 %。因此，提高阳极COD利用比例可降低微生物电化学-膜生物反应器的污泥产量。

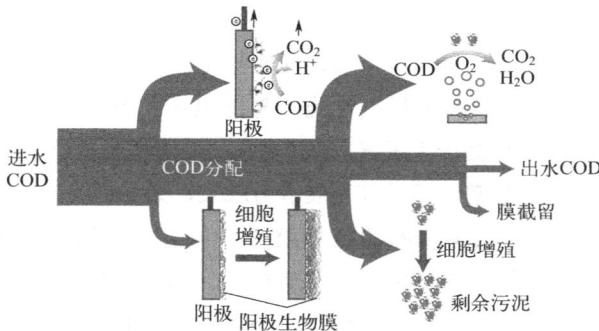

图 7-48   COD 在微生物电化学-膜生物反应器中的分配[51]

7.5   微生物电化学脱盐

7.5.1   微生物电化学脱盐的原理

微生物电化学脱盐技术是利用微生物燃料电池和电渗析耦合同步实现废水净化、盐水淡化及能源转化的技术。微生物电化学脱盐技术包括微生物脱盐燃料电池技术和微生物电解脱盐技术。微生物脱盐燃料电池的结构是在微生物燃料电池的阴阳两极间增加了 2 种离子交换膜，由此产生中间脱盐室并形成三室结构。其中阴离子交换膜贴近阳极室，阳离子交换膜贴近阴极室，其结构如图 7-49(a) 所示[52]。微生物燃料电池产生的电压推动脱盐室离子迁移去除。阳极产物一般还含有 H+，H+ 因阴离子交换膜的阻碍而不会发生迁移，脱盐室中的阳离子和阴离子分别转移到阴极室和阳极室，从而保持阴阳两极室的电荷平衡。

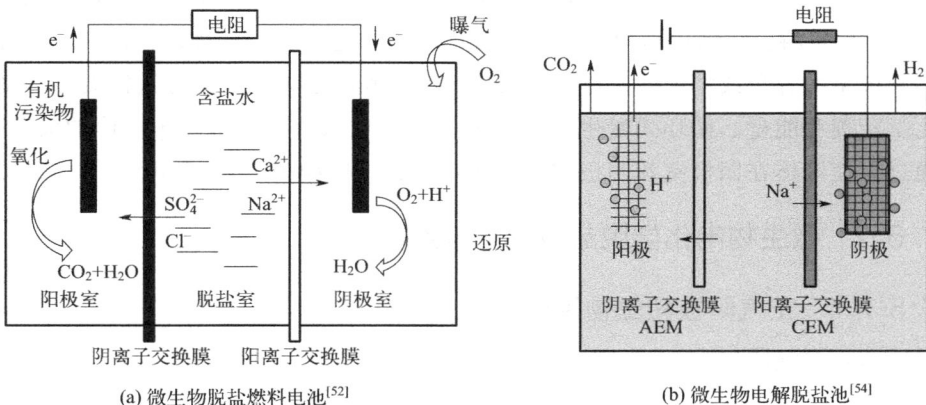

(a) 微生物脱盐燃料电池[52]

(b) 微生物电解脱盐池[54]

图 7-49   微生物脱盐的工作原理

微生物电化学脱盐技术最早是清华大学曹效鑫等于 2009 年提出的。Cao 等[53] 设计的三室微生物脱盐电池，运行一个周期后脱盐率达到 90 %，产生的最大功率密度为 2 W/m^2。对微生物脱盐燃料电池施加外部电压就形成了微生物电解脱盐电池，施加的电场驱动阴极处产生氢气（图 7-49）。微生物脱盐燃料电池具有净化废水、脱盐和协同产电的优势，因此其发展潜力巨大，如今仍然处于前期发展阶段。

微生物脱盐电池使用不同的功能膜材料，可进行电渗析、正渗透等反应，可用于盐水淡化、废水资源回收以及产酸产碱。微生物脱盐电池的阴极电子受体可以是铁氰化物、O$_2$ 和 H$^+$，分别发生铁氰化物还原、氧还原以及析氢反应。以乙酸盐作为有机底物、氧分子作为电子受体的微生物脱盐电池体系，可提供 1.1 V 的电势，由于过电位损失，脱盐可用电势仅为 0.5～0.6 V。以 H$^+$ 作为电子受体的微生物脱盐电池体系，可通过外加电压加快脱盐速率。在微生物脱盐电池中通常选用较小的电阻或者短接的方式增加电流密度，从而提高脱盐速率。

影响微生物脱盐性能的关键操作参数包括反应器设计、内阻、催化剂、电极和膜的成本等。限制其持续发展的重大挑战包括 pH 失衡、膜结垢/污染、微生物失活或死亡等。

pH 是影响微生物脱盐电池产电和脱盐的重要因素。阳极有机物氧化产生的 H$^+$ 被阴离子交换膜所抑制，导致阳极室的 pH 降低。同样，由于氧还原反应 OH$^-$ 积累在阴极室，导致阴极室的 pH 升高。这一现象造成阳极室和阴极室的 pH 失衡，导致电池产电和脱盐性能降低。pH 不平衡对阳极室的影响尤其突出，pH 降低对阳极微生物生长代谢产生抑制作用，导致阳极产电菌活性降低甚至死亡。传统微生物脱盐电池产生的电流在初始 10 h 内呈线性增加，10 h 后开始下降，这可能与 pH 有关，当阴极室电解液的 pH＞7 后，升高一个 pH 单位将会导致电池电压降低 59 mV。更换电解液、投加缓冲溶液、增加阴阳极室的容积或添加酸碱试剂可缓解 pH 失衡问题，但上述方法需要额外的化学药剂和能量。循环式微生物脱盐电池可有效减小阴阳极室 pH 值的波动，通过泵使液体在阳极室和阴极室之间循环，其结构如图 7-50 所示。

7.5.2　微生物电化学脱盐技术的分类

7.5.2.1　空气阴极和生物阴极

（1）空气阴极

早期微生物脱盐电池阴极常用的电子受体如铁氰化钾 [K$_3$Fe(CN)$_6$]、高锰酸盐、过硫酸盐或六氰基高铁酸盐等存在毒性较大、成本较高的缺点。空气

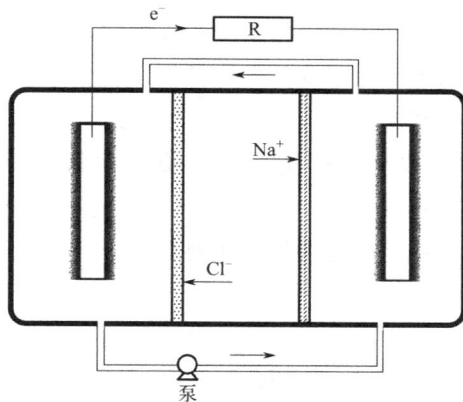

图 7-50 循环式微生物脱盐电池结构示意图[55]

阴极微生物脱盐电池（图 7-51）是以氧气作为电子受体，还原电势较高且成本较低，然而氧气的还原反应较慢，通常使用昂贵的金属催化剂（如 Pt、Pd、Au、Ag 等）来修饰电极。

圆柱形连续升流式微生物脱盐池是一种结构特殊的空气阴极电池，圆筒内部为阳极室，中间部分为脱盐室，外部为空气阴极。阳极室中的微生物处于悬浮状态，阳极室和脱盐室液体自下向上流动（结构如图 7-52 所示）。该装置增大了电极比表面积，腔室中的液体也无需搅拌，利于阳极氧化反应和 O_2 还原反应。

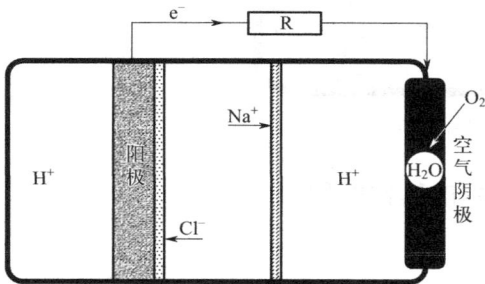

图 7-51 空气阴极微生物脱盐电池
结构示意图[55]

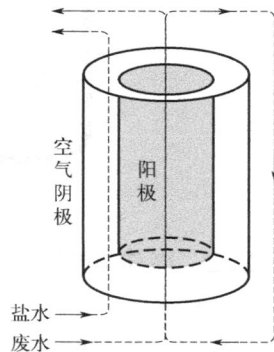

图 7-52 上流式微生物脱盐电池
结构示意图[55]

（2）生物阴极

在阴极表面或阴极电解液中以微生物催化发生还原反应，结构如图 7-53

所示，因微生物具有可再生和可持续性，避免了传统微生物脱盐电池中阴极液不可持续使用、经常更换的问题。与空气阴极电池相比，生物阴极电池无需昂贵的催化剂。根据阴极室中电子受体的种类不同，生物阴极可分为好氧阴极和厌氧阴极。在好氧型生物阴极中，O_2 作为电子受体；而在厌氧阴极中，多种阴极液作为电子受体。光生物藻类也可修饰生物阴极形成光生物脱盐电池（图 7-54），藻类被用作电子受体，通过光合作用同步促进 O_2 产生和 COD 去除。因此，藻类微生物脱盐电池的性能主要取决于在暗周期和光周期中光的可用性。

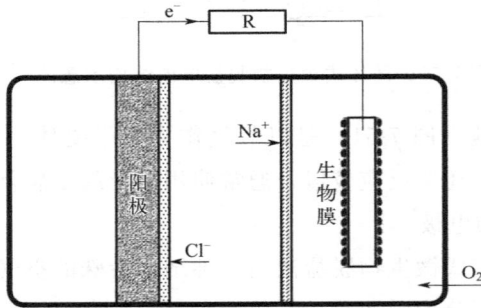

图 7-53　生物阴极微生物脱盐电池结构示意图[55]

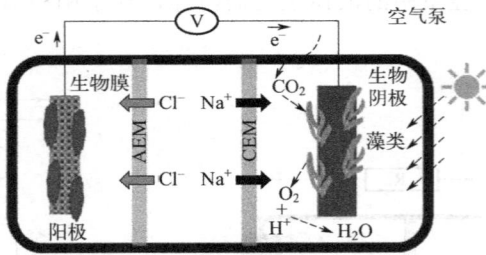

图 7-54　光生物脱盐电池示意图[56]

7.5.2.2　微生物电化学脱盐技术的其他类型

（1）渗透式

在微生物脱盐电池中用正向渗透膜代替离子交换膜构成渗透式微生物脱盐电池（图 7-55），这种设计能使阳极室中的水进入脱盐室，从而降低脱盐室的盐度。同时，质子随着水通量转移，使阳极的 pH 低于传统微生物脱盐电池。渗透式电池的缺陷是由于无法选择性地分离阴离子，脱盐室离子分离的速率降低，同时正渗透膜易被污染。

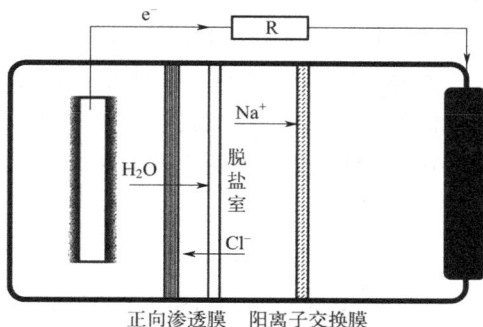

图 7-55 渗透式微生物脱盐电池结构示意图[55]

（2）双极膜式

在阳极和阴离子交换膜之间加入双极膜，可以构建四室结构的双极膜微生物脱盐电池（图7-56）。在电场作用下，水通过双极膜，OH^-进入阳极室，H^+进入中间室，与通过阴离子交换膜的Cl^-生成盐酸，从而稳定了阳极室的pH值。从盐溶液中除去的钠离子进入阴极室，遇到由阴极反应产生的氢氧根离子，形成氢氧化钠，实现了脱盐与酸碱再生同步。因此，双极膜微生物脱盐电池也被称为微生物电解脱盐同步酸碱再生池。对于双极膜必须施加电压以提高膜的离子交换能力。研究表明，当外加电压分别为1 V、0.3 V和0 V时，脱盐率分别约为86 %、50 %和5 %。另外，由于双极膜暴露在阳极室的废水中，比离子交换膜更容易受到污染。

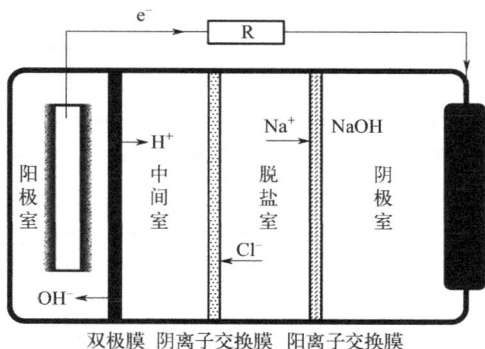

图 7-56 双极膜式微生物脱盐电池结构示意图[55]

（3）电容式

电容式微生物脱盐电池是将电容法去离子与微生物燃料电池耦合的自发除盐体系。此装置在电极上配备双层电容器，当盐水溶液在两电极之间流动时，离子被吸附并暂时储存在双层电容器上，而当电势消除后，离子回到液体中，继而通过电极的"电容式吸附"脱除离子，以减缓阳极室和阴极室的盐污染和pH 骤变。在图 7-57 所示的结构示意图中，将阴离子交换膜/阳离子交换膜和活性炭布组合，插入阳极室和脱盐室之间或者脱盐室和阴极室之间。阴离子交换膜/阳离子交换膜和 ACC（活性炭布）之间形成双电层。

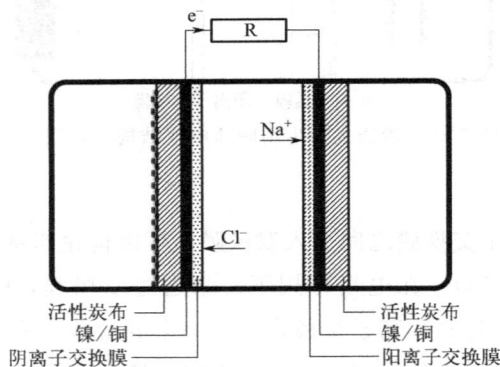

图 7-57　电容式微生物脱盐电池结构示意图[55]

参考文献

[1] 吴悠，高舒嘉，王天玉，等. 电驱动选择性膜分离技术研究进展 [J]. 环境工程，2021，39 (07)：30-37，115.

[2] 郭雲，李青彦，王志伟. 电化学膜分离技术在水处理领域的研究进展 [J]. 环境工程，2022，40 (12)：253-269.

[3] Li D, Jing W H, Li S Q, et al. Electric field-controlled ion transport in TiO_2 nanochannel [J]. ACS Applied Materials & Interfaces, 2015, 7 (21): 11294-11300.

[4] Sun J Q, Hu C Z, Zhao K, et al. Enhanced membrane fouling mitigation by modulating cake layer porosity and hydrophilicity in an electro-coagulation /oxidation membrane reactor (ECOMR) [J]. Journal of Membrane Science, 2018, 550: 72-79.

[5] Fan X F, Zhao H M, Liu Y M, et al. Enhanced permeability, selectivity, and antifouling ability of CNTs/Al_2O_3 membrane under electrochemical assistance [J]. Environmental Science & Technology, 2015, 49 (4): 2293-2300.

[6] Meng H, Deng Y, Chen S, et al. A new method to determine the optimal operating current ($I_{lim}^{'}$) in the electrodialysis process [J]. Desalination, 2005, 181 (1-3): 101-108.

[7] Almassi S, Li Z, Xu W Q, et al. Simultaneous adsorption and electrochemical reduction of N-nitrosodimethylamine using carbon Ti_4O_7 composite reactive electrochemical membranes [J]. Environmental Science & Technology, 2019, 53 (2): 928-937.

[8] Tan X, Hu C Z, Zhu Z Q, et al. Electrically pore-size-tunable polypyrrole membrane for antifoul-

ing and selective separation [J]. Advanced Functional Materials, 2019, 29 (35): 1903081.

[9] Hu C Z, Liu Z T, Lu X L, et al. Enhancement of the Donnan effect through capacitive ion increase using an electroconductive rGO-CNT nanofiltration membrane [J]. Journal of Materials Chemistry A, 2018, 6 (11): 4737-4745.

[10] 张莉, 娄玉峰, 张治磊, 等. 双极膜电渗析技术制备有机酸的应用进展 [J]. 广州化工, 2022, 50 (03): 15-20.

[11] 谢德明, 童少平, 曹江林. 应用电化学基础 [M]. 北京: 化学工业出版社, 2013.

[12] 潘海如, 陈广洲, 高雅伦, 等. 电渗析技术在高含盐废水处理中的研究进展 [J]. 应用化工, 2021, 50 (10): 2886-2891.

[13] Tanaka Y. Regularity in ion-exchange membrane characteristics and concentration of seawater [J]. Journal of Membrane Science, 1999, 163 (2): 277-287.

[14] 田秉晖, 刘芷源, 李昱含. 基于 "趋零排放" 的高盐废水电渗析浓缩技术研究进展 [J]. 环境工程学报, 2020, 14 (09): 2394-2405.

[15] 华河林, 吴光夏, 刘错, 等. 电渗析技术的新进展 [J]. 环境污染治理技术与设备, 2001, 2 (3): 44-47.

[16] 杨飞黄. 电渗析 (ED) 技术和电去离子技术 (EDI) 的应用研究 [J]. 中国新技术新产品, 2015, (5): 42-44.

[17] 张维润, 樊雄. 电渗析浓缩海水制盐 [J]. 水处理技术, 2009, 35 (2): 1-4.

[18] 杨东昱, 崔德圣, 李宏秀, 等. 电渗析技术处理火电厂废水应用与研究进展 [J]. 水处理技术, 2022, 48 (1): 23-28.

[19] 江维达, 沈炎章, 李东, 等. 均质离子交换导电网应用于电渗析脱盐的效果 [J]. 水处理技术, 1983 (4): 28-35.

[20] 李翔, 罗国林. 螺旋卷式电除盐器 [P]: ZL98223514.3. 1998-3-19.

[21] Schlumpberger S, Lu N B, Suss M E, et al. Scalable and continuous water deionization by shock electrodialysis [J]. Environmental Science and Technology Letters, 2015, 2 (12): 367-372.

[22] Booster J L, van Sandwijk A, Reuter M A. Opposing scaling and fouling during electrodialysis of sodium fluoride solution in a membrane cell reactor [J]. Hydrometallurgy, 2004, 73 (3-4): 177-187.

[23] Lee H J, Mon S H, Tsai S P. Effects ofpulsed electric fields on membrane fouling in electrodialysis of NaC1 solution containing humate [J]. Separation and Purification Technology, 2002, 27 (2): 89-95.

[24] Park J S, Choi J H, Yeon K H, et al. An approachtofouling characterization of an ion-exchange-membrane using current-voltage relation and electrical impedance spectroscopy [J]. Journal of Colloid and Interface Science, 2006, 294 (1): 129-138.

[25] 柴子华, 李明明. 电渗析技术在制盐生产中的应用 [J]. 盐科学与化工, 2018, 47 (7): 9-12.

[26] 李兴, 勾芒芒. 改进电渗析深度处理制药高盐废水研究 [J]. 水处理技术, 2018, 44 (10): 106-109.

[27] Zhao Y, Wang J, Ji Z, et al. A novel technology of carbon dioxide adsorption and mineralization via seawater decalcification by bipolar membrane electrodialysis system with a crystallizer [J].

Chem Eng，2020，381：122542.

[28] Zhang Y，Liu L，Du J，et al. Fracsis：Ion fractionation and metathesis by a NF-ED integrated system to improve water recovery [J]. Journal of Membrane Science，2017，523：385-393.

[29] 袁俊生，张涛，刘杰，等. 反渗透后高盐废水浓缩技术进展 [J]. 水处理技术，2015，41 (11)：16-21.

[30] 朱铭，池勇志，陈富强，等. 高盐工业废水资源化利用领域电渗析技术的研究进展 [J]. 工业水处理，2022，42 (1)：21-28.

[31] 闫军营，王甦莹，李瑞瑞，等. 选择性电渗析：机遇与挑战 [J]. 化工学报，2023，74 (1)：224-236.

[32] Zhao Z，Liu G，Jia H，et al. Sandwiched liquid-membrane electrodialysis：Lithium selective recovery from salt lake brines with high Mg/Li ratio [J]. Journal of Membrane Science，2020，596 (57)：117685.

[33] 卜维柏，潘建明. 电吸附技术及吸附电极材料研究进展 [J]. 化工学报，2021，72 (1)：304-319.

[34] 齐元帅，彭文朝，李阳，等. 电化学脱盐机理及相关研究进展 [J]. 化工学报，2024，75 (1)：171-189.

[35] Srimuk P，Su X，Yoon J，et al. Charge-transfer materials for electrochemical water desalination，ion separation and the recovery of elements [J]. Nature Reviews Materials，2020，5 (7)：517-538.

[36] 瞿作昭，张利辉，王晓磊，等. 电吸附处理重金属离子的研究进展 [J]. 现代化工，2024，44 (2)：47-51，57.

[37] 吴浩，庞义炜，成怀刚，等. 海水淡化用碳基电极材料及电容去离子技术研究进展 [J]. 化学通报，2022，85 (8)：898-908.

[38] 熊岳城，于飞，马杰. 电容去离子除氯电极的构建及其脱盐性能研究进展 [J]. 物理化学学报，2022，38 (5)：20-31.

[39] 许勇毅，杨定畅，王峰，等. 电吸附技术在电力行业废水处理中的应用 [J]. 洁净煤技术，2021，27 (3)：138-146.

[40] Lin L，Hu J，Liu J，et al. Selective ammonium removal from synthetic wastewater by flow-electrode capacitive deionization using a novel $K_2Ti_2O_5$-activated carbon mixture electrode [J]. Environmental Science & Technology，2020，54 (19)：12723-12731.

[41] 赵飞，苑志华，钟鹭斌，等. 电容去离子技术及其电极材料研究进展 [J]. 水处理技术，2016，42 (5)：38-44.

[42] 陈乡，廖文胜，王立民，等. 膜电容去离子电极制备技术研究进展 [J]. 湿法冶金，2020，39 (4)：277-284.

[43] 帅金平，钱陈元，裴江勇，等. 电容去离子技术的电极材料研究进展 [J]. 净水技术，2023，42 (9)：41-51，167.

[44] Suss M E，Porada S，Sun X，et al. Water desalination via capacitive deionization：What is it and what can we expect from it? [J]. Energy & Environmental Science，2015，8 (8)：2296-2319.

[45] Porada S，Borchardt L，Oschatz M，et al. Direct prediction of the desalination performance of

porous carbon electrodes for capacitive deionization [J]. Energy & Environmental Science, 2013, 6 (12): 3700-3712.

[46] Augustyn V, Gogotsi Y. 2D materials with nanoconfined fluids for electrochemical energy storage [J]. Joule, 2017, 1 (3): 443-452.

[47] Srimuk P, Lee J H, Fleischmann S, et al. Faradaic deionization of brackish and sea water via pseudocapacitive cation and anion intercalation into few-layered molybdenum disulfide [J]. Journal of Materials Chemistry A, 2017, 5 (30): 15640-15649.

[48] Srimuk P, Lee J H, Budak Ö, et al. In situ tracking of partial sodium desolvation of materials with capacitive, pseudocapacitive, and battery-like charge/discharge behavior in aqueous electrolytes [J]. Langmuir, 2018, 34 (44): 13132-13143.

[49] 宗刚, 谷卓禹. 电吸附技术回收废水中氨氮的研究进展 [J]. 水处理技术, 2023, 49 (08): 8-12.

[50] 史金卓, 胡以松, 肖文倩, 等. 电化学-膜生物反应器强化污废水处理的研究进展 [J]. 工业水处理, 2024, 44 (5): 32-41.

[51] 应贤斌, 黄利杰, 汪锐, 等. 基于微生物燃料电池的新型膜生物反应器研究进展 [J]. 化工进展, 2019, 38 (12): 5557-5564.

[52] 张群, 陈重军, 谢嘉玮, 等. 高盐废水微生物脱盐池处理研究进展 [J]. 化工进展, 2022, 41 (2): 974-980.

[53] Cao X, Huang X, Liang P, et al. A new method for water desalination using microbial desalination cells [J]. Environmental Science & Technology, 2009, 43: 7148-7152.

[54] 华涛, 李胜男, 周启星, 等. 生物电化学系统 3 种典型构型及其应用研究进展 [J]. 应用与环境生物学报, 2018, 24 (3): 663-670.

[55] 吴晔, 包文运, 周文雅, 等. 微生物脱盐燃料电池构造设计的研究进展 [J]. 化工时刊, 2020, 34 (12): 14-21.

[56] Kokabian B, Gude V G. Sustainable photosynthetic biocathode in microbial desalinationcells [J]. Chemical Engineering Journal, 2015, 262: 958-965.

第 **8** 章

光、超声、臭氧与电化学的耦合

随着水质标准和要求日趋严格，电化学水处理技术往往需要组合其他技术形成"电化学＋"组合工艺以进一步提升水质和降低成本。在前面 6 章内容中介绍了大量电化学与其他技术的组合技术，从中可以看出，电化学与其他水处理技术组合后表现出良好的协同效应。在本章中将对电化学与其他水处理技术的组合技术做补充介绍，主要是光、超声、臭氧与电化学的耦合。

采用传统的电化学技术在处理废水过程中存在能耗高、易发生副反应等问题。将光/电催化技术引入电化学系统，构建光电化学体系，降低了电极/污染物反应的活化能，能够在较低电压下驱动化学反应，提高污染物去除率并减少能耗。然而，光电化学技术至今仍处于实验室研究阶段，这是因为该技术还存在一定的局限性，如电极寿命较短、催化剂活性不高、光源利用率低、有机物降解时间较长、催化剂回收再利用困难等缺陷，因此该技术需要不断开发和完善。光电化学技术未来的研究应重点关注以下几个方面：①对光电催化及其与其他技术耦合机制进行更深入的了解，以加速电极材料和多技术耦合系统的筛选。②从电极材料、结构和制备方法多个角度出发，延长电极使用寿命。③目前研究主要以单一污染物和模型化合物作为降解对象，对于复杂基质或复合污染的降解研究较少。有必要在未来的研究中评估多种污染物系统或真实废水系统中催化剂的降解性能。④设计合理、高效、经济的反应器。

超声-电化学耦合技术利用超声的加强传质、更新电极表面以及超声空化效应的降解作用，可改善电极的极化和钝化现象，提高多相催化过程的速率和效率，还能通过其空化效应加快电化学的氧化反应速率，使一些难以发生的化学反应得以进行。然而，超声强化技术在工程应用中仍存在一些问题，超声作用仅在发生装置附近强度大，距离较远时作用不明显，大型的超声装置发展还不完善，超声成本高。

8.1 光电化学

8.1.1 光电催化的原理

电化学辅助光催化技术，也被称为光电催化技术。光电催化的主要原理是光催化剂在光源照射下产生光生电子-空穴对（$e^- - h^+$），在电极上外加较小偏压，通过外电路及时迁移光生电子，抑制电子-空穴对的复合，从而提高污染物降解效果。光电催化工艺降解污染物过程如图 8-1 所示。在光催化氧化反应中，e^- 和 h^+ 极易复合，是限制光催化剂效率的主要原因。在光电催化氧化还原法中，将半导体光催化剂固定于导电基体上作为工作电极，或将半导体与具有电催化活性的材料制成复合电极。n 型半导体电子从体内向表面流动，p 型半导体电子从表面向体内流动。因此，通常使用 n 型半导体作光阳极材料，部分 p 型半导体作阴极材料。光阳极受到大于或等于带隙能量的光照后，价带中的电子跃迁至导带，形成 $e^- - h^+$。通过施加电流或偏置电压，使光生电子转移到阴极，光生空穴留在阳极，可有效抑制 $e^- - h^+$ 的复合，延长光生载流子的寿命。e^- 可以直接还原有机物、重金属离子和无机盐类，也可以与半导体表面吸附的 O_2 反应，形成超氧自由基（$O_2^- \cdot$），$O_2^- \cdot$ 可以与氢离子（H^+）结合生成羟基自由基（$\cdot OH$）。h^+ 有很强的氧化性，能够将水以及 OH^- 等氧化为 $\cdot OH$。h^+、$O_2^- \cdot$ 和 $\cdot OH$ 是光催化降解污染物过程中的主要活性物种，可将有机污染物降解为 CO_2、H_2O 等无害物质。光催化过程的氧化作用可分为直接氧化和间接氧化。污染物直接与空穴作用被降解称为直接氧化作用；污

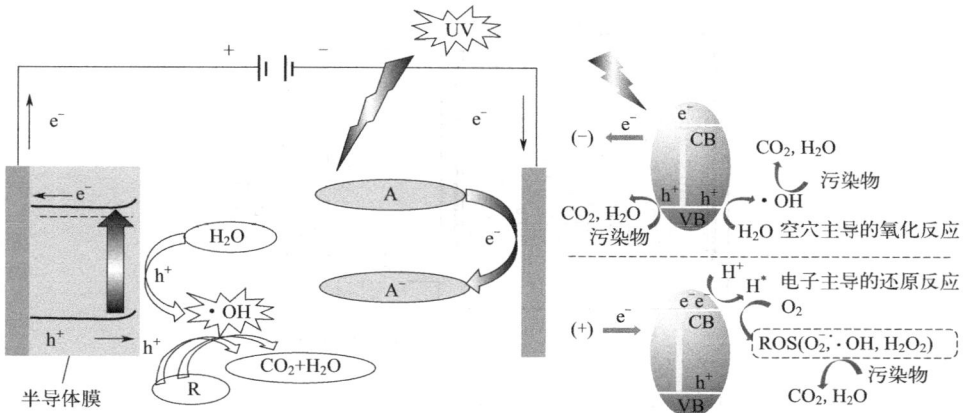

图 8-1 光电催化的反应机理示意图[1-2]

染物通过空穴与 H_2O、OH^- 或 O_2 产生的自由基、过氧化氢或活性氧等强氧化剂作用被降解称为间接氧化作用。简而言之，光电催化过程是由光生电子和空穴产生的高活性物质驱动的。光电催化过程中活性物质的产生和有机污染物降解主要涉及两个反应：空穴主导的氧化反应和电子主导的还原反应。

光电催化技术是将负载后的电极作为工作电极，采用外加偏压的方法迫使光生电子向对电极移动，从而迫使电子-空穴对分离。Liu 等[3] 利用另外一种协同方法，直接在催化剂表面施加电流回路，如图 8-2 所示。

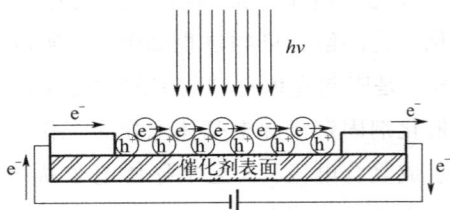

图 8-2　直接在光催化剂表面施加电流回路机理图[3]

8.1.2　光电催化反应器类型

（1）悬浮型光电催化反应器

悬浮型光电催化反应器以分散在处理液中的光催化剂颗粒作为三维电极，不锈钢板为阳极和阴极，通过通入压缩空气促进催化剂与处理液的接触，其基本原理如图 8-3 所示。虽然反应器中的光催化剂与污染物接触充分，三维电极拓展了电极面积，但仍存在催化剂后续分离困难、增大催化剂浓度会增加光散射和屏蔽作用等问题。

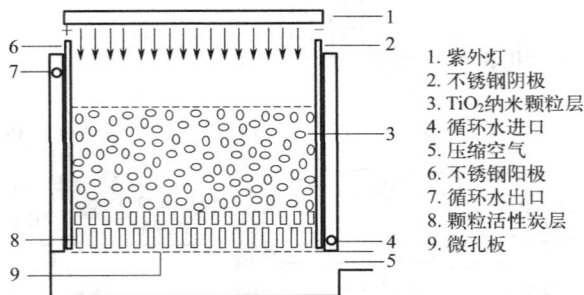

1. 紫外灯
2. 不锈钢阴极
3. TiO_2纳米颗粒层
4. 循环水进口
5. 压缩空气
6. 不锈钢阳极
7. 循环水出口
8. 颗粒活性炭层
9. 微孔板

图 8-3　悬浮型三维电极光电催化反应器示意图[4]

（2）负载型光电催化反应器

为了克服悬浮型光电催化反应器的缺点，特别是复杂昂贵的催化剂分离过程，可将催化剂负载在固体导电基体上。通常将催化剂以薄膜的形式负载，最常用的薄膜电极是 TiO_2/Ti 薄膜电极。根据电极与溶液接触方式的差别，负载型光电催化反应器可分为浸没式和液膜式 2 种类型。浸没式光电催化反应器是将光阳极直接浸入待处理溶液中，通过搅拌或曝气等方式加强传质。圆柱形光电催化反应器是一类典型的浸没式反应器，其基本构型是将环形电极平行放置在反应器中，而光源置于圆柱中心由内而外照射，整个反应装置既可以垂直放置，也可以水平放置。浸没式光电催化反应器虽然可以免去复杂的催化剂后续分离程序，但存在溶液与电极的接触面积大幅减小、传质减弱等问题。此外，该类反应器的光源与电极之间的距离一般较大，不利于电子的激发。在液膜式反应器中，污水在电极表面形成一层液膜，并在光源照射下得以净化。该类反应器因液膜不断更新而使反应过程的传质效率大幅提高，此外，光线只需要透过很薄的一层液膜就可以照射到半导体光催化剂表面，有效减少了溶液的光吸收，提高了光的利用效率。

8.1.3 光电催化降解污染物的影响因素

光电催化的整体性能受多种因素的影响，如电极、光源、电流/偏置电压、溶液 pH、电解质类型及浓度、污染物初始浓度[4-6]。

8.1.3.1 光电化学电极材料

光电催化中，光阳极材料是最重要的组成部分，它决定了光电催化反应对污染物的降解效率和矿化程度。理想的光阳极材料应满足以下条件：①半导体具有合适的导带、价带位置，以及适宜的禁带宽度；②电子-空穴迁移率高；③光利用率高、比表面积大和吸附能力高、催化活性和机械稳定性好。目前常用的光阳极材料为金属基材料和非金属材料。此外，钙钛矿材料近年来也受到了广泛关注。

（1）金属氧化物材料

TiO_2、ZnO、WO_3、$\alpha\text{-}Fe_2O_3$、SnO_2 等金属氧化物是典型的 n 型半导体。其中 TiO_2 因无毒、良好的光学活性及氧化还原能力而成为流行的光阳极材料。但 TiO_2 属于宽带隙半导体，带隙为 $3.0\sim3.2$ eV，只能被波长 >387 nm 的紫外光激发，而太阳光能量主要集中于可见光波段，紫外光仅占太阳光的 $2\%\sim4\%$，大部分为可见光。非金属元素掺杂、金属掺杂、染料光敏化、π 共轭耦合、离子注入以及窄带隙半导体耦合等方法均可使 TiO_2 对可见光敏感。

（2）非金属材料

石墨相氮化碳（$g\text{-}C_3N_4$）是一种非金属 n 型半导体，具有中等带隙（2.7 eV）、适当的带边位置和较宽的可见光吸收范围。这种半导体的可调带隙使其能够与其他半导体构建异质结，增强其光催化活性。其他碳材料如石墨烯量子点、石墨等由于优异的化学稳定性、高比表面积、高电荷迁移率引起了人们的关注。黑磷由于高载流子迁移率和高密度的活性位点，在光电催化中也具有巨大的应用潜力。

（3）钙钛矿材料

与 TiO_2、ZnO_2、$g-C_3N_4$ 等传统半导体相比，ABO_3 型钙钛矿纳米材料具有较高的氧化还原电位，有利于污染物的降解；相较于硫化物、卤化物等，ABO_3 型钙钛矿纳米材料具有显著的热稳定性和化学稳定性，以及良好的 pH 耐受性。然而钙钛矿材料存在对可见光吸收差、吸附容量低、比表面积小等缺点。

为获取较高催化性能，常用复合材料作为光阳极，改性方式主要采用以下方式：①通过合理设计半导体暴露晶面，制备不同形貌的材料，如管状、棒状、花状、核壳结构的材料，以提高材料比表面积；②通过掺杂金属、非金属纳米颗粒等形成半导体-量子点结构，金属纳米颗粒可通过等离子体共振效应增大光吸收范围，实现高效催化；③选择具有匹配能带的半导体构建异质结，比如 Z 型异质结、p-n 型异质结，在内置电场下异质结的形成可抑制 e^--h^+ 的复合，提高光生载流子的分离效率。

8.1.3.2　其他因素

（1）光源和光照强度

一些光阳极由于带隙宽很难被可见光激发，导致其在不同光源下对污染物的降解效率不同。紫外光具有很高的能量，可以激发大多数半导体产生更多的 e^--h^+，因而以其作为光源的光电催化系统对污染物的降解效率较高。但紫外光只占太阳光的 5％，而紫外光源价格昂贵且能耗较高。随着窄禁带半导体的发展，可见光/太阳光驱动的光电催化已被开发为处理废水的有效技术之一。

在低光照强度照射下，当光照强度增加时，反应速率随之升高。但光照强度增加到一定程度时，反应速率保持基本不变。

（2）电流/偏置电压

随着电流或偏置电压的增大，e^--h^+ 更容易分离，更利于催化氧化。然而光阳极吸收能量后产生的 e^--h^+ 有限，偏置电压继续增加对降解率影响很小，但会使部分催化剂被高电压腐蚀失活并导致水的电解及发生析氢反应。

（3）温度和 pH

光阳极复合材料的形成过程常伴随着相和晶体结构的变化。这大多是因为温度的变化，特别是高温。pH 值能够改变半导体电极与电解质溶液界面的电荷性质，影响半导体电极对有机物和干扰离子的吸附以及自由基的产生。TiO_2 等电点约为 pH＝6.4，当 pH＜6.4 时，TiO_2 表面为正电性，有利于溶液中阴离子的吸附，如溶液中的 OH^-；当 pH＞6.4 时，TiO_2 表面为负电性，有利于溶液中阳离子的吸附。

（4）电解质和溶解氧

常用的电解质有硫酸盐、过硫酸盐、氯化盐。其中过硫酸盐光照下可产生强氧化性物质硫酸根自由基（SO_4^-·），促进有机物降解。适当增加电解液浓度可以提高溶液电导率和自由基的活性，降低电池电压，降低能耗；然而过量的电解质会占据电极表面的吸附位点，阻碍污染物在电极表面的吸附及降解，还可能发生硫酸根离子清除·OH 的反应，导致降解效率降低。

氧对有机物光电催化降解的影响主要来自两个方面：①当没有 O_2 时，光生电子不会猝灭而向对电极运动，形成了较大的光电流；而有 O_2 时，一部分光生电子猝灭，光电流也随之减小。可见，在较低的外加偏压下，O_2 影响光电催化过程中外电路电流的大小。②O_2 是有机物降解反应发生的必要条件。

（5）污染物浓度

当反应物浓度较低时，反应速率与底物浓度成正比，即光生电荷与污染物的反应是反应速率控制步骤；但当反应物达到一定浓度后，反应速率与反应物浓度没有关系，此时光生电荷的生成与迁移是反应速率控制步骤。若污染物浓度过高，超过了光阳极的降解能力，干扰了光穿透至光阳极，会导致降解率降低。此外，高浓度的污染物降解过程中还会产生更多的中间体，导致污染物与中间体竞争自由基进而使污染物降解效率降低。

8.1.4 光电催化的应用

（1）半导体矿物光电子对重金属离子的还原

半导体可被特定能量的光子（$h\nu > E_g$）激发而在其导带中产生光电子 [图 8-4（a）]。当半导体的导带位置电势（E_{CB}）小于高价重金属离子还原为低价金属离子或单质的标准电极电位时，光电子可以还原该高价重金属离子 [图 8-4（b）]。至今已报道了多种金属离子，如 U（Ⅵ）、Cr（Ⅵ）、Cu（Ⅱ）、Mn（Ⅱ）、Cd（Ⅱ）、Hg（Ⅱ）、Ag（Ⅰ）、Au（Ⅲ）等，可以被部分半导体光电子还原。详见图 8-4。

（2）MOFs 光电催化 CO_2 还原

光电催化 CO_2 还原是光催化与电催化相结合的催化合成技术。吸附在光阴极表面的 CO_2 可以通过质子和电子的结合还原成一系列高附加值产物

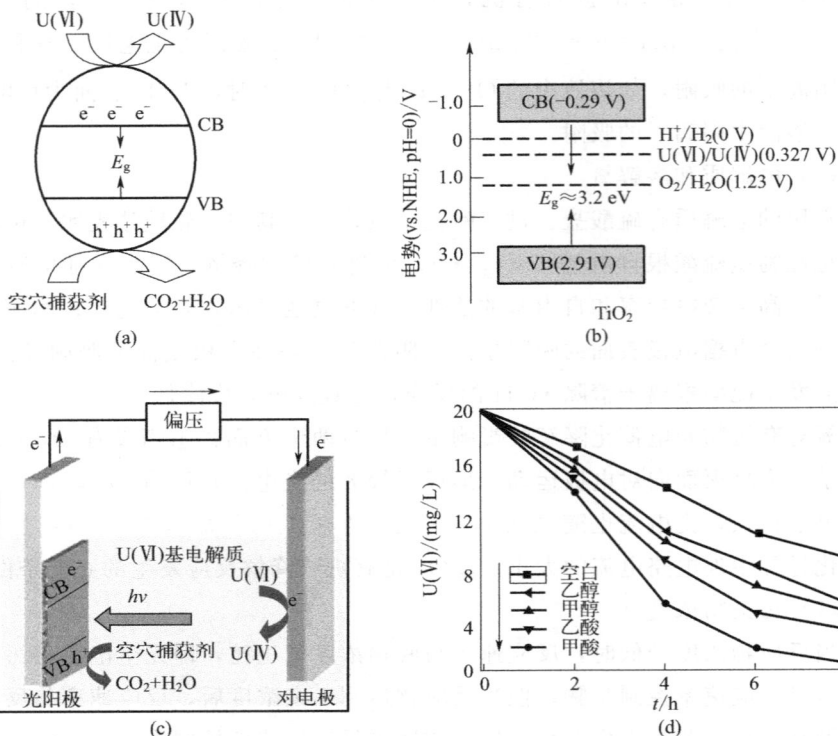

图 8-4 半导体光生电子和光生空穴的产生与重金属离子和空穴捕获剂作用示意图（a），锐钛矿能带电势与水分解电势及 U(Ⅵ) 还原电势位置关系（b），锐钛矿基光电化学池调控还原水中 U(Ⅵ) 作用示意图（c）以及不同空穴捕获剂对铀酰离子还原的影响（d）[7-9]

（图 8-5）。光电催化还原 CO_2 具有以下特点：①通过调节外偏压水平可以控制 CO_2 还原路径，从而提高目标产物的选择性；②光和电压的协同作用能有效降低 CO_2 还原反应的活化能；③与粉末催化剂相比，固体电极有利于催化剂的回收和循环利用。

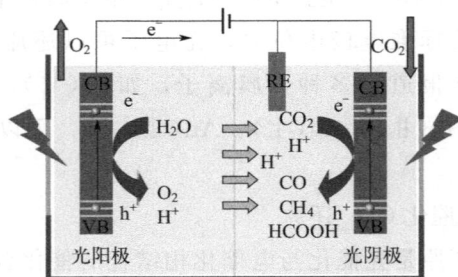

图 8-5 光电催化 CO_2 还原的机理图[10]

8.1.5 光电催化复合系统

与光催化技术相比，光电催化技术需要施加偏压，因而使能耗有所增加。为了有效降低光电催化技术的处理成本，有研究者采用微生物燃料电池、光催化燃料电池和太阳能电池代替普通电池，以提供光电催化技术所需的电压。

8.1.5.1 自生偏压的光电催化复合系统

（1）光电催化-光催化燃料电池复合系统

2012 年，Liu 等[11] 建立了光电催化-光催化燃料电池复合系统（图 8-6）。光催化燃料电池产生的电能提供光电催化的阳极偏压，既可节省能耗又可与光电催化产生协同效应。光催化燃料电池中，TiO_2-NTAs（纳米管阵列）阳极受光激发后在导带和价带上分别产生电子和空穴，空穴将有机物 A 氧化成 A'，产生的 H^+ 通过电解质溶液扩散至阴极，光生电子通过外电路转移到光电催化反应器的阴极。光电催化反应器中，TiO_2-NTAs 阳极的光生电子通过外电路转移至光催化燃料电池的阴极，与 H^+ 和 O_2 反应生成水，光生空穴将有机物 B 氧化成 B'。

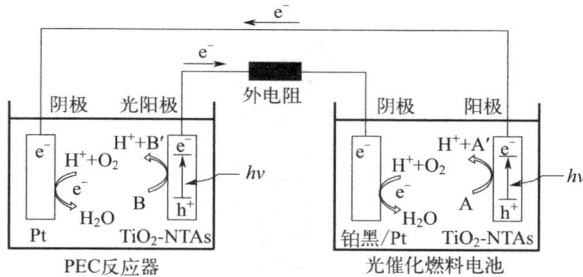

图 8-6 光电催化（PEC）-光催化燃料电池复合系统工作原理示意图[11]

（2）生物光电催化体系

① 生物电极-半导体电极耦合系统

典型的光电催化阴极耦合微生物燃料电池体系作用原理如图 8-7(a) 所示。这类微生物燃料电池耦合体系使得污染物能够在阴极同时发生氧化还原反应。Feng 等人[12] 对微生物燃料电池的阳极进行光电催化改性，构建了负载 α-Fe_2O_3 的 3D 不锈钢电极 ［图 8-7(b)］。研究表明，光照下该耦合体系的产电性能提高了 1.8 倍。

② 半导体-微生物复合电极

将半导体与电化学活性微生物耦合，构建半导体-微生物复合电极（图 8-8）。当施加光照时，半导体被激发，产生电子-空穴对并迅速分离，电活性微生物将

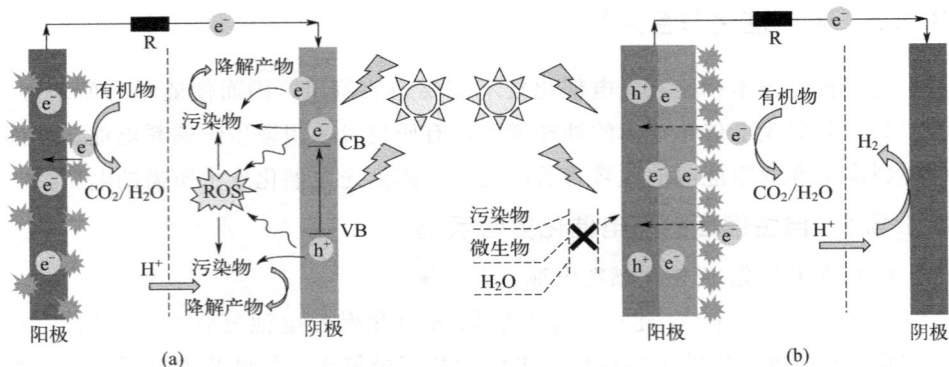

图 8-7　光电催化阴极耦合微生物燃料电池体系（a）和光电催化阳极耦合

微生物燃料电池体系（b）原理示意图[12]

氧化污染物，或者将自身代谢所产生的电子进行跨膜运输，输送到半导体表面补偿表面空穴，一方面促进了半导体内部电荷源源不断地分离和迁移，另一方面也促进了微生物对污染物的持续降解，提高了体系的产电效率和污染物的降解效率。

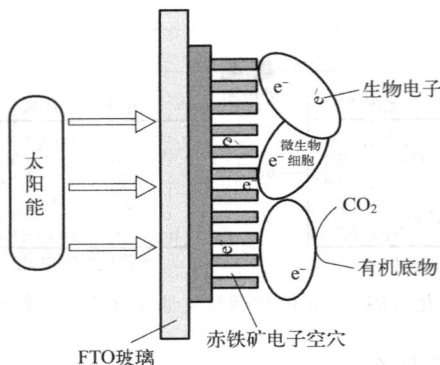

图 8-8　光催化型微生物燃料电池的

双功能光生阴极[13]

8.1.5.2　含氧化剂的光电催化复合系统

由于半导体电极的自由基反应仅发生在光阳极和阴极（或光阴极）表面。通过加入少量助催化剂［如过一硫酸盐（PMS）、过硫酸盐（PS）、Fe^{2+}］，将硫酸根自由基、芬顿反应等高级氧化技术引入 PFC 体系，可显著提高 PFC 溶液体系中的自由基反应效率，提升污染物降解速率及产电效率。Zhao 等[14]构建了非均相光电芬顿体系以改善 Fe^{2+} 在传统电芬顿体系中的低效转化，通过阴极接收电子进行还原反应，形成稳定 Fe^{2+}/Fe^{3+} 循环，从而缓解铁污泥的形成。同时引入可见光加速 $\cdot OH$ 和 $\cdot O_2^-$ 的生成效率并促进 Fe^{3+} 还原为 Fe^{2+}。此外，可见光还可以光解 H_2O_2 产生 $\cdot OH$，从而提高降解效率（图 8-9）。Zhao 等采用水热法将 Co_3O_4 负载到碳纤维纸上，并将其作为阴极构建光电催化体系降解苯酚污染物（图 8-10）。结果表明，外加 1.5 V 偏压下，引入 PMS（2 mmol/L）后体系对苯酚的去除率从 6 % 提高到 100 %。

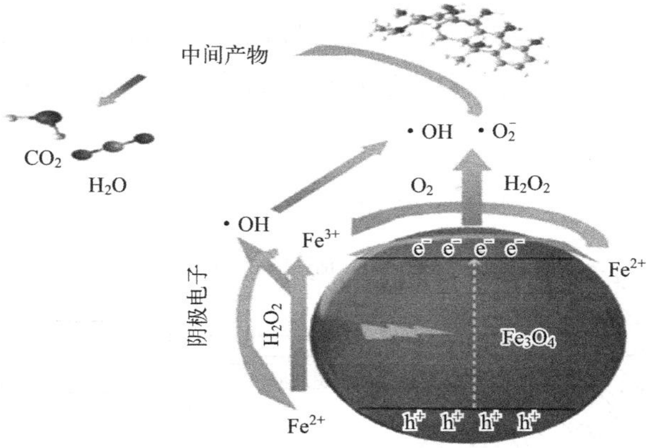

图 8-9　Fe_3O_4@CF 阴极下非均相光电芬顿反应机理[14]

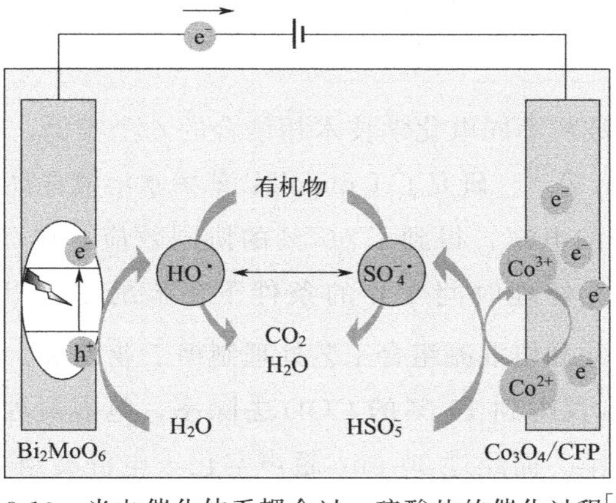

图 8-10　光电催化体系耦合过一硫酸盐的催化过程[15]

8.2　超声电化学

超声可以从两方面加强电化学降解[16]：

① 物理方面：超声波在水中产生的空化泡发生的振动、崩塌等一系列过

程，可以形成高速微射流，促进反应体系的液相传质，消除浓差极化；还能促进电极表面脱气，去除吸附在电极表面积累的物质，清洗电极，从而改善电极的极化和钝化现象。

② 化学方面：空化泡崩塌使其局部出现高温高压的极端环境，有利于·OH 的形成，从而促进有机物的降解。超声波再生活性炭技术就是利用了超声空化作用，使 H_2O 裂解成·OH 而作用于活性炭表面，同时产生的高压冲击也会对活性炭表面产生剥离作用，使得污染物通过振动、热分解和氧化作用得到分离和分解，从而达到再生活性炭的目的。图 8-11 是超声波再生活性炭原理图。

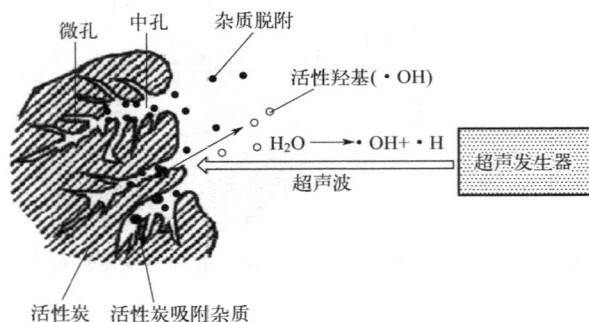

图 8-11　超声波再生活性炭原理图[17]

下面给出超声波与不同电化学技术相结合的 4 个实例，以理解超声和电化学的协同效应。Ren 等[18] 研究了 1 mmol/L 苯酚水溶液在高频超声（850 kHz）下在不锈钢电极上的电解，得到了 60 ％的协同效应。在 25 ℃、30 V 电压、4.26 g/L Na_2SO_4、处理时间 1 h 的条件下，苯酚浓度几乎降为零。Patel 等[19] 利用超声空化和电混凝组合工艺处理制糖工业废水。结果表明，单独利用超声空化 20 min 仅得到 16 ％的 COD 去除率，电混凝处理 60 min 后得到 68 ％的 COD 去除率。而经过 30 min 超声空化＋电混凝组合工艺处理，在相对较短的时间里取得了 84 ％的 COD 去除率。此组合工艺去除 1 kg COD 或处理 1 m^3 废水分别花费 1.40 美元和 1.97 美元，与其他很多处理技术相比更经济。Liu 等[20] 在铁炭微电解基础上采用超声辅助手段降解偶氮染料酸性橙 7（AO7）的试验结果表明，超声-铁碳微电解处理染料废水，色度、TOC 去除率分别达到 80 ％、57 ％；而单独采用微电解法时，色度、TOC 去除率仅为 34 ％、28 ％；若采用超声单独处理，则无明显变化，说明超声波与铁碳微电解耦合具有明显的协同效应。郭雪娥等[21] 采用传统铁炭法和超声强化铁炭法处理供水 Cr(Ⅵ) 污染。结果表明，超声强化铁炭法不仅使得 Cr(Ⅵ) 去除率大幅提高，同时还能防止传统铁炭法在实际应用中出现的板结和沟流问题。

超声波可强化液相传质，去除或改善电极的钝化现象，使电极表面不断地更新或暴露反应位点，但又会加速电极的腐蚀和磨损，改变电极表面的电化学特征，可能使部分化学物质在空化泡内热解或与空化过程产生的活性自由基反应，而使整个电极过程变得复杂。因此，超声波与电化学联用的协同作用机理有待系统地深入研究。同时，开发能够满足经济性要求的高效超声波电化学反应器，使超声波电化学发展成为具有强大竞争力的实用技术，也是未来努力的方向。

8.3 电场耦合臭氧氧化技术

电场耦合臭氧氧化技术利用电化学方法促进 O_3 分解产生 $\cdot OH$，耦合效应使得水中生成了远大于两者单独处理污染水时 $\cdot OH$ 的量。耦合机理大致有两种：①O_3 在阴极发生还原反应生成 $\cdot OH$；②O_2 在阴极发生还原反应产生 H_2O_2 与 O_3 反应生成 $\cdot OH$。

臭氧在阴极发生反应生成臭氧自由基，水与之发生反应生成羟基自由基。

$$O_3 + e^- \longrightarrow \cdot O_3^- \tag{8-1}$$

$$\cdot O_3^- + H_2O \longrightarrow \cdot OH + O_2 + OH^- \tag{8-2}$$

童少平课题组[22] 认为氧气在阴极表面发生还原反应生成 H_2O_2，从而促进反应中 $\cdot OH$ 的生成，反应式如下：

$$O_2 + 2H^+ + 2e^- \longrightarrow H_2O_2 \tag{8-3}$$

$$2O_3 + H_2O_2 \longrightarrow 3O_2 + 2 \cdot OH \tag{8-4}$$

电化学-臭氧联用技术不仅能快速降解水中普通生物方法和其他化学方法难以降解的顽固性有机污染物，而且处理水中难降解污染物或者微量污染物时，O_3 的利用效率得到了显著提升，同时也降低了处理污水的能耗。例如，童少平课题组[23] 采用电化学-臭氧耦合氧化体系降解水中的硝基苯，结果表明，10 min 后，耦合氧化体系对硝基苯的去除率达到 96.4 %，而单独电氧化与单独臭氧对硝基苯的去除率之和仅有 62.1 %。

电流强度、O_3 量、电极材料、电解质及目标污染物的性质等因素，都会对电化学与臭氧技术的耦合效果产生影响。电流强度在一定范围内与降解效率呈正相关关系，当超过一定范围后降解效率不再上升，这是因为过量的 H_2O_2 会成为一种自由基捕获剂，与目标有机物形成竞争关系而降低处理效率。O_3 作为一种强氧化剂，在提高反应液中的 O_3 量时，目标有机物的处理效率较易得到提升。反应液的 pH 值影响氧化剂的存在状态。例如，酸性 pH 值条件下有利于水中 H_2O_2 的生成，而碱性条件下有利于 O_3 分解转变为·OH。

谢陈鑫等[24] 采用臭氧光电催化耦合工艺处理炼油废水（图 8-12）。在 pH＝7.5，O_3 投加量为 8 mg/L，电流密度为 50 mA/cm^2，停留时间为 30 min 的条件下，出水 COD≤50 mg/L，石油类≤0.5 mg/L，达到污水排放要求。

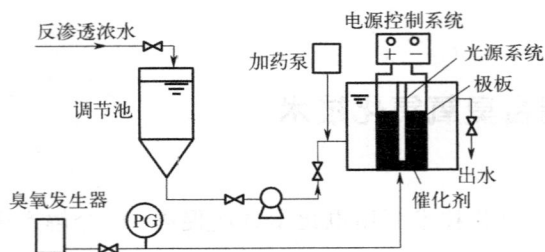

图 8-12　臭氧光电催化耦合工艺

参考文献

[1]　孙西艳，付龙文，刘永亮，等. 海水化学需氧量的分析方法与监测技术 [J]. 中国科学：化学，2022，52（1）：71-88.

[2]　Zhang X，Yu W，Guo Y，et al. Recent advances in photoelectrocatalytic advanced oxidation processes：From mechanism understanding to catalyst design and actual applications [J]. Chemical Engineering Journal，2023，455：140801.

[3]　Liu Y，Xie C，Li H，et al. Low bias photoelectrocatalytic（PEC）performance for organic vapour degradation using TiO_2/WO_3 nanocomposite [J]. Applied Catalysis B：Environmental，2011，102（1-2）：157-162.

[4]　吴小琼，沈江珊，朱君秋，等. 光电催化水处理技术研究新进展剖析 [J]. 环境科学与技术，2017，40（02）：76-82.

[5]　褚衍洋，吕瑞薇. 光电催化法处理有机废水的研究进展 [J]. 轻工科技，2018，34（06）：94-96，130.

[6]　郝晓刚，李一兵，樊彩梅，等. TiO_2 光电催化水处理技术研究进展 [J]. 化学通报，2003，66（5）：306-311.

[7]　宗美荣，何辉超，董发勤，等. 钠盐溶液中U（Ⅵ）的电化学电子转移与晶化研究 [J]. 高等学校化学学报，2016，37（9）：1701-1709.

[8]　罗昭培，董发勤，何辉超，等. P25 半导体矿物光催化还原U（Ⅵ）[J]. 核化学与放射化学，2017，39（1）：30-35.

[9]   He H C，Zong M R，Dong F Q，et al. Simultaneous removal and recovery of uranium from aque-ous solution using TiO_2 photoelectrochemical reduction method［J］. Journal of Radioanalytical and Nuclear Chemistry，2017，313（1）：59-67.

[10]   Li C，Guo R，Wu T，et al. Progress and perspectives on 1D nanostructured catalysts applied in photo（electro）catalytic reduction of CO_2［J］. Nanoscale，2022，14（43）：16033-16064.

[11]   Liu Y，Li J，Zhou B，et al. Photoelectrocatalytic degradation of refractory organic compounds enhanced by a photocatalytic fuel cell［J］. Applied Catalysis B：Environmental，2012（111-112）：485-491.

[12]   Feng H，Tang C，Wang Q，et al. A novel photoactive and three-dimensional stainless steel an-ode dramatically enhances the current density of bioelectrochemical systems［J］. Chemosphere，2018，196：476-481.

[13]   孙齐，韩严和，齐蒙蒙. 微生物燃料电池应用及性能优化研究进展［J］. 工业水处理，2020，40（07）：6-11.

[14]   Zhao L F，Wan N，Jia Z A，et al. Efficient degradation of tetracycline：Performance and mecha-nism study of Fe_3O_4@CF composite electrode materials applied to a non-homogeneous photo-elec-tro-Fenton process［J］. Journal of Environmental Chemical Engineering，2023，11（5）：110211.

[15]   Liu S，Zhao X，Wang Y，et al. Peroxymonosulfate enhanced photoelectrocatalytic degradation of phe-nol activated by Co_3O_4 loaded carbon fiber cathode. Journal of Catalysis，2017，355：167-175.

[16]   徐成建，贺文智，李光明，等. 超声-高级氧化联用技术在废水处理中的应用研究进展［J］. 环境工程，2017，35（10）：1-4，70.

[17]   蒙婧媛，鲁冰格，邓维鹏，等. 超声波催化活性炭再生研究进展［J］. 山东化工，2023，52（07）：123-125，135.

[18]   Ren Y Z，Wu Z L，Franke M，et al. Sonoelectrochemical degradation of phenol in aqueous solu-tions［J］. Ultrasonics Sonochemistry，2013，20（2）：715-721.

[19]   Patel R K，Shankar R，Khare P，et al. Ultrasonication coupled electrochemical treatment of sugar industry wastewater：Optimization，and economic evaluation［J］. Korean Journal of Chemical Engineering，2022，39：1821-1830.

[20]   Liu H，Li G，Qu J，et al. Degradation of azo dye Acid Orange 7 in water by Fe^0/granular activa-ted carbon system in the presence of ultrasound［J］. Journal of Hazardous Materials，2007，144（1-2）：180-186.

[21]   郭雪娥，罗建中，何潇，等. 电解/超声强化铁炭法处理饮用水源中的 Cr(Ⅵ)［J］. 环境工程学报，2017，11（4）：2150-2156.

[22]   周琦，张蓉，王勋华，等. 电化学-臭氧耦合氧化体系的氧化效能［J］. 环境科学，2010，31（9）：2080-2084.

[23]   周琦，张蓉，洪夏萍，等. 电化学-臭氧耦合氧化体系在有机物降解中的应用［C］. 环境污染与大众健康学术会议，2010.

[24]   谢陈鑫，腾厚开，李肖琳，等. 臭氧光电催化耦合处理炼油反渗透浓水［J］. 环境工程学报，2014，8（7）：2865-2869.

第 9 章

电化学水处理技术的应用

　　电化学环境处理技术应用广泛。在前面 6 章内容中介绍了大量电化学技术的应用实例。然而，这些介绍都比较简短。因此，为了更好地理解电化学环境处理技术的原理和应用，本章将详细介绍电化学水处理技术在消毒、除垢、土壤修复和污泥脱水中的应用。

　　水处理消毒方法包括氯、臭氧等化学消毒和紫外等物理消毒方法。含氯消毒剂在消毒过程中会与水体中有机物发生反应产生有毒副产物。同时，低剂量的含氯消毒剂对某些常见的微生物消毒效果甚微，如氯消毒剂对引发肠胃炎的隐孢子虫作用有限。臭氧自身稳定性差，而且在消毒过程会产生具有二次污染的消毒副产物。紫外消毒技术对水体澄清度要求较高、效果不持久、成本及能耗高，应用有限。为克服上述消毒技术存在的问题，电化学消毒技术受到越来越广泛的关注。电化学消毒技术具有环境友好、操作简单和自动化程度高等突出优势[1]。

　　循环冷却水用量占工业用水总量的 80 ％左右，取水量占工业取水总量的 30 ％～40 ％，耗能约占整个工业用水耗能的 70 ％[2]。针对工业循环水系统中结垢、腐蚀、黏泥三大问题，电化学技术由于其高效、无污染，并兼具高效提盐、防腐、杀菌灭藻等作用，已成为工业循环水水质控制的关注热点，并在电厂、焦化、钢铁等领域得到实际应用。电化学技术可降低传统化学药剂的投加量，甚至能做到零添加。然而，电化学技术存在水质失稳、效力不足等问题，一定程度上限制了该技术在工业循环水处理方面的应用。

　　19 世纪初，俄国学者 Reuss 发现了电动力学现象[3]。早期电动修复多用于土壤/底泥脱水和加固地基[4]。电动修复可以促进污染物的迁移、降解和分离。目前，电动修复在土壤修复方面已经得以实际运用，但是底泥电动修复还处于实验室研究阶段。电动修复土壤/底泥技术的瓶颈包括：①反应机理复杂。涉及污染物传输动力学、物理、土壤化学、水化学、胶体化学、界面化学、环境化学和电化学等多方面的知识；人为污染土壤的研究结果不一定适用于实际污染土壤。例如，实际污染土壤具有明显较低的重金属迁移率，人为污染土壤重金属由于老化时间较短（2 个月），Cd 和 Zn 具有较高的迁移率[5]。土壤本身的不均一性导致污染物在电场作用下的迁移转化远比室内试验要复杂。②部分污染物未从土壤/底泥基质中分离。③目前缓解极化现象的方法主要是加酸、碱、氧化剂，但这种方法会破坏土壤/底泥的生态平衡。④规模化应用困难。电动修复规模越大，修复单位体积土壤/底泥的能耗越高，而污染物的电动去除率却越低。该领域今后应加强以下几个方面的研究：①电动修复相关机理。例如，污染物的存在形态、吸收、释放和迁移转化规律；电动/土壤的交互影响规律；影响修复效率的因素及相互关系；土壤类型、结构和组分对电动处理效率的影响。②复合型污染土壤的修复。③电动力学修复污染土壤的现场研究。包括修复现场的电源供应、电极设置、对土壤及地下水二次污染的风险评估、含有污染物的电解液的处理和循环利用等。④开发具备生物相容性、可降解性、无二次污染和低成本的化学强化剂及培养降解效率高的新型菌种。⑤将电动力学与其他方法（如化学氧化还原、纳米零价铁、可渗透反应格栅、生物修复、吸附、热分解和植物修复等）结合，弥补各技术自身的不足并产生协同效应。

随着经济的发展及环保意识的增强，我国污水处理行业迅速发展，污泥的产生量也不断增长。2022 年，我国的污泥产生量已达到 8909 万 t（含水率 80 %），污水污泥不仅含水率高、易腐烂、气味强烈，而且含有大量的致病菌、寄生虫卵、无机和有机污染物以及重金属[6]。脱水作为污泥调理的重要步骤，可显著减少污泥体积，降低后续运输和处置成本。由于污泥具有特殊的胶黏性，污泥颗粒在水中形成稳定的悬浮状态，如果只使用机械方法进行脱水处理，很难达到后期处置要求。电化学处理是一种高效率、低成本的污泥脱水技术，可以将污泥的含水量从约 80 % 降低到 40 % 以下。由于其过程中化学试剂使用较少，反应装置占地面积少，易于安装与操作等优点，是目前污泥脱水的主要处理方法。

9.1　电化学消毒

9.1.1　电化学消毒原理

电化学消毒是利用电化学装置处理水中病毒、细菌、真菌、藻类等以实现水体净化的过程。按照是否牺牲电极分为电絮凝和电氧化消毒，其原理如图 9-1 所示[1]。电化学杀菌包括物理、化学和生物等多种作用机制与反应历程，目前对电化学杀菌的机理并不十分清楚，主要涉及以下几个方面[1]。①电絮凝消毒：以 Fe 或 Al 为牺牲阳极，通过氧化形成含 Fe^{2+}、Fe^{3+}、Al^{3+} 等的絮凝剂前驱体，与 OH^- 结合成胶体，通过絮凝作用将细菌和病毒转移或沉淀至固相中。②电物理场直接消毒：电场直接作用于微生物细胞膜、蛋白质、核酸或酶，使细胞膜膨胀破裂，或细胞内的酶被氧化而死亡。③电化学间接消毒：包括阳极析氯的间接消毒和电极产生的其他活性物质的间接消毒。前者原理为 Cl^- 在阳极界面氧化形成活性氯，如 Cl_2、HClO、ClO^- 等 [式(9-1)～式(9-3)]。尤其是 Cl_2、HClO，因其分子小和电中性的特点，能进入细菌体内氧化其核酸和酶等从而杀死细菌。而 Cl^- 则通过进入细菌和病毒体内，改变其渗透压，最终使细菌和病毒死亡。后者原理为利用电极表/界面产生的除活性氯之外的其他活性物质，如过氧化氢（H_2O_2）[式(9-4)] 及单线态氧（$^1O_2$）、阳极电生 •OH、O_3、$S_2O_8^{2-}$ [式(9-5)～式(9-7)] 等。由于这些活性物质寿

(a) 电絮凝消毒

(b) 电氧化消毒

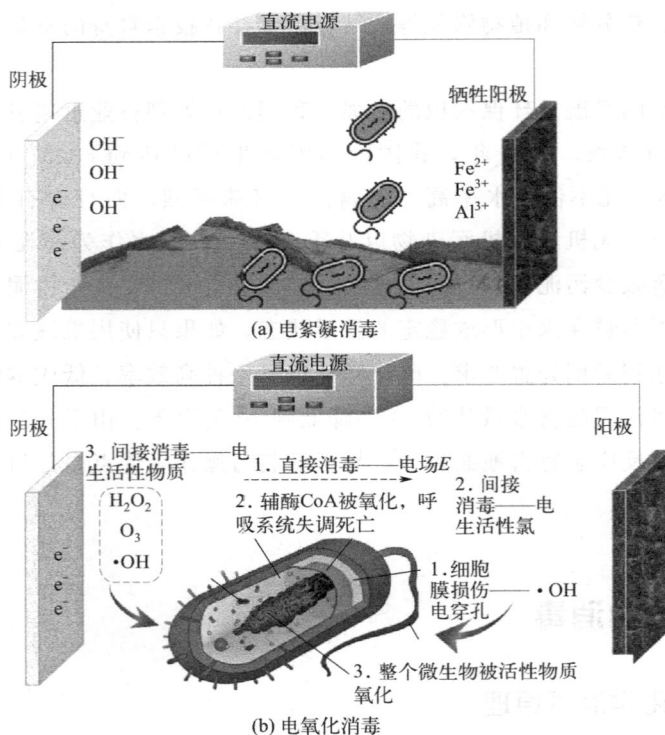

图 9-1　电化学消毒原理[1]

命有限，所以·OH 的消毒线程局限在电极微区域内。氧化活性物种的生成效率和参与电化学反应过程的材料的催化活性、电解质种类和操作条件（电压、曝气）等密切相关。因此，电化学间接消毒效率不仅受到活性物质种类、浓度（即氧化性强度）限制，也与其寿命直接相关。

$$2Cl^- \longrightarrow Cl_2 + 2e^- \tag{9-1}$$

$$Cl_2 + H_2O \longrightarrow HClO + H^+ + Cl^- \tag{9-2}$$

$$HClO + OH^- \longrightarrow H_2O + ClO^- \tag{9-3}$$

$$O_2 + 2H^+ + 2e^- \longrightarrow H_2O_2 \tag{9-4}$$

$$M + H_2O \longrightarrow M（\cdot OH）+ H^+ + e^- \quad (M = 阳极表面) \tag{9-5}$$

$$3H_2O \longrightarrow O_3 + 6H^+ + 6e^- \tag{9-6}$$

$$2SO_4^{2-} \longrightarrow S_2O_8^{2-} + 2e^- \tag{9-7}$$

杀菌过程中微生物种类、电流密度、pH、反应时间和电极材料等对杀菌效果影响很大。特别是电极材料对电化学消毒影响显著，不同电极材料的杀菌机理、杀菌效果和持久性明显不同。如选用低析氯过电位的钛基铂族金属或其氧化物作阳极时，可生成 Cl_2、ClO^- 和 $HClO$ 等活性氯；采用非活性电极作阳极并施加较大电流密度时，可产生·OH；选用 PbO_2 等高过电位阳极材料时，可产生 O_3；在阴极区域通入氧气或空气时，则可产生 H_2O_2；选用铜棒、银棒、合金金属等材料作为阴极与阳极时，则直接生成金属离子进行杀菌。电化学杀菌的不同机理具有不同的特点，见表 9-1。

表 9-1　电化学杀菌机理及其特点[7]

机理	有毒副产物	持续杀菌作用	相应的代表性电极
活性氯	产生	是	钛基铂族金属或其氧化物阳极
H_2O_2	不产生	是	多孔碳阴极
O_3	基本不产生	否	β-PbO_2 阳极
活性中间体	基本不产生	否	金刚石阳极
铜离子或银离子	不产生	是	铜、银或其合金阳极
电场作用	不产生	否	活性炭阳极

9.1.2　存在的问题与解决方法

电化学消毒技术目前存在的主要问题是电流效率较低、阴极结垢以及杀菌剂的浓度控制[7]。

目前，电化学杀菌法的电流效率较低，能耗高，与化学杀菌法相比，成本较高。提高电流效率的方法主要是通过与其他工艺（如紫外线杀菌和超声波杀菌）相结合，产生协同作用，以提高杀菌效果。另外，优化电解反应器结构，如减小电极间距，也可以在一定程度上提高电流效率。

阴极结垢的主要原因是电解时阴极发生析氢或氧气发生还原反应，使阴极附近 pH 升高，水中存在的高硬度及高碱度物质由于 pH 升高而结垢析出。随着电解时间的延长，垢层逐渐增厚，使阴阳极极间距减小，造成电流效率下降，流动阻力增加，严重时甚至发生阻塞或短路。目前解决结垢问题有两种思路：①改变水溶液的化学组成使垢难以形成。如在电解前先降低水的硬度，这种方法的缺点是成本高。②将已形成的垢除去。如周期性地颠倒电极的极性或采用交流电源，以及机械除垢、超声波除垢等。其中周期性颠倒电极极性是最常用的一种方法，但会降低电流效率及缩短电极寿命。

电化学杀菌法产生的杀菌剂若浓度过低则无法保证杀菌效果；若浓度过高则会造成不必要的电能消耗，而且杀菌剂如活性氯、O_3、H_2O_2、活性中间体及 Cu^{2+}、Ag^+ 均具有腐蚀性，如果浓度过高会对系统产生腐蚀，例如循环水系统要求活性氯质量浓度 <1 mg/L。因此杀菌剂的浓度控制是电化学杀菌技术的一个重要方面。杀菌剂的产生速率与电流密度成线性关系。因此控制电流或电流密度可以控制杀菌剂浓度。可以根据下游溶液的氧化还原电位或处理的水量来控制电流或电流密度。然而，由于电解质显著影响电流，而水质的波动是不可避免的，因此通过电流夹控制杀菌剂浓度仍有一定难度。

9.1.3 电化学杀菌灭藻实例

电化学消毒在水处理中的应用广泛，涉及在饮用水、再生水、污水处理厂二沉池出水、生物性污染废水、海水养殖场养殖水、医院污水和厕所废水等诸多类型水的消毒处理，研究层次还停留在实验探究或示范工程阶段。Feng 等[8] 用铁电极作阳极，通过电化学氧化处理含藻类的池塘水，叶绿素 a 从 270 μg/L 降到 0.6 pg/L，去除率达到 99 % 以上。臭氧不具有延续灭活效果，而电解水所具有的对藻的延续灭活性，可以在较长时间内抑制藻的生长。实验表明，对于饮用水杀菌，电化学杀菌表现出了比臭氧和紫外线更强的杀菌能力。徐文英等[9] 采用形稳阳极、不锈钢板阴极对德国 Wiesbaden 污水处理厂的二沉池出水进行消毒，电压为 3~15 V、处理时间为 6.5~37.5 s 的条件下，细菌去除率达到 82.61 %~99.16 %，平均能耗仅为 0.11 kW·h/m³。周键等[10] 采用 Ti/SnO_2-Sb_2O_3/β-PbO_2 作阳极，碳纤维作阴极；在电流密度为 80 A/m^2、消毒 12 min 后，出水的粪大肠菌群数小于 500 CFU/L。

9.2 电化学除垢

9.2.1 电化学除垢机理

电化学除垢技术对循环水的除垢、杀灭和抑制细菌、藻类以及有机物的去除具有重要作用。电化学除垢的原理（图 9-2）是利用阴阳两极反应与电场作用，将水中的 Ca^{2+}、Mg^{2+} 等成垢离子集中提取，并通过阳极产酸中和水中部分碱度，从降低硬度与碱度两方面减少结垢。同时，阳极反应产生的众多活性组分（$HO\cdot$、Cl_2、$HClO$ 等）可引起微生物细胞破裂，致使水中菌藻活性降低或者死亡，进而抑制循环水系统中生物黏泥的滋生。除此之外，电化学过程中产生的强氧化性物质会将管道内壁的 Fe 氧化生成 Fe_3O_4 类致密保护膜，起到一定防腐作用。

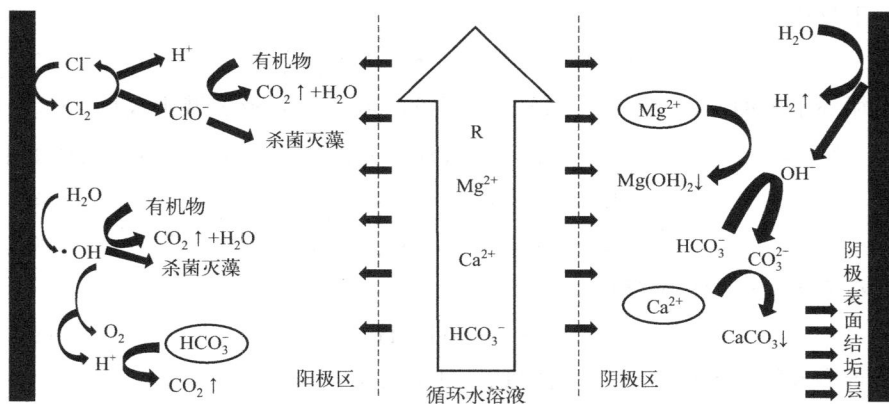

图 9-2　电化学除垢原理示意图[11]

对于电化学法与传统化学药剂法在阻垢、缓蚀和微生物控制方面的对比情况见表 9-2。

表 9-2　电化学法和化学药剂法技术比较[12]

方法	电化学处理	化学药剂处理
工作原理	通过电化学手段调节水中矿物质的平衡	阻垢剂、缓蚀剂、加氯除氧等,稳定水中矿物质
结垢控制	水垢在阴极沉淀去除;通过电化学系统释放恒量金属离子,防止 SiO_2 沉淀和 $CaCO_3$ 高温析出;悬浮物絮凝沉淀、冲洗刮垢,后被排出	阻垢剂增加结垢物溶解度阻止其析出,破坏碳酸晶体生长;分散剂和表面活性剂使悬浮固体颗粒相互排斥等

方法	电化学处理	化学药剂处理
腐蚀控制	控制冷却水 pH 值,最大限度降低水的腐蚀性;浓缩的 Mg^{2+} 在冷却水中以 $Mg(OH)_2$ 的形式沉积在管道内壁,起到缓蚀和抑制生物膜的作用	提高冷却水的 pH 值,缓蚀剂减少金属腐蚀
微生物控制	氯离子被氧化生成游离氯或者次氯酸;生成 $\cdot OH$、O_3 以及 H_2O_2,强化反应室内的杀菌灭藻;微生物在反应室中通过强电流及交替通过强碱和强酸性环境而死亡	微生物抑制化合物包括溴化合物、O_3 等,表面活性剂、$\cdot OH$、H_2O_2、O_3 和次氯酸盐及氯气都是氧化剂,能够杀死微生物

电化学除垢防垢技术是在电场的作用下,在阴极通过氧还原和析氢的方式产生 OH^- 来营造碱性环境[13]:

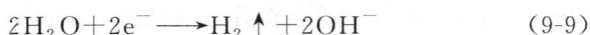

$$O_2 + 2H_2O + 4e^- \longrightarrow 4OH^- \tag{9-8}$$

$$2H_2O + 2e^- \longrightarrow H_2 \uparrow + 2OH^- \tag{9-9}$$

其中,式(9-9)是主导反应。循环水中的 HCO_3^- 迁移到阴极表面,并发生如下反应:

$$HCO_3^- + OH^- \longrightarrow CO_3^{2-} + H_2O \tag{9-10}$$

循环水中的 Ca^{2+} 和 Mg^{2+} 迁移到阴极区域,与阴极区域生成的 CO_3^{2-} 和 OH^- 发生反应,在阴极表面生成水垢沉淀,使循环水的硬度降低,具体如下:

$$Ca^{2+} + CO_3^{2-} \longrightarrow CaCO_3 \downarrow \tag{9-11}$$

$$Mg^{2+} + 2OH^- \longrightarrow Mg(OH)_2 \downarrow \tag{9-12}$$

在阳极附近发生的反应如下:

$$H_2O \longrightarrow \cdot OH + H^+ + e^- \tag{9-13}$$

若形成的 $\cdot OH$ 没有被及时消耗,则会发生:

$$\cdot OH \longrightarrow 1/2O_2 \uparrow + H^+ + e^- \tag{9-14}$$

循环水中的 HCO_3^- 与 H^+ 发生如下反应:

$$HCO_3^- + H^+ \longrightarrow CO_2 \uparrow + H_2O \tag{9-15}$$

循环水中的 Cl^- 发生如下反应:

$$2Cl^- \longrightarrow Cl_2 + 2e^- \tag{9-16}$$

$$Cl_2 + H_2O \longrightarrow Cl^- + ClO^- + 2H^+ \tag{9-17}$$

循环水中的细菌和藻类与 $\cdot OH$ 和 ClO^- 发生反应,达到杀菌和灭藻的目的:

$$藻类/细菌 + \cdot OH/ClO^- \longrightarrow 死亡/灭活 \tag{9-18}$$

由于 $\cdot OH$ 稳定性较差,$\cdot OH$ 与细菌和藻类的反应发生在阳极区域内,而稳定性相对较强的 ClO^- 可以扩散到循环水系统中。

9.2.2 电化学循环水处理系统

（1）阳极

阳极应该具有良好的导电性、强度和韧性。常用的阳极材料有石墨、贵金属、钛基涂覆金属氧化物和掺硼金刚石。其中，PbO_2 和 Sb-SnO_2 电极不适合高氯的水质条件。综合考虑制造技术、成本和电极的稳定性，目前市场上应用最广泛的除垢防垢阳极是钛基材料涂覆 IrO_2 和 RuO_2 电极。

（2）阴极

目前，应用最为广泛的阴极材料是不锈钢和碳钢材料。电化学除垢效率与阴极材料物性和外形相关，材料性质决定成垢离子沉淀成核和生长过程。这主要与电极表面的氧化物有关，氧化物可以减缓氧气的还原来阻止水垢的沉积。光洁度越高的阴极除垢速率越高，这是因为光滑电极降低了水垢的附着力，导致表面水垢可以自动脱落。阴极面积与阴极接水电阻成正比，采用较大的阴极面积可以降低电压和能耗。采用板式或网式结构，可以增大循环水与阴极的接触面积，有利于 $CaCO_3$、$Mg(OH)_2$ 的沉积。

（3）电力供应设备

电化学除垢防垢过程中常用的直流电力供应设备有恒压供电、恒流供电、脉冲恒压供电和脉冲恒流供电。恒流供电是目前市场上普遍采用的供电方式。脉冲电流式电化学循环水除垢技术可实现阴极表面水垢层的自动剥离。脉冲电化学除垢的原理如图 9-3 所示。这种方法兼具良好的成垢性能 [高达 40.47 g/$(m^2 \cdot h)$] 和脱垢性能，并且能耗较低（8.9~13.2 kW·h/kg）。

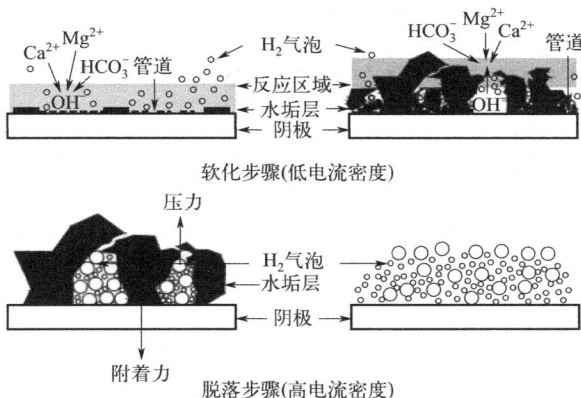

图 9-3　脉冲电流电化学沉积除垢机理[14]

电极极性颠倒也可用于循环水电化学脱垢，即指定阳极和阴极定期交换。当电极极性颠倒时，电极上的化学反应也随之颠倒，原阴极水垢层变为阳极，产生 H^+ 与水垢发生反应，导致水垢层脱落。

（4）电化学系统

常用的电化学循环水处理装置包括手动式和自动式两种。手动式是指将电解设备直接放入循环水池中，反应一段时间后，将电解设备取出除垢，然后再放入池中继续进行反应。而对于自动式电化学循环水处理装置，循环水通过泵送入电化学设备中（图 9-4），电化学反应完成后排入循环水池进行再循环。与手动式相比，自动式电化学设备投资相对较大。对于小型或者微型循环水系统，手动式具有较高的经济性。

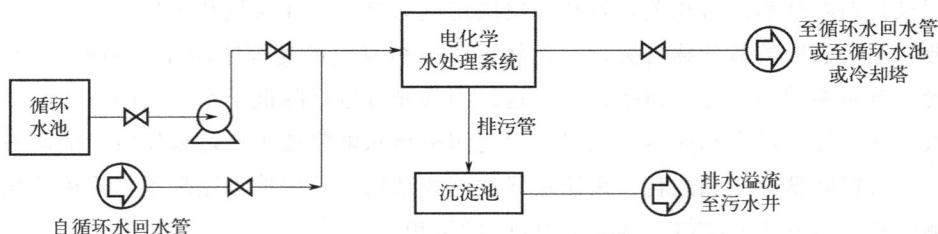

图 9-4　自动式电化学水处理系统流程[13]

工业循环水领域的电化学工艺和设备，通常以嵌入模式连接循环水系统。电化学模块嵌入方式分为两大类型：旁路式与浸入式。旁路模式下，电化学模块独立于工业循环水主系统运行，从循环水主系统引出旁流进入电化学模块，并在处理后回到主系统中（图 9-5）。一般情况下，电化学模块置于凉水池附近以减少能耗与管材成本。浸入模式下，电化学模块嵌入工业循环水主系统，一般的安装方式是将电极组件浸入凉水池内。

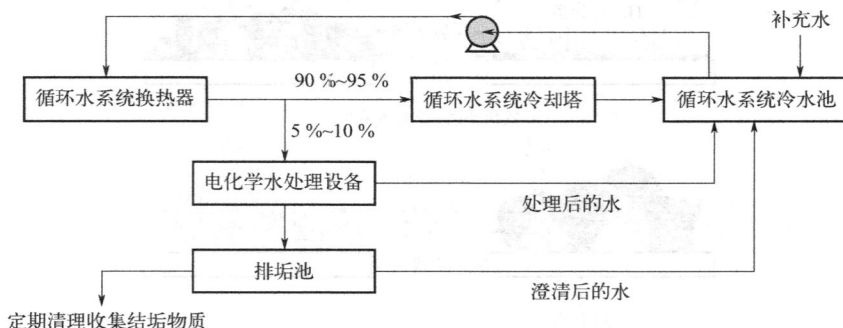

图 9-5　旁路式电化学处理流程图[15]

9.2.3 电化学除垢存在的问题

电化学除垢技术也存在一些问题，概括如下：①效果欠佳。针对较大循环水量（>10000 m³/h），如果单独采用电化学技术进行水质控制，则容易出现除垢、缓蚀效果不理想，扩展电化学模块又会导致投资成本增加。②刮垢困难。人工除垢存在劳动强度大、有安全风险等问题；自动除垢存在长时间运行后刮刀断裂的问题。

9.3 土壤修复

9.3.1 土壤的电动修复

9.3.1.1 电动修复原理

（1）电动效应

电动修复的原理是将电极插入受污染的地下水、土壤或底泥区域，施加微弱电流形成电场，利用电场产生的各种电动效应（电迁移、电渗析和电泳等）驱动污染物定向迁移，从而将污染物富集至电极区或某一特定位置，然后进行集中处理或分离，或利用电动效应增强有机污染物和微生物的传质过程，将各种添加物如活性微生物、营养物和电子受体等输送至污染区或生物活性区，以强化生物降解反应。前者主要针对重金属污染物的去除，后者主要针对有机污染物的原位生物修复。土壤中，地下水或由外部提供的流体被用作电解液。以上各种电动力学过程和反应综合于图 9-6 中。土壤的电动修复系统一般包括：阳极、阴极、电源、收集井（一般在阳极一侧）、注入井以及循环液罐等。

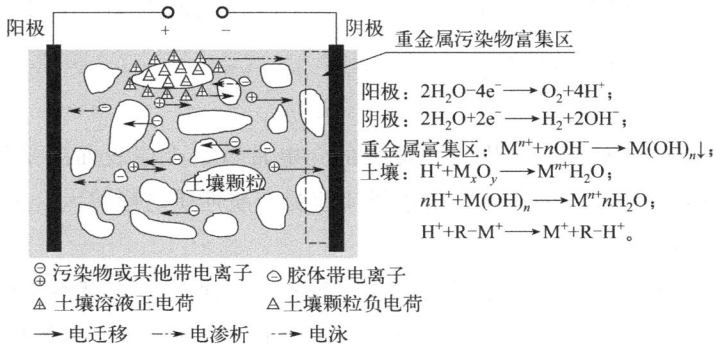

图 9-6 土壤的电动修复原理示意图[16]

① 电迁移、电渗析和电泳概念

电迁移是指带电离子向电性相反的电极方向迁移（图9-7）。离子的迁移速率除了与离子本性（如离子半径、价数等）和溶剂性质、温度有关外，还与电场梯度（dV/dl）有关：

$$v = U_+ \frac{dV}{dl} \tag{9-19}$$

U 为单位电场梯度（1 V/cm）中的迁移速度，称为离子电迁移率，或离子淌度，单位是 $m^2 \cdot s^{-1} \cdot V^{-1}$。某物质的浓度 $c \to 0$，则其离子淌度 $u \to u_\infty$。u_∞ 称为离子的极限电迁移率，或无限稀释电迁移率。u_∞ 一般在 $1 \times 10^{-8} \sim 10 \times 10^{-8}$ $m^2 \cdot s^{-1} \cdot V^{-1}$ 之间。在土壤中，由于孔隙的作用，迁移的路径长而曲折，实际淌度大约在 $3 \times 10^{-9} \sim 1 \times 10^{-8}$ $m^2 \cdot s^{-1} \cdot V^{-1}$ 之间[17]。电迁移受土壤性质的影响小，与土壤孔隙大小及土壤导水性无关。

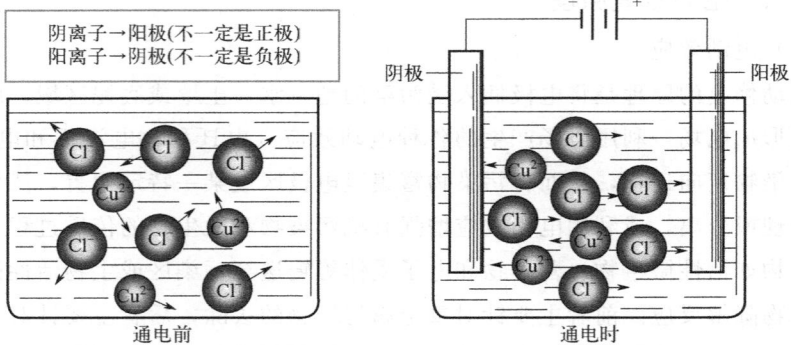

图 9-7　通电前后溶液中离子移动示意图[18]

电渗析是由于土壤孔隙表面大多带有负电荷，可以与孔隙水的离子形成双电层，从而引起孔隙水溶液沿电场从阴极向阳极流动的现象。电渗析流速 v_{eo} 可用 Helmholtz-Smoluchowski 方程来表示[19]：

$$v_{eo} = -\varepsilon \zeta E / \mu \tag{9-20}$$

式中，ε、ζ、E 和 μ 分别为孔隙水的介电常数、土壤表面的平均 Zeta 电位、电场强度和孔隙水的黏度。电渗析流速受介质性质的影响大，但与介质孔隙的孔径大小无关。

土壤颗粒的双电层厚度是不同的，一般沙土＜细沙土＜高岭土＜蒙脱土。高水分土壤中电渗析较明显，在水分较少的沙土中可能消失。电渗析流的速度一般约为 2.5 cm/d[20]。图9-8比较了土壤孔隙水的电渗析流型与水力流型。

电渗析在土壤孔隙中产生的水流比较均匀，流动方向容易控制。而且，对于结合紧密的黏土土壤，电渗析产生的水流渗透率是水力产生的水流渗透率的几个数量级，所以电渗析特别适用于密实土壤的污染物的抽取，但同时电渗析流会引起土壤的夯实和产生裂缝，不适于长期操作。

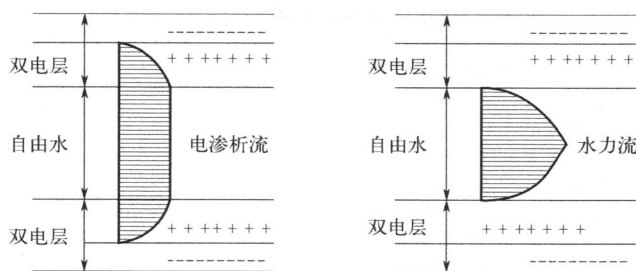

图 9-8　土壤毛细孔隙内电渗析流型和水力流型比较[20]

电泳指带电粒子或胶体相对于稳定液体的运动。土壤中胶体粒子包括细小土壤颗粒、腐殖质和微生物细胞等。胶体颗粒运动的方向和大小取决于电场和毛细孔隙的直径等因素，所以在密实型土壤中，电泳作用表现得并不明显。

除上述 3 种迁移机制以外，在电动修复过程中还存在另外一些化学物质的水平对流和化学吸附等过程。同时焦耳热的作用会导致土壤温度增加，提高电迁移和电渗流的速度。

② 电迁移、电渗析和电泳的比较

电动修复过程中，电迁移和电渗析的贡献远大于电泳（表 9-3），这是因为在密实的土壤/底泥介质中，较大的胶体颗粒移动性小，溶解于水中的污染物则相对较易迁移。在固含量较低的悬浮液中，电泳作用较明显。与电渗流相比，离子电迁移速度要快得多。在单位电压梯度下，离子平均电迁移速率约为 5×10^{-6} m/s，比孔隙水的平均电渗流速率约大 10 倍[21]。离子电迁移与土壤孔隙大小及土壤导水性无关，而电渗流在水分少的沙土中可能消失。离子型污染物同时受电渗析和电迁移的作用，但主要通过电迁移去除；电渗流和电渗析对阳离子的作用方向相同，对阴离子的作用方向相反；对非离子型污染物，不受电迁移影响，电渗析占主导作用；牢固地吸附在可移动颗粒上的污染物可通过电泳方式去除，但由于带电土壤颗粒的移动性小，电泳作用常常可以忽略。重金属的迁移主要依靠电迁移作用，而有机物主要依靠电渗析作用进行迁移，这是因为有机污染物通常呈电中性。在处理重金属时，需要着重控制阴极电解液反应产生的 OH^-，以防止发生重金属离子沉淀，而处理有机物时则需要重点控制阳极电解液反应产生的 H^+，因为 H^+ 进入土壤将影响电渗流，使电渗流减弱甚至改变其方向，在具有低酸缓冲容量的低渗性土壤中（如高岭土）这点尤为重要。焦耳热可增加电迁移和电渗流的速度，有利于阳离子污染物的去除，但不利于阴离子污染物的去除。表 9-4 给出了不同污染物的电动修复途径及影响因素。

表 9-3　电动修复中的几种主要的电动效应

电动现象	运动物质	运动原理	运动方向	运动速率	影响因素	与土壤性质关系
电渗析	孔隙水	孔隙溶液中溶解的无机离子在电场的作用下迁移至与离子电性相反的电极	带负电的向阴极移动，带正电的向阳极移动	较慢	电压梯度、离子电荷数和扩散系数	密切
电迁移	带电离子	土壤微孔中的带电液体在电场作用下相对于带电土壤颗粒表层的移动	阳离子向阴极移动，阴离子向阳极移动	较快	导电性、土壤孔隙率	较小
电泳	胶体粒子	土壤中的带电胶体在外加电场力的作用下带吸附在其表面的污染物定向移动	带正电胶体向阴极移动，带负电胶体向阳极移动	慢	电场强度、土壤自身毛细孔大小	密切

表 9-4　不同污染物的电动修复途径及影响因素[16]

污染物	电动机理	影响因素
重金属	电迁移、电渗析	重金属与阴极产生的 OH^- 反应生成沉淀；天然土壤/底泥中的存在形态溶解度低
有机物	电渗析	溶解度低；难以降解；易吸附；电中性
硝酸盐	电迁移、电渗析	氧化还原环境，Ca^{2+}、Na^+ 等影响电渗流效率；添加有机物（如乙酸）可促进微生物及硝化，协同电动修复去除 NO_3^-
复合污染物	电迁移、电渗析	污染物之间的复合；污染物之间相互作用防止沉淀

（2）电动修复影响土壤/底泥理化性质

①电动修复导致土壤中氮、磷、钾等营养物质含量发生变化。②电动修复影响土壤/底泥中微生物的多样性及酶活性。电动修复后，阳极微生物数量会明显减少，这可能是由于阳极的强酸性环境以及某些污染物的毒性抑制了微生物的繁殖。电动修复可通过改变土壤理化性质间接影响土壤中酶的活性。③电动修复会引起土壤/底泥中水分含量、总密度、干密度、pH 值、盐度、氧化还原电位、ζ 电位、阳离子交换量等显著变化，进而导致土壤微观结构的改变。例如，土壤/底泥中孔径的重新分布、黏土颗粒向阴极和阳极聚集等。

（3）电极反应和 pH

电动力学作用过程中会发生电解水、土壤颗粒表面污染物的吸/脱附、氧化还原反应、酸/碱反应等物理化学反应，上述反应会影响土壤 pH、土壤孔隙水中污染离子浓度、污染物的溶解/沉淀平衡和存在形态等一系列地球化学行为。

电动力学过程中最主要的电极反应如下：

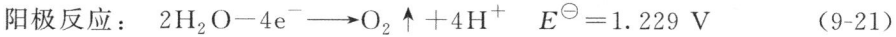

阳极反应：$2H_2O-4e^- \longrightarrow O_2\uparrow+4H^+$　$E^\ominus=1.229\ V$　　　　(9-21)

阴极反应：$2H_2O+2e^- \longrightarrow H_2\uparrow+2OH^-$　$E^\ominus=-0.41\ V$　　　(9-22)

电极上还发生某些次要反应，例如阴极：$Me^{n+}+ne^- \longrightarrow Me$；$Me(OH)_n(s)+ne^- \longrightarrow Me+nOH^-$。其中 Me 表示金属。在阴极上，由于某些次要反应的还原电势较低而先发生，但在阳极一开始主要发生水的电解反应而生成 H^+。由于在大多数土壤中存在天然的催化剂（Fe、Mg、C、Ti），电动过程发生的氧化/还原反应可以促使电极之间土壤中无机离子的稳定和有机离子的矿化。仅使用天然催化剂的电动技术称为电化学自然氧化技术。电化学自然氧化技术处理时间较长，为 $60\sim120\ d$。

电动修复中由于电解水的发生会出现一系列附加现象。例如，电动运输过程导致土壤养分流失、电极附近 pH 变化大；电极反应产生的 O_2 随电渗流进入土壤中，改变土壤的氧化还原条件。其中最重要的是 pH 变化。溶解氧浓度增加对土壤污染物好氧生物降解是有利的。电极反应产生的 H_2 进入土壤中可作为污染物转化的电子供体或受体。另外，O_2 和 H_2 覆盖在电极表面，容易引起电极极化，使修复过程变慢。

电解反应产生的 H^+、OH^- 会导致电解槽内电解液 pH 值发生剧烈变化，可以使阳极区 pH 下降至 2，阴极区 pH 升至 12 左右。产生的 H^+、OH^- 向中部土壤区域电迁移，分别形成酸性、碱性迁移带（图 9-9）。当酸性带同碱性带相遇时，土壤的 pH 会发生剧变。H^+ 的离子迁移率为 $3.625\times10^9\ cm^2/V\cdot s$，大约是 OH^-（离子迁移率为 $2.058\times10^9\ cm^2/V\cdot s$）的 1.8 倍，而且 H^+ 电迁移与电渗流同向，导致土壤中大部分区域的 pH 下降[19]。酸性区中的 H^+ 能够促进土壤矿物质的溶解，增加孔隙水中的离子强度和导电性；但是 pH 值过低会造成电渗流减弱，甚至改变方向，从而影响离子型污染物的去除。电极附近土壤 pH 的剧烈变化会杀死大量不耐酸碱的微生物，严重影响微生物活性和生物修复过程。

电动过程存在以下 4 种不良效应（图 9-10）：①"聚焦"效应，主要由化学沉淀、等电位聚焦效应和导电异质性造成（图 9-11），其中化学沉淀和等电位聚焦效应在 pH 突变时发生。聚焦效应的产生主要是因为阳极产生的酸峰与

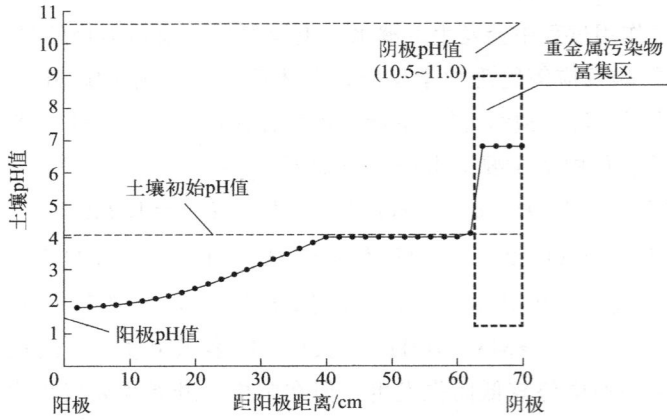

图 9-9　电动修复过程中 pH 值分布情况

韩丁等[16] 根据 Alshawabkeh 等[22] 的工作进行了修改

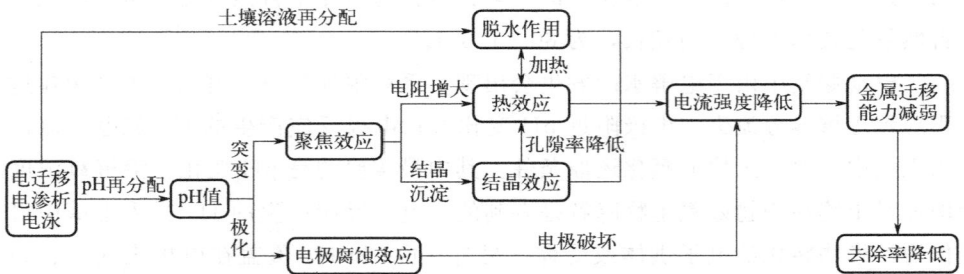

图 9-10　电动过程中各不良效应间关系示意图[24]

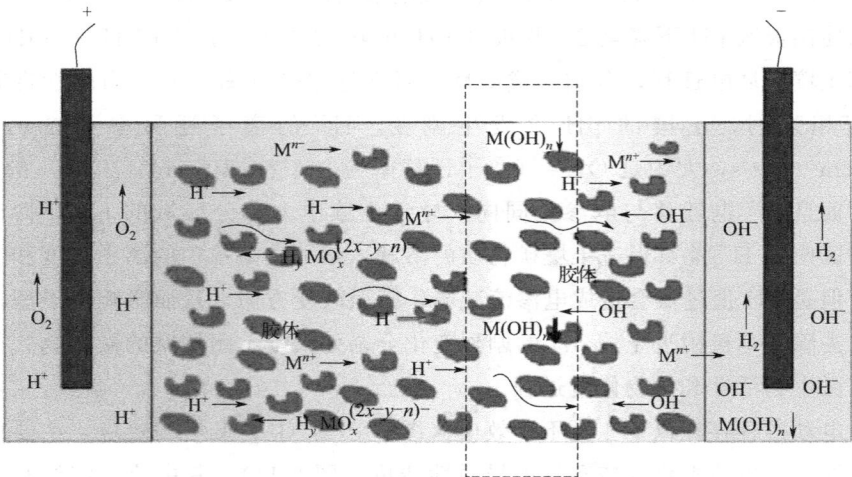

图 9-11　聚焦效应示意图[25]

阴极产生的碱峰相遇，造成 pH 值快速变化，重金属在此易形成沉淀，难以继续迁移，并且还会堵塞土壤孔隙。Jacobs 等[23] 用电动修复被 Zn 污染的土壤，发现在 pH 聚焦的地方，60 %甚至更多的 Zn 以沉淀形式存在，导致去除率低于 2 %～10 %。在不断用纯净水更换阴极的碱溶液后，Zn 的去除率可以达 98 %左右。②热效应，即在电动过程中产生的欧姆热。一般阴极区域土壤温度高于阳极区域，这可能是由于聚焦效应降低了阴极区域土壤孔隙率，电阻增大。③结晶效应，金属盐由于聚焦效应发生结晶沉淀，或降低土壤孔隙率，或结晶于电极表面影响电极反应。④电极腐蚀效应，电极在强酸或强碱条件下极易发生腐蚀而遭到破坏。

降低土壤 pH 值变化的方法有：①极性交换法，每隔一段时间改变一次电极的极性，使得 H^+、OH^- 在土壤两端交替产生，保持土壤 pH 值处于中性范围。②酸碱中和法，向阴极和阳极分别加入酸性和碱性溶液，中和水解生成的 OH^- 和 H^+。③阳离子选择膜法，插入阳离子选择膜阻止阴极区电解生成的 OH^- 扩散。④电渗析法，在两极区和土壤之间分别用离子交换膜隔开，使 OH^- 和 H^+ 都受到约束。⑤配合剂法，向土壤中加入配合剂，配合剂和污染物形成稳态的在较大的 pH 范围内均是可溶的配合物。

（4）电动过程的极化

电动过程存在 3 种使电流降低的极化。①活化极化：水电解产生的气泡会覆盖在电极表面，从而使电极的导电性下降。②电阻极化：在电动力学过程中会在阴极上形成一层白色膜，其成分是不溶性盐类或杂质，使电极的导电性下降。③浓度极化：由于离子的电迁移速率缓慢，总小于离子在电极上放电的速率，使得电极附近的离子浓度小于溶液中的其他部分。

（5）接近阳极技术

接近阳极技术通过缩短阴、阳两极的距离，压缩由聚焦效应产生的聚焦区，克服聚焦效应的不利影响，提高电动修复效率，但存在距离不好掌握的缺点（图 9-12）。采用接近阳极法处理后的土壤酸化程度一般会比传统电动修复高。以除 Cd 为例，在电动修复过程中，土壤中各处的 Cd 向阴极迁移富集。经过一段时间后，土壤中部分区域的 Cd 含量已经达标，但这部分土壤的电阻仍然在消耗电能。可以将阳极移出这一区域，集中处理 Cd 含量尚未达标的其余部分土壤。

由于电解质向下渗透导致电导率不断下降，所以小电流、弱电压、长时间的电动处理和接近阳极法都受到限制，而且在阳极靠近过程中背离阳极靠近方向的重金属电迁移去除效率较低，并存在阳极腐蚀，所以不适合大规模的场地修复。

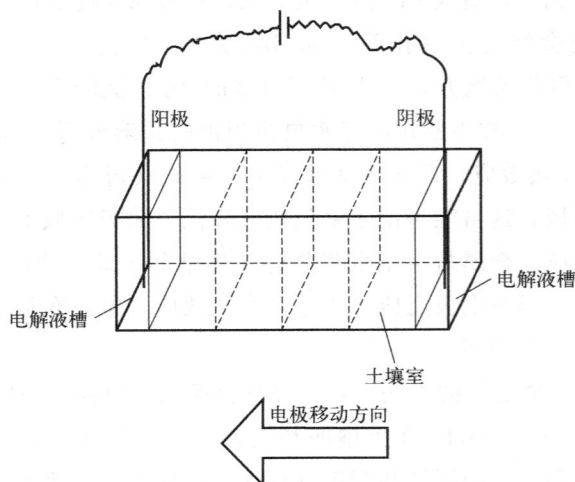

图 9-12　接近阳极技术[26]

9.3.1.2　电动修复的优缺点、费用与实际应用

（1）电动修复的优缺点

电动修复的优点主要有：①可以进行原位修复，不需要挖掘，可直接处理，对环境影响小。②可高效处理重金属污染（包括铅、铬、汞、镉、锌、锰、铜、镍等），去除率可达 90%。目标污染物与背景值相差较大时处理效率较高。③装置简单，操作方便，能耗低。④修复时间短，很多研究表明修复时间不会超过 1 个月。⑤花费少，而且重金属污染物可回收利用。

电动修复的缺点主要有[27]：①对非导电性土壤的处理效果不明显。因此，不适用于含水率低的修复体，含水率在 10% 以下效果变差。②电解反应产生二次污染物，如氯气、三氯甲烷等。③在去除有机结合状态和残存状态污染物方面存在诸多问题，因此应用过程中需要导电性的孔隙流体来活化污染物。④腐蚀问题，如炭、石墨、铂等电极腐蚀后残留在修复体中。⑤土壤的 pH 值及氧化还原电位的极端改变会导致修复效果变差。

（2）电能消耗和修复费用[28]

电动修复速度较快、成本较低。填埋、热脱附、常温解吸、水泥窑协同处置等物理修复技术的处理费用（元/m³）分别为 500、600～2000、200～600、800～1000；化学淋洗、化学氧化还原、电动修复、固化稳定化等化学修复技术的处理费用（元/m²）分别为 <500、500～1500、200～400、500～1500；微生物修复和植物修复等生物修复技术的处理费用（元/m²）分别为 300～

500、100～400[29]。由此可见，电动修复土壤的成本较低。电动修复地下水的成本更为低廉，1993 年，Shapiro 等[30] 报道处理 1 t 地下水的电耗成本为 17元，而传统技术的电耗成本可高达 400～1600 元。

电修复过程的成本主要受到电极加工、土壤性质、治理深度、处理区设置、修复时间、能耗和人力等几方面的影响。电动修复的费用主要由 5 部分组成：电极制作和安装、增强试剂、后处理、固定费和电费。电极制作和安装费用主要取决于电极材料、电极加工的复杂程度以及电极的大小和数量等。其中电极数量与电极设置方式有关。增强试剂的费用主要与该种增强试剂的修复效率有关，修复效率越高则费用越低。电动处理中通常需要对富含重金属或有机污染物的电解液和部分富集了高浓度污染物的土壤进行后处理。固定费用则包括搬运费、场地准备费、安全监测费、保险费、工人意外事件费和会计费、装置的折旧费等。电费主要与电极之间的距离、施加的电压和处理时间等密切相关。一般而言，电极距离越大、施加电压越高、处理时间越长，则消耗的电能越大。

（3）电动修复技术的实际应用

电动修复速度较快、成本较低，特别适用于小范围的黏质的重金属污染和可溶性有机物污染土壤的修复；对于不溶性有机污染物需要化学增溶，但易产生二次污染。电动力学修复方法适用于土壤较深、渗透性好、土壤含盐量高的地区，如云南的一些铅锌矿区，可用于水力传导性较低或黏土含量较高的土壤。

20 世纪 80 年代，电动技术已经开始在实际的场地修复中得到应用。例如，Lageman 等[31] 对 Pb 和 Cu 污染的泥炭土进行了 43 d 的现场试验。土壤面积为 70 m×3 m，Pb 和 Cu 浓度分别为 300～1000 mg/kg 和 500～1000 mg/kg，每天通电 10 h。结果表明，Pb 和 Cu 的去除率分别为 70 % 和 80 %，能耗为 65 kW·h/m³。此后，他们还研究了 Zn、As 污染土壤的现场电动修复，结果发现，运行 8 周可将 Zn 的浓度从 2410 mg/kg 降到 1620 mg/kg，7 周可将 As 的浓度从 400～500 mg/kg 降到 30 mg/kg[32]。

9.3.1.3 电动土壤修复工艺分类

（1）Lasagna 工艺

Lasagna 系统由几个平行的渗透反应区组成，在渗透反应区中加入吸附剂、接触反应剂、缓冲液和氧化剂，外加电场使污染物质迁移到渗透反应区中进行物理化学处理，有水平和垂直两种形式（图 9-13）。修复浅层土（深度＜15 m）及土壤不是超固结状态时一般采用垂直处理带，修复深层土及超固结黏土时多用水平处理带。

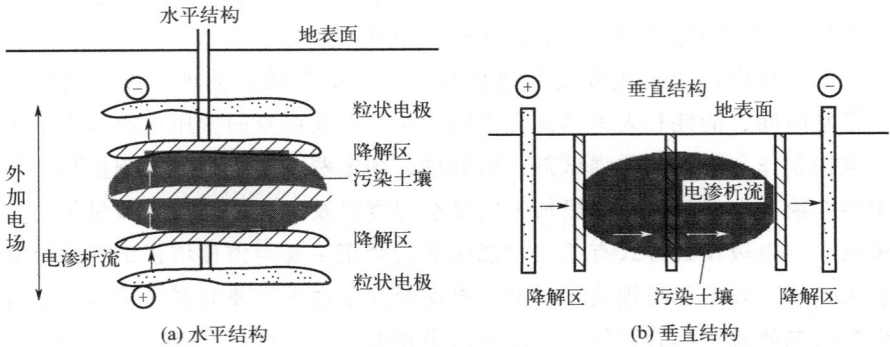

图 9-13　Lasagna 工艺的水平结构和垂直结构[33]

（2）阴极区注导电性溶液工艺

在待处理土壤和阴极之间注入导电性溶液，把由于碱性迁移带产生的高pH区控制在土壤和阴极之间的导电性溶液中，实验装置如图 9-14（a）所示。重金属可以在溶液中形成沉淀，而不是沉淀在土壤中，因此可以有效去除重金属。但是，把这么多的导电性溶液注入地下是不方便的，且费用较大。因此可以采用图 9-14（b）所示装置，将导电性溶液和阴极放在地表以上的容器中。

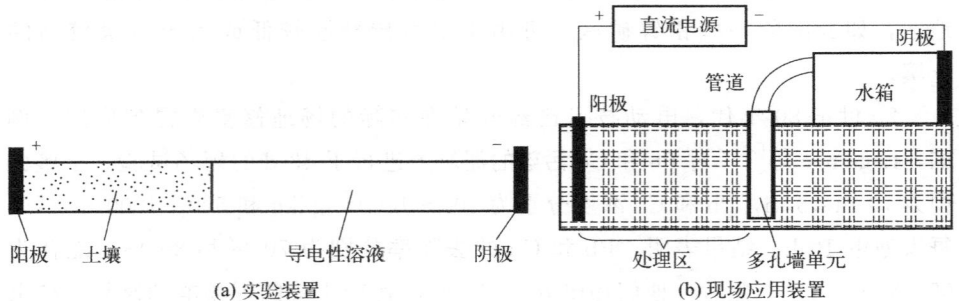

图 9-14　导电性溶液注入阴极和土壤之间[34]

（3）阳离子选择性透过膜

将阳离子选择性透过膜放在土壤中靠近阴极的地方（图 9-15），H^+ 和金属阳离子可以通过阳离子选择性透过膜，而 OH^- 则无法通过。这样可以把高pH区限制在靠近阴极的地方，提高重金属离子的去除率。

（4）CEHIXM 工艺

CEHIXM 工艺过程主要包括：在低直流电场作用下，阳极区的水电解产生酸性溶液；借助水力梯度使酸性溶液穿过污染土壤；污染土壤中的重金属在

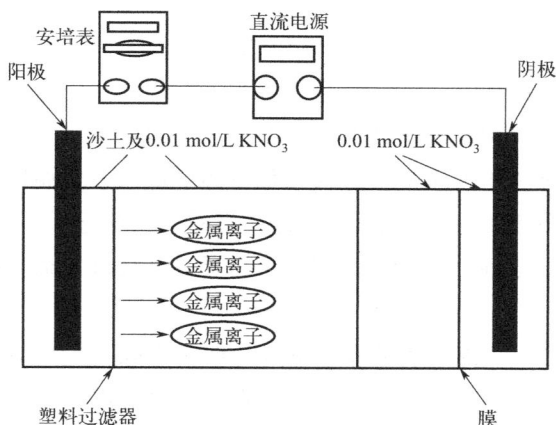

图 9-15　带阳离子选择性透过膜的电动装置[35]

酸性条件下溶解；在水力梯度和电场梯度的作用下，重金属阳离子向复合膜/树脂方向迁移；通过复合膜/树脂的吸附/解吸选择性回收重金属阳离子；复合膜/树脂的再生。

（5）Electro-Klean^{TM} 电分离技术

Electro-Klean^{TM} 电分离技术主要用于从饱和/非饱和沙土、粉土、细颗粒黏土及沉积物中去除重金属、放射性物质和特定的挥发性有机物质。该技术可通过原位和异位两种方式进行。在土壤两端施加直流电场和酸性清洗液，金属离子迁移至阴极区并随即得到分离并进行后续处理。

（6）电化学离子交换技术

电化学离子交换技术采用一组电极，置于有电解液循环的多孔渗水构件中。在处理过程中，污染物被电解液俘获并带至地表，然后穿过电化学离子交换装置。

（7）电吸附技术

在电极外面包覆一层充满调节 pH 的化学物质的聚合体材料。另外，聚合体中可以包含离子交换树脂或其他吸附剂来吸附污染物质。

9.3.1.4　电动修复的影响因素

电动力学工作条件（电极布置、电场类型、强度及施加方案、处理时间等）、温度、土壤理化性质〔土壤结构组成［有机质、离子种类及浓度（Ca^{2+}、Na^+）］、pH、氧化还原电位、Zeta 电位、孔隙率和含水率等〕和添加剂（电解质、表面活性剂及 pH 缓冲液等）等显著影响着电动力学修复的效率。

（1）电动力学工作条件

① 电极因素

电极的材料、结构、形状、安装位置和方式都在一定程度上影响电动力学修复的效果。电极材料应导电性好、耐腐蚀、易得、容易加工、安装方便以及成本低廉等。阴极材料要求避免酸性条件下离解或者发生腐蚀，阳极材料要求避免在碱性条件下腐蚀。常用的电极材料有石墨、碳毡、金属以及金属氧化物，其中石墨因导电性好、价格低廉且不需要复杂处理，而在电动修复中广泛使用。

电极形状决定电场强度和分布。电极一般是多孔或者中空的，以方便污染物的抽取或者调节液的注入。电极可以竖直安装也可以水平安装。竖直安装方式有 2 种：a. 直接将中空的电极置入潮湿的土壤中，电极中空部分为电极井，即内置电极井，污染溶液从电极井壁的孔隙进入电极井，定时从电极井中抽取污染溶液 [图 9-16(a)]。b. 将电极置入和土壤直接接触的电极井中，即外置电极井，通过向电极井中加入促进液或清洗水置换进入极室的污染溶液 [图 9-16(b)]。

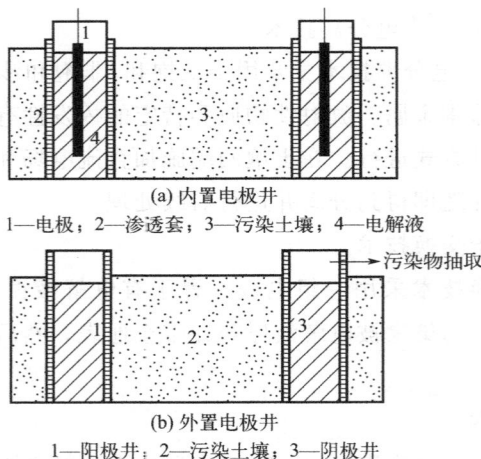

(a) 内置电极井

1—电极；2—渗透套；3—污染土壤；4—电解液

(b) 外置电极井

1—阳极井；2—污染土壤；3—阴极井

图 9-16 电化学动力修复电极安装方式构造[36]

电极面积对电动修复也有一定影响，López-Vizcaíno 等[37] 研究发现，利用电动修复被菲污染的土壤时，实验室（21.35 %～33.25 %）和中试（12.8 %）的去除率有较大差异。实验室主要通过电渗析和电泳去除菲，而中试试验中施加电压后引起的土壤产热使有机物脱附及挥发是污染去除的主要机制。

电极组合方式影响电场的强度、有效面积、分布、运行稳定情况等。一维电极中的阴极和阳极采用一一对应的平行排列方式。二维电极排列的方式主要有三角形排列、四边形排列、六边形排列，详见图 9-17。

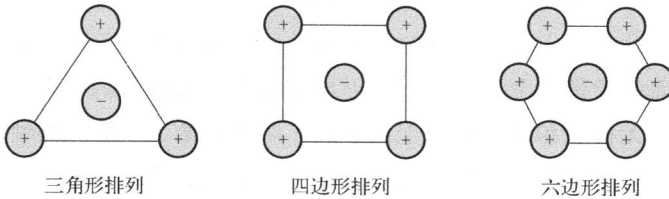

三角形排列　　　　　　四边形排列　　　　　　六边形排列

图 9-17　三角形、四边形、六边形二维电极排布示意[24]

② 电压与电流

电压和电流是电动力学过程操作的主要参数。尽管较高的电场强度能够加快污染物的迁移速度，但是电场强度过大，能耗高且对污染物的去除率提高不明显，甚至过多水解导致 pH 变化剧烈而难以控制。一般采用的电流密度范围为 $10\sim100$ mA/cm^2，电压梯度为 $0.4\sim2$ V/cm。

③ 处理时间

适当增加处理时间可以提高修复效果，但随着时间的增加，能耗增加而去除率增速下降，因此处理时间不宜过长。

（2）pH 值

pH 值是影响电动修复效率的关键因素。电极反应引起的 pH 变化影响土壤中污染物的氧化还原、吸附与解吸、沉淀及溶解、电渗析流方向和速度、土壤表面 Zeta 电位，并对土壤中污染物的存在形态和迁移特征产生重大影响。

（3）污染物自身特性

污染物自身特性如重金属易与 OH^- 反应生成沉淀，天然形态溶解度低，有机污染物难降解、溶解度低、易吸附、电中性等，均不利于电动修复。

（4）土壤理化性质

土壤的吸附、酸碱缓冲容量、含水率、液限、塑限、电阻、阳离子交换量等性质对修复效果有一定影响。高水分、高饱和度、高阳离子交换量、高黏性、低渗透性、低氧化还原电位和低反应活性的土壤适合原位电动修复技术。这类土壤中污染物的迁移速率非常低，使用常规修复方法效果差，而电动技术可有效促进污染物的迁移。

碳酸盐含量是影响土壤缓冲能力的重要因素之一，其含量越高，土壤 pH 值越难降低，土壤中重金属的解吸和溶解更缓慢。碳酸盐主要是难溶性的白云石（$CaCO_3 \cdot MgCO_3$）和方解石（$CaCO_3$），在盐碱土中则含有少量易溶性碳酸盐（$NaHCO_3$ 和 Na_2CO_3）。

（5）添加剂

电解质显著影响土壤的 pH 值、重金属形态、Zeta 电位、电导率、电渗析流等。电解质的种类主要有螯合剂、有机酸、无机酸和碱等。螯合剂可以将吸附在土壤表面的微量重金属解吸下来形成的具有强水溶性的螯合物，增强重金属的迁移性。无机酸和碱主要用于调节阴、阳两极的 pH 值，酸性环境有利于大多数土壤中重金属的解吸，但 As 在碱性环境中更易解吸。在具有高酸碱缓冲性能的土壤中通常需要加入大量的酸，因此需要添加配合剂。对于不能溶解于孔隙水中的污染物，可通过表面活性剂或助剂提高其溶解度和/或迁移性从而实现有效去除。

（6）温度

当向污染土壤施加比较高的电压、通电时间较长时，土壤温度会升高，从而影响离子电迁移、电渗析和吸附反应等。温度升高有利于增大整个体系的离子强度、加快污染物的迁移和生物转化速率，但是大多数微生物能够快速生长的温度范围为 20～45 ℃，超过 45 ℃时会显著影响微生物的生长。

9.3.1.5 电动修复的改进

可以通过 3 种方式来提高电动修复土壤效率：增加和保持目标污染物的流动性；控制 pH 在合理范围内；破坏、分解、转化污染物等。强化电动的具体思路和方法见图 9-18。

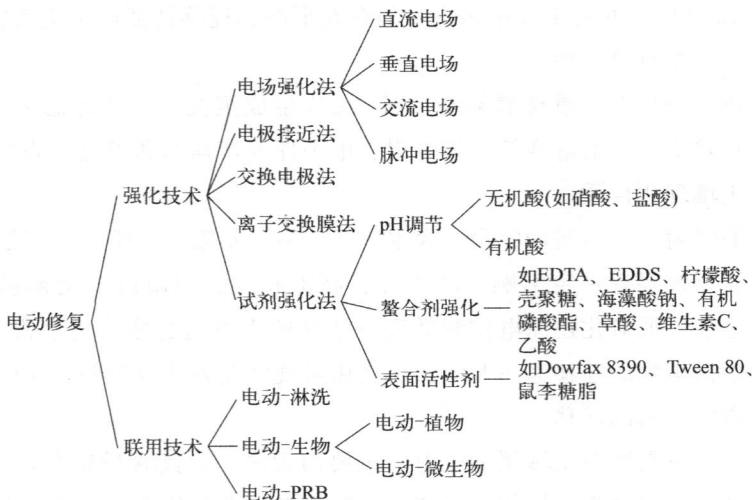

图 9-18 强化电动修复技术及其联用技术[25]

PRB 为可渗透反应墙

（1）化学强化剂的种类及应用

化学强化剂可以起到强化污染物的酸解、增溶、配合、氧化还原等作用，亦可改变电流大小、电渗流方向、电渗流速率，及控制电解液的 pH 值等。化学强化剂有电解液和预处理剂两种利用方式。按照化学性质，化学强化剂可分为无机酸、碱及其盐，有机酸，螯合剂，表面活性剂，氧化还原剂，缓冲试剂等。

① 酸、碱及其盐类

酸、碱主要用来调节 pH 值，盐则用来增加修复体的导电性。有机酸不但可以用来调节 pH 值，而且还具有一定的缓冲和螯合功能，能促使污染物溶解。常用的有机酸主要有乙酸、柠檬酸、乳酸、草酸等，其中柠檬酸的螯合性能最好，而乙酸应用最为广泛。这是因为乙酸是一种可生物降解的有机酸，且大多数金属的乙酸化合物都是可溶的。HCl、H_2SO_4 等强酸很少作为缓冲液，这是由于 Cl^- 在阳极池中电解产生 Cl_2 会带来二次污染，而且 Cl^- 和 SO_4^{2-} 会和土壤中的某些物质发生反应生成沉淀，且酸性较强，对土壤的危害很大[28]。

② 表面活性剂/助溶剂[28]

表面活性剂/助溶剂与污染物结合，并通过其解吸、螯合、溶解或络合等作用形成迁移态化合物。目前采用的表面活性剂一般有以下几类：a. 阳离子型表面活性剂，如 CTAC；b. 阴离子型表面活性剂，如十二烷基磺酸钠；c. 非离子型表面活性剂，如 Tween 80、Triton X-100、Brij35；d. 生物表面活性剂，如 β-环糊精、糖脂类、磷脂类、脂肪酸、鼠李糖脂等。由于阳离子型表面活性剂毒性强，而阴离子型表面活性剂易于向阳极迁移，与电渗流的方向相反，所以通常选用非离子型表面活性剂或生物表面活性剂。目前所采用的助溶剂有甲醇、乙醇、丙醇、丙酮、四氢呋喃、丁基胺、螯合剂 HEDPA 等。常用的助溶剂有甲醇、乙醇和丙醇。

③ 螯合剂

螯合剂能螯合重金属类污染物，增强重金属离子在修复体中的迁移性。常见的人工合成的螯合剂包括乙二胺四乙酸（EDTA）、乙二醇双四乙酸（EGTA）等以及天然的柠檬酸、酒石酸等。

④ 氧化还原剂

重金属包括可交换态、碳酸盐结合态、铁锰氧化物结合态、硫化态及有机态和残渣态等多种形态。其中有机态及硫化态都比较稳定，因此，很多研究者提出利用氧化剂来活化这些形态的重金属。

⑤ 缓冲试剂

缓冲试剂可以是无机、有机和螯合试剂的组合，具有调控 pH 值、活化重金属、改善导电性等功能。

（2）电动联合化学修复

淋洗法是在污染土壤中加入某类溶剂以提取重金属，然后将淋洗废液收集处理的过程，其流程见图 9-19。电动-化学淋洗联合修复技术是指土壤中的污染物先经过淋洗预处理，再采用电动处理。刘广容等[38] 采用电动-生物淋洗联用处理底泥，Cr 的平均去除率为 53.4 ％，而单纯电动修复和单纯生物淋洗的去除率分别为 32.6 ％和 25.1 ％。利用电动-淋洗技术还可降低淋洗液使用量和实现淋洗液的回收再利用[24]。

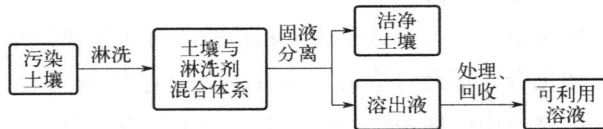

图 9-19　淋洗修复流程图[39]

电动联合芬顿技术的原理是通过电动力学过程在土壤阳极区产生 pH 接近 3 的环境。其中的芬顿反应主要有 2 个步骤：第 1 步是 Fe（Ⅱ）催化分解 H_2O_2 （或其他方式）产生 ·OH；第 2 步是 ·OH 对污染物的氧化降解（图 9-20）。

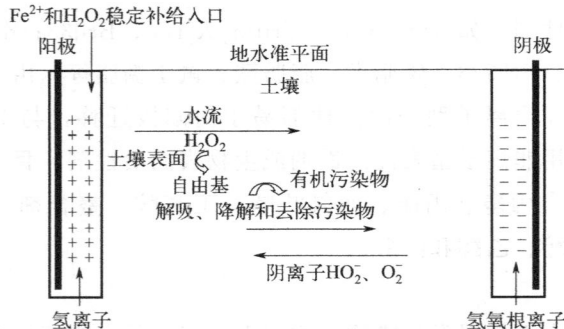

图 9-20　电动-芬顿过程示意图[40]

当投加过硫酸盐等氧化剂后，由于氧化剂和污染物之间发生氧化反应，电动修复对有机污染物的去除率大幅提高。例如，电化学活化过硫酸盐技术对多环芳烃的去除率为 35 ％，而单纯电动和过硫酸盐氧化的多环芳烃去除率仅分别为 24 ％和 12 ％[41]。

（3）电动-可渗透反应墙技术

电动-可渗透反应墙技术的基本原理是污染土壤或地下水在外加电场的作用下，污染物定向迁移至可渗透性反应墙处并与其中的填充物发生沉淀、吸附、氧化还原和生物降解反应并截留，从而降低污染物的含量或毒性（图 9-21）。

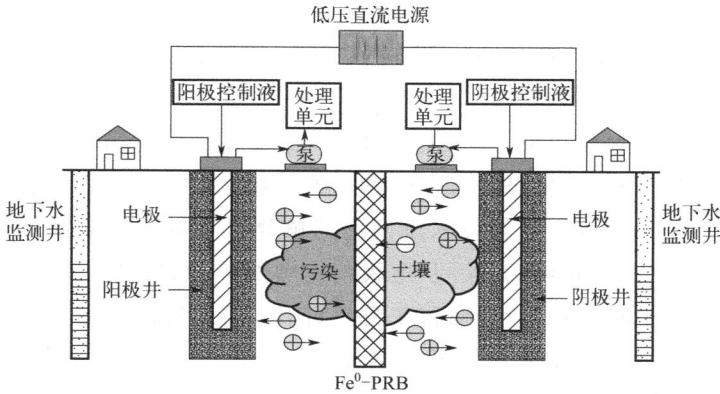

图 9-21　电动-可渗透反应墙技术修复污染土壤的原理示意图[42]

（4）电动结合超声技术

超声波可以增强污染物的迁移和去除。反应机制可以分成 2 类：①对流动颗粒的影响，包括转移、累积过程；②一些特殊的现象，包括辐射压力、气穴现象、声学流动和界面上的不稳定性（图 9-22）。

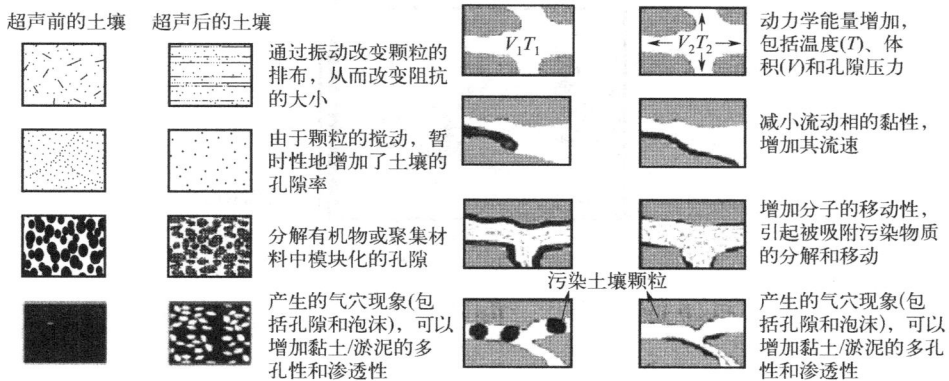

图 9-22　超声现象对多孔土壤和液相的影响[43]

（5）电动-微生物修复技术

电动-微生物修复技术是在电场的作用下，提高微生物的活性，加速污染物的去除及生物传质过程，从而提高污染物的去除率。

9.3.2　电动-植物修复技术

（1）电动-植物修复的原理[44]

电动力学和植物修复的联合使用早有报道，如可在电动力学修复治理后使用植物进一步清洁土壤和改善因电动力学作用所造成的土壤性质改变或造成的损害。电动力学和植物修复的耦合主要用于重金属污染土壤的修复，可以克服电动技术对重金属清除率不够高和植物修复土壤时间长的缺陷，产生更高效的治理效果。

典型电动-植物修复的实验装置及作用原理如图 9-23 所示。电动-植物修复体系一般包括外电源、电极、污染土壤、富集植物及其培养室和辅助农肥灌溉措施等。目前电动-植物修复技术所使用的植物以玉米、黑麦草、印度芥菜、东南景天等非超富集植物为主。从电极与土壤的接触方式来分，电动-植物修复包括电极与污染土壤直接连接和在两者间引入电解液的间接连接两种形式。直接连接电动-植物修复体系如图 9-23（a），电动力学作用无法直接移除污染物，此时植物担当着污染物提取和降解消除的主体，而电动力学通过提高植物有效养分和污染物生物有效态组分，达到强化重金属植物富集的目的。而

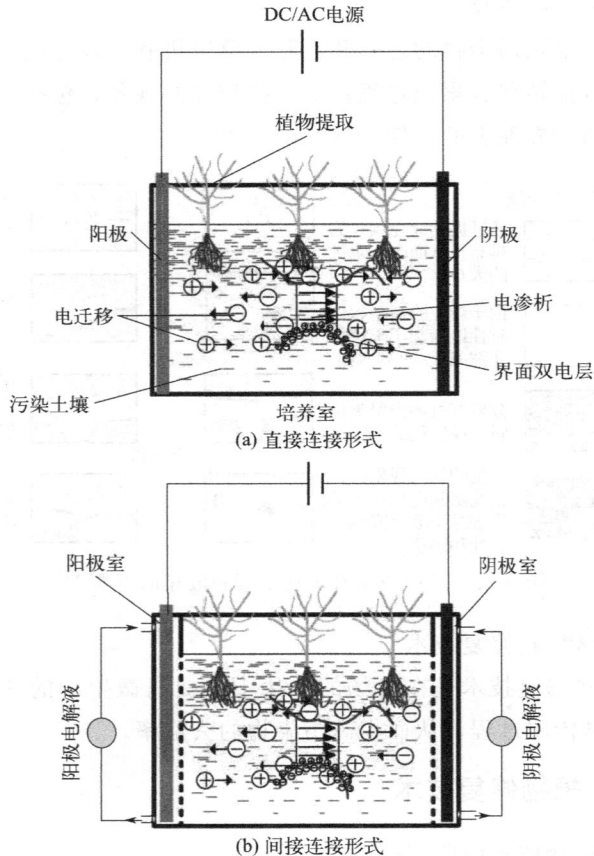

图 9-23　电动-植物修复系统典型实验装置示意图[44]

图 9-23(b) 所示的间接连接电动-植物修复体系，不仅可起到直接连接形式图 9-23(a) 的作用，而且污染物也可以经迁移在电解液中富集，后续随电解液处理而从土壤中移除。

电动-植物修复重金属污染土壤的作用机理详见图 9-24[45]。电动力学可以促进土壤养分有效态增加、植物养分吸收；使得重金属在土壤颗粒界面有效解离，并迁移至电极表面和植物根际区，发生电化学催化还原沉积，或调节植物根系和根际微生物分泌物及重金属吸收代谢途径，最终实现土壤重金属离子的有效去除与修复。植物作用下根系分泌物可以通过还原、酸化、螯合等作用方式活化根际区重金属，解吸的重金属经共质体或质外体途径进入根部细胞，通过木质部及韧皮部由根部向地上部分转运 [图 9-24(a)]。植物修复对不同重金属污染土壤均有一定修复效果，但植物仅能富集根际区内的重金属，严重影响修复效率。施加电场后，重金属在植物根系、电迁移、电渗流等耦合作用下移动，单一植物修复中未能被调动的重金属在电场的影响下不断向根系迁移，水平方向上，不同重金属在阳极区域均得到了明显的去除。此外，电场可通过影响植物及微生物生长代谢的方式促进植物对重金属的富集 [图 9-24(b)]。电场可增强植物酶活性、改变植物膜通透性、提高植物根系活力，进而增加植物生物量及对重金属的吸收和转运。同时，适宜的电场可丰富根际微生物多样性、促进微生物代谢，间接增强植物修复效率。与植物修复相比，施加电场后重金属的迁移系数和单位去除量均有所提高。

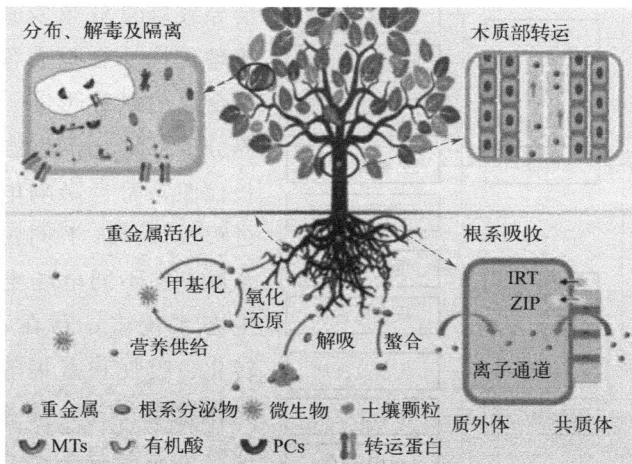

(a) 植物修复

图 9-24

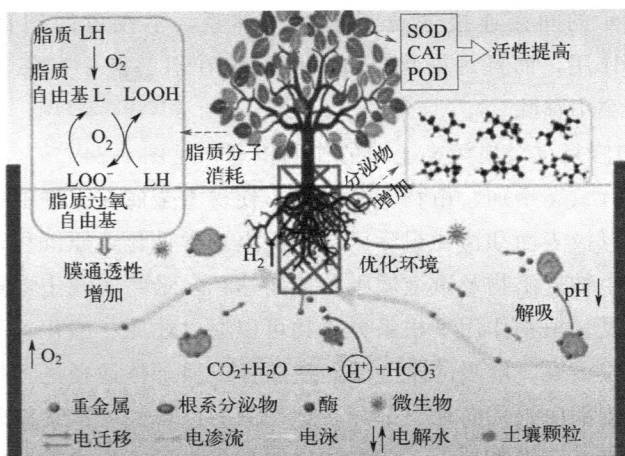

(b) 植物-电动修复

图 9-24　不同修复方法的作用机制[45]

（2）电动-植物修复的影响条件[44]

如图 9-25 所示，电极材料、电场强度、电场类型及布置方式等将影响电动力学作用的大小、方向和作用特征。不同植物对重金属的耐受能力差异明显，植物的生长速率、生物量及重金属吸收富集能力等植物生理生长代谢特征等差异都会导致修复效果及速率不同。土壤理化性质在很大程度上决定着重金属的赋存形态、分配及植物养分条件等，不仅影响植物的生长代谢，而且影响电动力学作用过程及效果。不同污染程度的重金属，在不同电场土壤-植物复合生态系统中，存在不同的迁移、转化、吸收和富集等地球化学和生物化学行为，其修复效率、特征及机制差异明显。此外，常规农艺措施与特种添加剂的使用，都会影响土壤性质、改变污染物

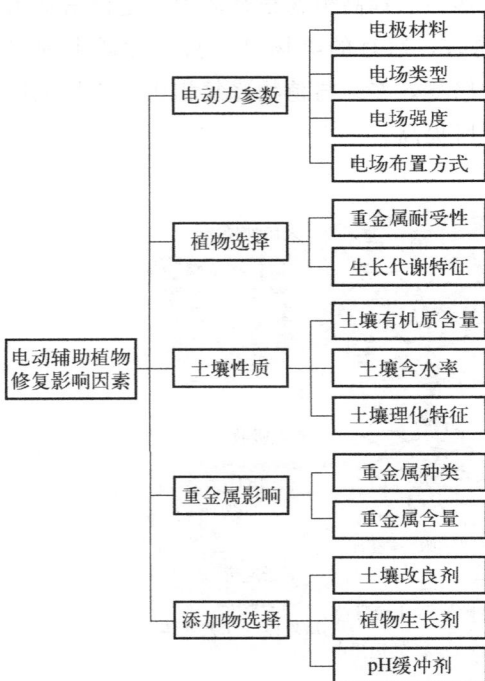

图 9-25　电动辅助植物修复重金属污染土壤的
影响条件及影响因子类型[44]

迁移转化行为和改善植物生长条件等，进而影响电动辅助植物修复的处理效果。

9.4 污泥脱水

9.4.1 电渗透脱水原理

根据水在污泥絮体中的形态和功能可将水分为结合水、表面吸附水、间隙水和自由水（图9-26）。结合水通过氢键等化学键与污泥颗粒紧密结合，很难采用机械方法脱除，表面吸附水紧贴污泥颗粒表面，间隙水存在于污泥絮凝体的毛细结构中，自由水分布在污泥颗粒之间，可在污泥颗粒间流动，通过离心、压滤等机械手段较易脱除。在一定环境下污泥颗粒表面会形成一种非水溶性的高分子聚合物，称为胞外聚合物，其组成主要为多糖和蛋白质，约占其总量的 70 %～80 %，多糖富含亲水性基团，而蛋白质富含疏水性基团，当污泥中蛋白质/多糖比值较大时利于污泥脱水。胞外聚合物中含有羧基、羟基、磷酸基等带负电的官能团，使污泥絮体带有一定的负电荷，在静电引力和离子热运动的共同作用下会吸引附近溶液带相反电荷的离子而形成双电层（Stern层）。当施加一定电压时会在污泥中形成电场，在电场力作用下带负电荷离子向阳极移动，双电层内的反离子携带水分通过电渗析作用向阴极移动，从而使水分向阴极迁移并排出，达到泥水分离的目的（图9-27）。而且，电化学可以破坏污泥絮凝体，引起细胞质溶解，细胞破裂，释放间隙水和蛋白质、多糖等物质，从而提高污泥脱水性能。

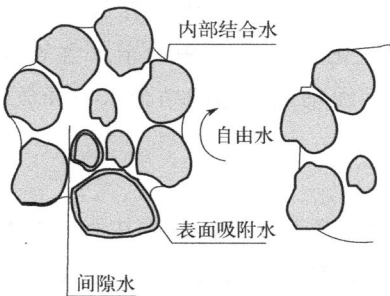

图 9-26 污泥中水分的存在形式示意图[46]

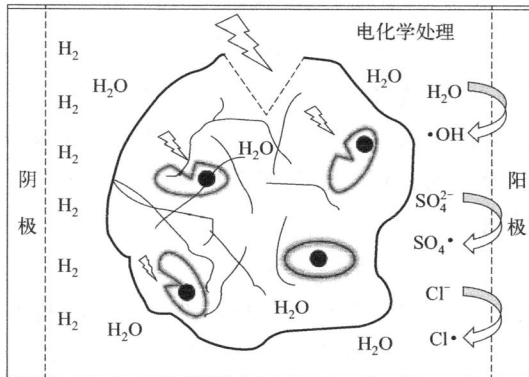

图 9-27 电化学处理提高污泥脱水性能机理[47]

污泥处理的电化学过程可以根据输入电压细分为 3 类，即微电压（mV）、低压（V）和高压（kV）。不同的电压范围电化学机制不同。通常，微电压范围用于生物电化学系统；低压范围用于提高污泥的脱水性和生物降解性，杀灭病原体和去除重金属；而高压范围用于提高污泥厌氧消化工艺的沼气生产。

9.4.2 电渗透脱水技术存在的问题及解决方案

目前电渗透脱水中普遍采用的是垂直电场外加机械压力的电化学脱水模式，但是在垂直电场电渗透脱水过程中，上部电极附近污泥含水量初期迅速降低，污泥含水率快速降低，极板有效接触面积减小，电阻升高，而且电解过程中由于电解水会在阳极产生 H_2，阴极产生 O_2，气体附着在极板上，会增大污泥和极板的接触电阻。电渗透过程中由于电流作用会产生欧姆热，使系统温度上升而蒸发部分水分，加剧污泥干化，降低污泥导电能力，导致脱水停止。由于电渗透脱水发生电化学反应，会造成阳极材料腐蚀，电解水产生的 H^+ 会降低阳极 pH，也会加剧阳极材料腐蚀。为了缓解这些问题，研究者大多采用交变电场、水平电场代替垂直电场，多段电极脱水，调节污泥性质以及电化学联合其他方法等措施。

单一电化学处理污泥过程中形成的氧化物质有限，对 EPS（胞外聚合物）的降解和结合水释放的影响不足以改善污泥脱水状态，且在电解过程中存在阳极材料腐蚀严重、阴极附近污泥含水率差异大、污泥泥饼含水率不均匀等问题，现阶段电化学联合其他方法共同处理污泥来提高污泥脱水性能是目前研究热点。

9.4.3 电动联合其他工艺对污泥脱水性能的影响

（1）电动联合氧化工艺

电解活化过硫酸盐氧化强化污泥脱水时，电压裂解污泥细胞释放胞内多糖、蛋白质、腐殖酸等小分子物质，过硫酸盐氧化破坏 EPS 中的亲水含氧官能团。细胞膜的破裂和亲水物质的降解，致使污泥细胞内部的结合水被释放，见图 9-28。

（2）电动联合骨架材料

常用的骨架材料包括活性炭、污泥基生物炭、稻壳、核桃壳或其他生物质中提取的高纤维或富炭颗粒等。除了电解过程中颗粒炭的吸附性和导电性的影响外，颗粒炭形成的丰富的微电极有助于提高电流效率和缩短反应物的迁移距离。骨架材料可为污泥脱水过程中的出水提供通道，进而提高污泥的压缩性和

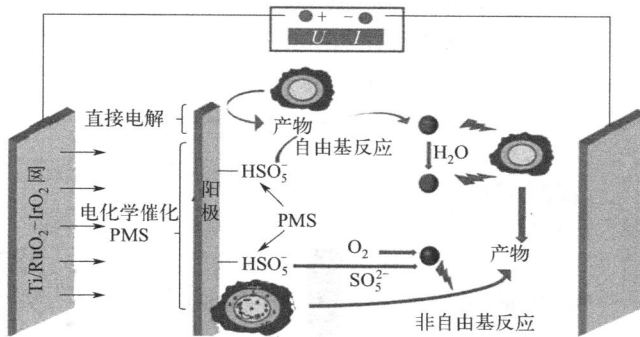

图 9-28 电化学联合氧化工艺处理污泥过程[6]

污泥泥饼的硬度。污泥基颗粒炭的介孔结构有利于污泥颗粒的吸附和污泥絮凝体的团聚，表面富含羟基、羧基、羰基等含氧官能团，见图 9-29。

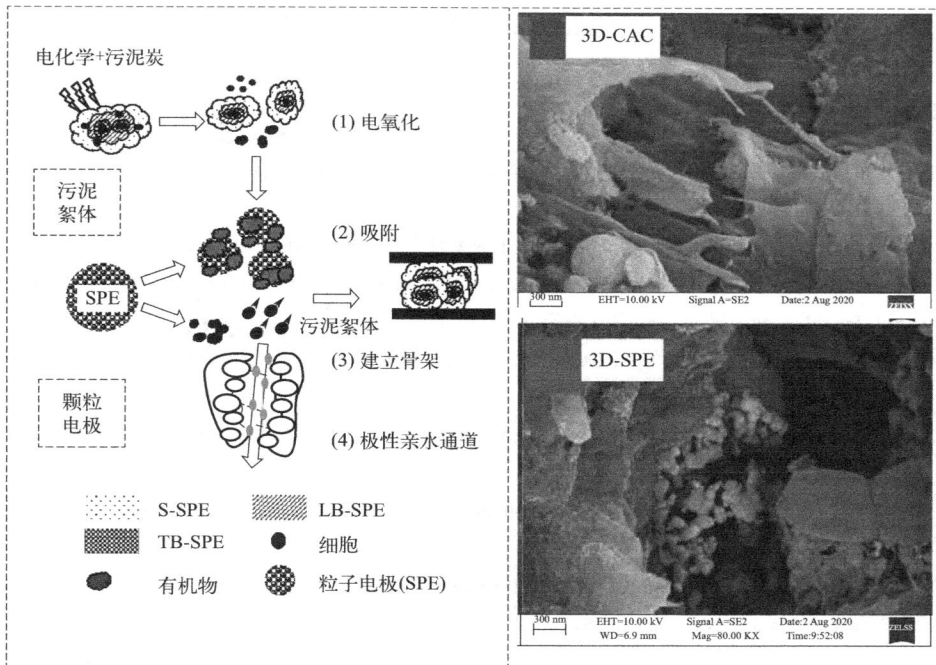

图 9-29 电解协同污泥基生物炭处理污泥[6,48]

SPE 为污泥基颗粒电极；LB 为松散结合水；TB 为紧密结合水；3D 为三维；CAC 为商业活性炭

（3）电化学联合电絮凝

电化学氧化过程中，将污泥中的结合水和有机组分释放到污泥上清液中，电絮凝则主要是由于三价阳离子在反应器中的释放。当电化学和电絮凝联合处理时，电絮凝释放的三价阳离子可产生较大的絮凝体阳离子，可以团聚电解时释放的有机物，三价阳离子与胞外聚合物结合，减少结合水的同时，还能清除细小颗粒，提高污泥的脱水能力，见图9-30。

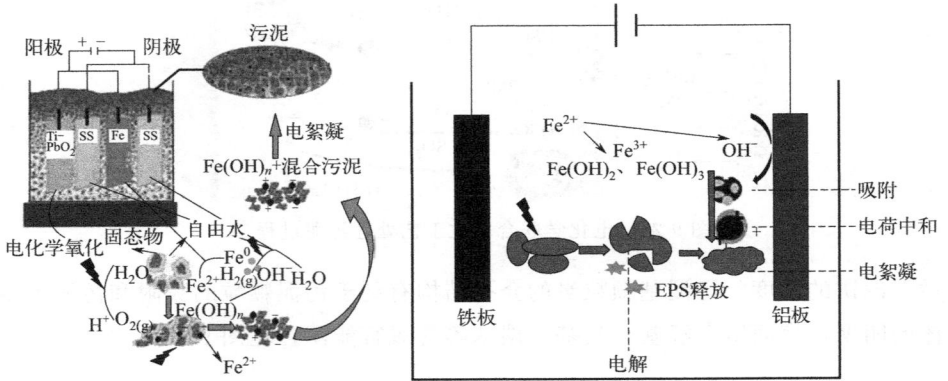

图9-30　电化学联合电絮凝处理污泥过程[6]

参考文献

[1]　张珈瑜，杨诗林，崔崇威，等. 电化学消毒技术研究进展 [J]. 武汉工程大学学报，2021，43（05）：473-480，495.

[2]　王曰锋. 工业循环水系统两种节能改造技术的关系 [J]. 化工管理，2014（28）：83-87.

[3]　Sunderland J G. Electrokinetic dewatering and thickening. Ⅰ. Introduction and historical review of electrokinetic applications [J]. Journal of Applied Electrochemistry，1987，17（5）：889-898.

[4]　张雷，王宁伟，景立平，等. 淤泥质软黏土的电动加固试验研究与工程应用 [J]. 自然灾害学报，2016（3）：78-86.

[5]　马强，吴启堂，冯志刚，等. 实际污染土壤和模拟污染土壤垂直电动修复效果对比 [J]. 环境工程，2021，39（1）：181-186.

[6]　韩清华，周品，孙智毅，等. 电化学强化污泥脱水效能研究进展 [J]. 环境科技，2023，36（05）：73-79.

[7]　谭丽，李本高. 电化学杀菌技术在水处理中的研究进展 [J]. 工业水处理，2006（2）：1-5.

[8]　Feng C，Sugiura N，Shimada S，et al. Development of a high performance electrochemical wastewater treatment system [J]. Journal of Hazardous Materials，2003，103（1-2）：65-78.

[9]　徐文英，Wagner M. 二沉池出水的电化学消毒试验研究 [J]. 环境工程学报，2007，1（7）：35-41.

[10]　周键，王三反，薛志强，等. Ti/SnO$_2$-Sb$_2$O$_3$/β-PbO$_2$ 阳极消毒处理医院污水 [J]. 环境工程学报，2014，8（10）：4110-4114.

[11]　Xu H，Xu Z C，Guo Y F，et al. Research and application progress of electrochemical water quality stabilization technology for recirculating cooling water in China：A short review [J]. Journal of

Water Process Engineering，2020，37：101433.

[12] 马双忱，马岚，刘畅，等. 电厂循环冷却水处理技术研究与应用进展 [J]. 化学工业与工程，2019，36（1）：38-47.

[13] 荣光辉，毛振兴，刘保录，等. 循环水电化学除垢研究进展 [J]. 化工机械，2023，50（04）：448-455.

[14] 沐宝泉，张淑霞. 循环水电化学处理研究进展 [J]. 化学工程师，2022，36（12）：72-75，103.

[15] 江龙，寇宰，张同同，等. 金属器件热处理循环冷却水电化学处理工程技术研究 [J]. 广东化工，2021，48（16）：21-22，25.

[16] 韩丁，黎睿，汤显强，等. 污染土壤/底泥电动修复研究进展 [J]. 长江科学院院报，2021，38（1）：41-50.

[17] Yeung A T，Datla S. Fundamental formulation of electrokinetic extraction of contaminants from soil [J]. Canadian Geotechnical Journal，1995，32：569-583.

[18] 谢德明，童少平，曹江林. 应用电化学基础. 北京：化学工业出版社，2013.

[19] 林增森，杨欣欣，桑鹏鹏，等. 电动力学修复污染土壤的改进技术 [J]. 大学物理实验，2014，27（04）：10-15.

[20] 张锡辉，王慧，罗启仕. 电动力学技术在受污染地下水和土壤修复中新进展 [J]. 水科学进展，2001（02）：249-255.

[21] 孟凡生，王业耀. 污染土壤电动修复研究进展 [J]. 污染防治技术，2005，18（5）：11-14，39.

[22] Alshawabkeh A N，Acar Y B. Electrokinetic remediation. Ⅱ：Theoretical model [J]. Journal of Geotechnical Engineering，1997，122（3）：186-196.

[23] Jacobs R A，Sengun M Z，Hicks R E，et al. Model and experiments on soil remediation by electric fields. Journal of Environmental Science and Health. Part A：Environmental Science and Engineering and Toxicology，1994，29（9）：1933-1955.

[24] 高建明，蔡宗平，孙水裕，等. 强化电动修复重金属污染土壤研究进展 [J]. 环境科技，2022，35（1）：66-71.

[25] 赵鹏，肖保华. 电动修复技术去除土壤重金属污染研究进展 [J]. 地球与环境，2022，50（5）：776-786.

[26] Wei X，Guo S，Bo W U，et al. Effects of reducing agent and approaching anodes on chromium removal in electrokinetic soil remediation [J]. Frontiers of Environmental Science & Engineering，2016，10（2）：253-261.

[27] 马莉，张国庆，曾彩明. 化学强化剂在电动修复技术中的应用研究进展 [J]. 化工进展，2008（01）：38-44.

[28] 仓龙，周东美. 场地环境污染的电动修复技术研究现状与趋势 [J]. 环境监测管理与技术，2011，23（03）：57-62.

[29] 刘彤，杨立琼，石亚楠，等. 我国场地土壤修复技术综合分析 [J/OL]. 生态学杂志. （2024-07-02）. https：//link. cnki. net/urlid/21. 1148. Q. 20240701. 1512. 002.

[30] Shapiro A P，Probstein R F. Removal of contaminants from saturated clay by electroosmosis [J]. Environmental Science & Technology，1993，27：283-291.

[31] Lageman R，Pool W，Seffinga G. Electro-reclamation：Theory and practice [J]. Chem and In-

dustry, 1989, 18: 585-590.

[32] 林君锋，杨江帆，杨广. 污染土壤动电修复技术研究动态 [J]. 江西农业大学学报，2005
(01)：134-138.

[33] Ho S V, Athmer C J, Sheridan P W, et al. Scale-up aspects of the Lasagna™ process for in situ
soil decontamination. Journal of Hazardous Materials, 1997, 55: 39-60.

[34] Li Z M, Yu J W, Neretnieks I. A new approach to electrokinetic remediation of soils polluted by
heavy metals [J]. Journal of Contaminant Hydrology, 1996, 22: 241-253.

[35] 金春姬，李鸿江，贾永刚，等. 电动力学法修复土壤环境重金属污染的研究进展 [J]. 环境污
染与防治，2004 (05)：341-344, 365.

[36] 谢丽娅，朱亮，段祥宝. 土壤及地下水有机污染原位电化学动力修复技术进展 [J]. 水资源保
护，2009, 25 (04)：23-27.

[37] López-Vizcaíno R, Alonso J, Cañizares P, et al. Removal of phenanthrene from synthetic kaolin soils
by electrokinetic soil flushing [J]. Separation and Purification Technology, 2014, 132: 33-40.

[38] 刘广容，姜华，王松伟. 生物淋滤电动修复湖泊底泥中的铬 [J]. 环境科学与技术，2024, 47
(S1)：150-154.

[39] 颜加情，周书葵，段毅，等. 电动-淋洗联合修复重金属污染土壤研究进展 [J]. 应用化工，
2022, 51 (12)：3634-3640.

[40] Kim S S, Kim J H, Han S J. Application of the electrokinetic-Fenton process for the remediation
of kaolinite contaminated with phenanthrene [J]. Journal of Hazardous Materials, 2005, 118
(1-3)：121-131.

[41] Isosaari P, Piskonen R, Ojala P, et al. Integration of electrokinetics and chemical oxidation for
the remediation of creosote-contaminated clay [J]. Journal of Hazardous Materials, 2007, 144
(1-2)：538-548.

[42] 邓一荣，林挺，肖荣波，等. EKR-PRB 耦合技术在污染场地修复中的应用研究进展 [J]. 环境
工程，2015, 33 (10)：152-157.

[43] Chung H I, Kamon M. Ultrasonically enhanced electrokinetic remediation for removal of Pb and
phenanthrene in contaminated soils [J]. Eng Geol, 2005, 77 (3-4)：233-242.

[44] 刘玥，牛婷雨，李天国，等. 电动力学辅助植物修复重金属污染土壤的特征机制与机遇 [J].
化工进展，2020, 39 (12)：5252-5265.

[45] 李敏，赵博华，于禾苗，等. 植物-电动耦合修复重金属污染土的效能及其强化机制 [J]. 土木
与环境工程学报（中英文），2024, 46 (5)：26-37.

[46] 罗宿星，伍远辉，徐禅，等. 物理与化学联用技术调理改善污泥脱水性能研究进展 [J]. 遵义
师范学院学报，2017, 19 (03)：101-105.

[47] Lu S, Li X, Zheng X, et al. Electrochemical treatment of waste activated sludge：Volume
reduction mechanism and improvement possibilities [J]. Separation and Purification Technology,
2022, 300：121617.

[48] Yu H, Gu L, Zhang D, et al. Enhancement of sludge dewaterability by three-dimensional elec-
trolysis with sludgebased particle electrodes [J]. Separation and Purification Technology, 2022,
287：120599.